动画制作技术与应用案例解析

魏砚雨　陈迎绮　周晓姝　编著

清華大学出版社
北　京

内 容 简 介

本书内容以实战案例为指引，理论讲解作铺垫，全面、系统地介绍了动画制作的方法与技巧。书中用通俗易懂的语言、图文并茂的形式对Animate在动画制作中的应用进行了全面细致的剖析。

本书共10章，遵循由浅入深、从基础知识到案例进阶的学习原则，对动画制作入门知识，Animate动画制作基础，图形的绘制与编辑，帧与图层，元件、库与实例，文本的创建与编辑，常见动画的制作，音视频的应用以及组件的应用等内容进行了逐一阐述，最后介绍了与功能相关的可协同的AI矢量绘图软件。

本书结构合理、内容丰富、易学易懂，既有鲜明的基础性，也有很强的实用性。本书既可作为高等院校相关专业学生的教学用书，又可作为培训机构以及动画制作爱好者的参考书。

图书在版编目（CIP）数据

动画制作技术与应用案例解析 / 魏砚雨，陈迎绮，周晓姝编著. 一北京：清华大学出版社，2024.4
ISBN 978-7-302-65816-0

Ⅰ.①动…　Ⅱ.①魏…　②陈…　③周…　Ⅲ.①动画制作软件　Ⅳ.①TP317.48

中国国家版本馆CIP数据核字（2024）第058974号

责任编辑：李玉茹
封面设计：杨玉兰
责任校对：翟维维
责任印制：沈　露

出版发行：清华大学出版社
网　　址：https://www.tup.com.cn，https://www.wqxuetang.com
地　　址：北京清华大学学研大厦A座　　**邮　　编：**100084
社 总 机：010-83470000　　**邮　　购：**010-62786544
投稿与读者服务：010-62776969，c-service@tup.tsinghua.edu.cn
质 量 反 馈：010-62772015，zhiliang@tup.tsinghua.edu.cn
课 件 下 载：https://www.tup.com.cn，010-62791865
印 装 者：三河市龙大印装有限公司
经　　销：全国新华书店
开　　本：185mm×260mm　　**印　　张：**15.5　　**字　　数：**377千字
版　　次：2024年5月第1版　　**印　　次：**2024年5月第1次印刷
定　　价：79.00元

产品编号：102133-01

前言

动画是一种集合绘画、数字媒体、音乐等多个艺术门类的艺术综合体。Animate软件是Adobe公司旗下功能非常强大的一款2D动画制作软件，主要处理2D矢量动画，在平面设计、网页设计、互联网、影视动画等领域应用广泛。由于其操作方便、易上手，因而深受广大动画制作人员与动画设计爱好者的喜爱。

Animate软件除了在动画制作方面展现出强大的功能性和优越性外，在软件协作性方面也体现出优势。根据设计者的需求，可将使用Photoshop、Illustrator等软件制作的图形调入Animate中做进一步的完善和加工，从而节省用户绘图的时间，提高工作效率。随着软件版本的不断升级，目前Animate软件技术已逐步向智能化、人性化、实用化方向发展，旨在让动画设计师将更多的精力和时间都用在创新上，以便给大家呈现出更完美的动画作品。

本书从读者的实际出发，以浅显易懂的语言和与时俱进的图示来进行说明，理论与实践并重，注重职业能力的培养。

在党的二十大精神的指导下，本书贯彻“素养、知识、技能”三位一体的学习目标，从“爱国情怀、社会责任、法治思维、职业素养”等维度落实课程思政，提高学生的创新意识、合作意识和效率意识，培养学生精益求精的工匠精神，弘扬社会主义核心价值观。

本书内容概述

本书共分10章，各章节内容如下。

章节	内容导读	难点指数
第1章	主要介绍动画相关知识、动画的类型、动画制作应用软件以及动画制作在行业中的应用等	★☆☆
第2章	主要介绍Animate的工作界面、文档的基本操作及动画的测试与发布等	★☆☆
第3章	主要介绍辅助绘图工具、常用绘图工具、图形填充工具及编辑图形对象和修饰图形对象的操作等	★★☆
第4章	主要介绍时间轴、编辑帧以及编辑图层等	★★★
第5章	主要介绍元件的创建与编辑、“库”面板的应用与操作及实例的创建与编辑等	★★★
第6章	主要介绍文本的类型、文本的编辑以及滤镜的应用等	★★☆
第7章	主要介绍逐帧动画、补间动画、引导动画、遮罩动画及交互动画的概念与制作方法等	★★★
第8章	主要介绍音视频元素的导入及应用等	★☆☆
第9章	主要介绍组件的应用与编辑及常用组件等	★★☆
第10章	主要介绍Illustrator软件的工作界面、文本的基本操作及图形的绘制与编辑等	★★☆

选择本书理由

本书采用**“案例解析 + 理论讲解 + 课堂实战 + 课后练习 + 拓展赏析”**的结构进行编写，其内容由浅入深，循序渐进。

1）专业性强，知识覆盖面广

本书主要围绕动画制作行业的相关知识点展开讲解，并对不同类型的案例制作进行解析，让读者了解并掌握该行业的一些设计原则和绘图要点。

2）带着疑问学习，提升学习效率

本书首先对案例进行解析，然后再针对案例中的重点工具进行深入讲解，让读者带着问题去学习相关的理论知识，从而有效提升学习效率。此外，本书所有的案例都经过精心的设计，读者可将这些案例应用到实际工作中。

3）行业拓展，以更高的视角看行业发展

本书在每章末尾安排了“拓展赏析”板块，旨在让读者掌握本章相关技能后，还可了解到行业中一些有意思的设计方案及设计技巧，从而开拓思维。

4）多软件协同，呈现完美作品

一份优秀的设计作品，通常是由多个软件共同协作完成的，动画制作也不例外。在创作本书时，添加了Illustrator软件协作章节，读者可以通过Illustrator完成图形元素的初步设计后，再结合Animate软件制作出精致有趣的动画效果。

本书读者对象

- 从事动画制作的工作人员。
- 高等院校相关专业的师生。
- 培训班中学习动画制作的学员。
- 对动画制作有着浓厚兴趣的爱好者。
- 想通过知识改变命运的有志青年。
- 想掌握更多技能的办公室人员。

本书由魏砚雨、陈迎绮、周晓姝编写，在编写过程中力求严谨细致，但由于编者水平有限，疏漏之处在所难免，欢迎广大读者批评指正。

编　者

素材文件

视频文件

索取课件与教案

目录

第1章 零基础学动画制作

1.1 动画相关知识 ······ 2

1.1.1 动画制作专业名词 ······ 2

1.1.2 动画制作流程 ······ 2

1.1.3 图像相关知识 ······ 3

1.2 动画类型 ······ 5

1.2.1 传统二维动画 ······ 5

1.2.2 矢量动画 ······ 6

1.2.3 三维动画 ······ 6

1.3 动画制作应用软件 ······ 7

1.3.1 Animate ······ 7

1.3.2 Illustrator ······ 7

1.3.3 Photoshop ······ 8

1.3.4 After Effects ······ 8

1.4 动画制作在行业中的应用 ······ 9

1.4.1 动画制作行业概况和求职方向 ······ 9

1.4.2 动画制作从业人员应具备的素养 ······ 9

课堂实战 了解定格动画 ······ 10

课后练习 对比各类型动画 ······ 10

拓展赏析 中国动画之水墨动画 ······ 11

Animate 动画制作基础

2.1 Animate的工作界面……14

2.1.1 案例解析——DIY舞台颜色……14
2.1.2 菜单栏——执行菜单命令……15
2.1.3 舞台和粘贴板——工作区域……16
2.1.4 工具箱——常用工具……16
2.1.5 时间轴——控制图层和帧……16
2.1.6 常用面板——辅助操作面板……17

2.2 文档的基本操作……18

2.2.1 案例解析——图像素材的导入……18
2.2.2 新建文档——新建空白文档……19
2.2.3 设置文档属性——调整文档属性……20
2.2.4 打开已有文档——打开文档……20
2.2.5 导入素材——将素材导入至库或舞台……20
2.2.6 保存文档——存储文档……21

2.3 测试与发布动画……22

2.3.1 案例解析——导出GIF动画……22
2.3.2 测试动画——测试动画是否符合要求……23
2.3.3 优化动画——减少动画占用空间……23
2.3.4 发布动画——将动画发布为不同格式……24
2.3.5 导出动画——导出动画内容……28

课堂实战 动画的发布……30

课后练习 发布EXE文件……34

拓展赏析 二十四节气之春季节气……35

图形的绘制与编辑

3.1 辅助绘图工具······38
3.1.1 标尺——辅助定位······38
3.1.2 网格——位置规划······38
3.1.3 辅助线——调整对齐······39
3.2 常用绘图工具······40
3.2.1 案例解析——绘制云形图案······40
3.2.2 钢笔工具——精准绘图······40
3.2.3 线条工具——绘制线条······42
3.2.4 铅笔工具——自由绘制线段······43
3.2.5 矩形工具——绘制矩形······44
3.2.6 椭圆工具——绘制椭圆与正圆······45
3.2.7 多角星形工具——绘制多角星形······46
3.2.8 画笔工具——绘制图形······47
3.3 图形填充工具······49
3.3.1 案例解析——填充卡通头像······49
3.3.2 颜料桶工具——填色······50
3.3.3 墨水瓶工具——描边或线条颜色调整······51
3.3.4 滴管工具——格式刷······51
3.4 编辑图形对象······52
3.4.1 案例解析——创建心形背景······52
3.4.2 选择对象工具——选择对象······54
3.4.3 任意变形工具——变形对象······56
3.4.4 渐变变形工具——调整渐变······59
3.4.5 橡皮擦工具——擦除部分区域······59
3.4.6 宽度工具——调整线条宽度······60
3.4.7 合并对象——调整现有对象······60
3.4.8 组合与分离对象——编组与分离对象······62
3.4.9 对齐与分布对象——调整布局······63

3.5 修饰图形对象……65
3.5.1 案例解析——绘制雪花造型……65
3.5.2 优化曲线——优化线条……67
3.5.3 将线条转换为填充——将线条转换为填充色块……67
3.5.4 扩展填充——收缩或扩展对象……68
3.5.5 柔化填充边缘——羽化边缘……69
课堂实战 绘制老式电视机……70
课后练习 绘制可爱表情……73
拓展赏析 二十四节气之夏季节气……74

第4章 帧与图层

动画制作

4.1 认识时间轴……76
4.2 编辑帧……77
4.2.1 案例解析——制作文字跳动效果……77
4.2.2 认识帧——了解帧的基础知识……79
4.2.3 选择帧——选取需要的帧……81
4.2.4 插入帧——在时间轴中插入帧……82
4.2.5 移动帧——调整帧的位置……82
4.2.6 复制帧——复制选定的帧……83
4.2.7 删除和清除帧——删除不需要的帧……83
4.2.8 转换帧——转换关键帧或空白关键帧……83
4.3 编辑图层……84
4.3.1 案例解析——制作鱼游动动画……84
4.3.2 创建图层——新建图层……86
4.3.3 选择图层——选取单个或多个图层……87
4.3.4 重命名图层——更改图层名称……88

4.3.5 删除图层——删除不需要的图层 88
4.3.6 设置图层属性——更改图层属性 88
4.3.7 设置图层状态——隐藏、锁定、轮廓化图层 89
4.3.8 调整图层顺序——更改图层排列顺序 91

课堂实战 制作文字弹出动画 92

课后练习 制作热气球飘动效果 97

拓展赏析 二十四节气之秋季节气 98

第5章 元件、库与实例

动画制作

5.1 元件的创建与编辑 100

5.1.1 案例解析——制作按钮特效 100
5.1.2 元件的类型——了解不同类型的元件 102
5.1.3 创建元件——新建或转换为元件 103
5.1.4 编辑元件——调整元件 104

5.2 认识库 106

5.2.1 认识“库”面板——存储素材资源 106
5.2.2 重命名库项目——修改库项目名称 107
5.2.3 创建文件夹——整理归纳库资源 108
5.2.4 共享库资源——多个文件共用库资源 108

5.3 实例的创建与编辑 110

5.3.1 案例解析——制作文字交错出现动画 110
5.3.2 创建实例——应用元件 113
5.3.3 复制实例——重复利用已有实例 113
5.3.4 设置实例色彩——实例色彩调整 114
5.3.5 转换实例类型——更改实例类型 116
5.3.6 分离实例——断开实例与元件的链接 116

课堂实战 制作下雪动画效果……117
课后练习 制作呼吸灯动画效果……121
拓展赏析 二十四节气之冬季节气……122

文本的创建与编辑

动画制作

6.1 文本类型……124
6.1.1 案例解析——创建静态文本……124
6.1.2 静态文本——普通文本……125
6.1.3 动态文本——动态更新……126
6.1.4 输入文本——测试时可输入文本……127
6.2 编辑文本……127
6.2.1 案例解析——制作文字演变动画……127
6.2.2 设置文字属性——设置文本显示……130
6.2.3 设置段落格式——设置段落效果……130
6.2.4 创建文本链接——创建链接……131
6.2.5 分离文本——将文本分离为字符或填充……131
6.2.6 变形文本——变换文本……131
6.3 应用滤镜……133
6.3.1 案例解析——制作镂空文字……133
6.3.2 认识滤镜——认识预设滤镜……134
6.3.3 编辑滤镜——滤镜的编辑操作……136
课堂实战 制作诗词课件……137
课后练习 制作手写文字效果……141
拓展赏析 中国非遗之皮影戏……142

第7章 常见动画的制作

7.1 逐帧动画……144

7.2 补间动画……144

7.2.1 案例解析——制作爱心跳动动画……144
7.2.2 传统补间动画——常用动画……147
7.2.3 补间动画——运动路径调整……148
7.2.4 形状补间动画——形状变化动画……148
7.2.5 使用动画预设——常用动画预设……149

7.3 引导动画……151

7.3.1 案例解析——制作树叶飘落动画……151
7.3.2 引导动画原理——引导动画简介……154
7.3.3 创建引导动画——制作引导动画……155

7.4 遮罩动画……156

7.4.1 案例解析——制作望远镜效果……156
7.4.2 遮罩动画原理——遮罩动画简介……158
7.4.3 创建遮罩动画——制作遮罩动画……158

7.5 交互动画……159

7.5.1 案例解析——制作网页轮播图动画……159
7.5.2 事件与动作——创建交互式动画……162
7.5.3 脚本的编写与调试——常见脚本及调试方式……164

课堂实战 制作照片切换动画……167

课后练习 制作纸飞机飞翔动画……171

拓展赏析 中国国粹之京剧……172

音视频的应用

8.1 应用音频 ······ 174

8.1.1 案例解析——添加打字音效 ······ 174
8.1.2 音频文件格式——了解常用音频格式 ······ 175
8.1.3 导入声音——将音频导入Animate软件 ······ 176
8.1.4 编辑优化声音——调整声音效果 ······ 177

8.2 应用视频 ······ 181

8.2.1 案例解析——在电视机中播放视频 ······ 181
8.2.2 视频文件格式——了解常用视频格式 ······ 183
8.2.3 导入视频文件——将视频导入Animate软件 ······ 183
8.2.4 编辑处理视频——调整视频效果 ······ 185

课堂实战 选择播放歌曲 ······ 185

课后练习 添加火焰音效 ······ 188

拓展赏析 中国动画电影创始人：万籁鸣 ······ 189

第9章 组件的应用

9.1 认识并应用组件……192

9.1.1 案例解析——制作选项问卷……192

9.1.2 组件类型——常见组件分类……193

9.1.3 编辑组件——组件的添加及删除……193

9.2 常用组件……195

9.2.1 案例解析——制作信息调查表……195

9.2.2 复选框组件——多选选框……198

9.2.3 列表框组件——制作列表……199

9.2.4 文本输入框组件——单行文本输入框……201

9.2.5 文本域组件——多行文字输入框……201

9.2.6 滚动条组件——添加滚动条……202

9.2.7 下拉列表框组件——下拉列表……213

课堂实战 制作个人信息调查表……204

课后练习 制作页面动画……211

拓展赏析 中国动漫博物馆……212

第10章 软件协同之AI矢量绘图

动画制作

10.1 基础知识详解……214
10.1.1 案例解析——绘制相机矢量图形……214
10.1.2 认识工作界面——认识Illustrator软件……216
10.1.3 文件的基本操作——创建或保存文件……217
10.1.4 绘制图形——常用绘图工具……218
10.2 图形的编辑……224
10.2.1 案例解析——绘制机械齿轮……224
10.2.2 变换图形——使图形产生变化……225
10.2.3 编辑图形——图形的复杂操作……227
课堂实战 绘制循环利用标签……229
课后练习 绘制手表表盘……231
拓展赏析 国画……232
参考文献……233

第1章

零基础学动画制作

内容导读

动画是一种艺术表现形式。本章将对动画制作的基础知识进行介绍，包括动画制作专业名词、动画制作流程等相关知识，动画类型，Animate、Illustrator等动画制作常用软件，动画制作在行业中的应用等。

思维导图

零基础学动画制作

- 动画相关知识
  - 动画制作专业名词
  - 动画制作流程
  - 图像相关知识
- 动画类型
  - 传统二维动画
  - 矢量动画
  - 三维动画
- 动画制作应用软件
  - Animate
  - Illustrator
  - Photoshop
  - After Effects
- 动画制作在行业中的应用
  - 动画制作行业概况和求职方向
  - 动画制作从业人员应具备的素养

1.1 动画相关知识

动画是一种集合绘画、数字媒体、音乐等多个艺术门类的综合艺术，其定义为采用逐帧拍摄对象并连续播放形成运动的影像技术。本节将对动画的相关知识进行介绍。

1.1.1 动画制作专业名词

了解动画制作专业名词，可以帮助动画制作者更好地与团队交流协作。下面将对常用的名词进行介绍。

1. 帧

帧是影像动画中最小单位的单幅影像画面。人们在电视中看到的动画画面其实都是由一系列的单个图片构成的，相邻图片之间的差别很小，这些图片连贯在一起播放就形成了活动的画面，其中的每一幅就是一帧。

2. 关键帧

关键帧相当于二维动画中的原画，是指运动变化中具有关键状态的一帧。两个不同的关键帧之间就形成了动画效果。

3. 原画

原画是指动画创作中一个场景动作起点和终点的画面，决定了动作的走向、节奏等关键状态。需要注意的是，并不是所有动画都有原画，如定格动画等类型的动画就不存在原画的概念。

4. 逐帧动画

逐帧动画是一种传统动画，其原理是通过在时间轴的每帧上逐帧绘制不同的内容，当快速播放时，由于人的眼睛产生视觉暂留，就会感觉画面动了起来。在制作动画时，设计者需要对每一帧的内容进行绘制，因此其工作量较大，但产生的动画效果非常灵活逼真，很适合表现细腻的动画。

5. 实时动画

实时动画又称算法动画，它是通过算法来控制物体的运动，在生成图像的同时实现动画效果。实时动画是最具交互性的动画，它可以快速处理有限的数据，缺点是速度慢。一般游戏软件多用实时动画。

1.1.2 动画制作流程

制作动画时，一般要遵循以下流程。

1）构思动画

在制作动画之前，需要先对动画有所构思，比如如何使用软件实现相应的效果。

2）添加编辑素材

构思完成后，就可以绘制并添加素材文件，并调整其排列顺序和持续时间，添加特殊效果，如滤镜等。

3）使用ActionScript增加交互性

通过ActionScript可以控制媒体元素的行为方式，增加交互性。

4）测试并发布

制作完成后测试动画，查找并纠正错误。测试完成后就可以将其发布，以便在网页中进行播放。

1.1.3 图像相关知识

图像是动画制作中的常用素材。了解图像的有关知识可以加深对动画制作的理解。本节将对图像的相关知识进行讲解。

1. 矢量图与位图

根据图像显示原理的不同，可以将图像分为矢量图和位图两种类型。

1）矢量图

所谓矢量又称向量，是一种面向对象的基于数学方法的绘图方式，在数学上定义为一系列由线连接的点。用矢量方法绘制出来的图形叫作矢量图。由于这种保存图形信息的方式与分辨率无关，所以无论放大或缩小，图像都具有同样平滑的边缘及一样的视觉细节和清晰度。图1-1、图1-2所示为矢量图放大前后的对比效果。

图 1-1

图 1-2

矢量图放大后图像不会失真，文件占用空间较小，适用于图形设计、文字设计、标志设计、版式设计等领域。但矢量图难以表现色彩层次丰富的逼真图像效果。常见的矢量图绘制软件有CorelDRAW、Illustrator等。

2）位图

位图也称像素图，由像素或点的网格组成，通过这些点可以进行不同的排列和颜色以构成图样。当放大位图时，可以看见构成整个图像的无数个方块，这些小方格被称为像素点。图1-3、图1-4所示为位图放大前后的对比效果。

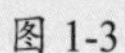

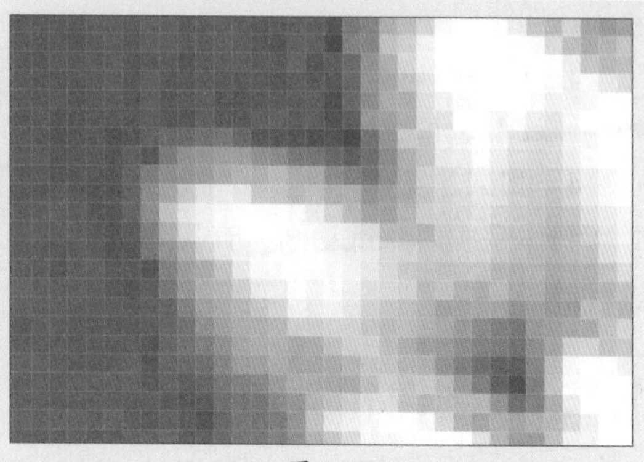

图 1-3　　图 1-4

像素点是图像中最小的图像元素。一幅位图图像包含的像素可以达到百万个，因此，位图的大小和质量取决于图像中像素点的多少。通常来说，每平方英寸的面积上所含像素点越多，颜色之间的混合就越平滑，同时文件也就越大。缩小位图尺寸是通过减少像素来实现的。常见的位图编辑软件有Photoshop、Painter等。

2. 像素和分辨率

像素和分辨率控制了计算机图像的尺寸和清晰度。

1）像素

像素是用来计算数码影像的一种单位，是构成图像的最小单位，是图像的基本元素。放大位图图像时，即可以看到像素，如图1-5、图1-6所示。构成一张图像的像素点越多，色彩信息越丰富，效果就越好，文件所占空间也越大。

图 1-5

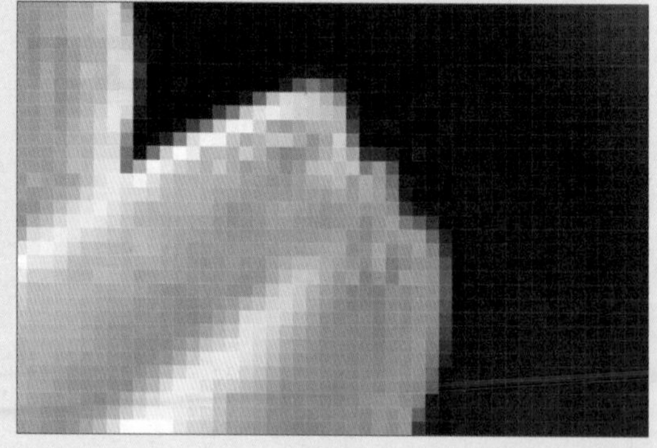

图 1-6

2）分辨率

图像的分辨率可以改变图像的精细程度，直接影响图像的清晰度，即图像的分辨率越高，图像的清晰度也就越高，图像占用的存储空间也越大。分辨率一般可以分为图像分辨率、屏幕分辨率和打印分辨率三种。

- **图像分辨率：** 指图像单位长度内所含像素点的数量，单位是“像素每英寸”（ppi）。
- **屏幕分辨率：** 指显示器上每单位长度显示的像素或点的数量，单位是“点/英寸”（dpi）。

- **打印分辨率：** 指激光打印机（包括照排机）等输出设备产生的每英寸油墨点数（dpi）。

图1-7、图1-8所示分别为不同分辨率的图像效果。

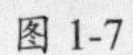

图 1-7

图 1-8

1.2 动画类型

常见的动画可以分为传统二维动画、矢量动画和三维动画三种类型。本节将对这三种动画类型进行说明。

1.2.1 传统二维动画

传统二维动画是最古老的动画形式之一，它是通过绘制原画和中间画制作静态图像，再利用人眼的视觉暂留现象，将连续的静态图像经过逐帧地拍摄编辑，在屏幕中进行播放。比如《大闹天宫》《雪孩子》《狮子王》等作品均为传统二维动画。图1-9所示为《大闹天空》中的一幕。

图 1-9

1.2.2 矢量动画

矢量动画属于二维动画的一种，它是通过计算机来制作动画，如使用Animate软件制作出的SWF格式的动画，即为矢量动画。该类型的动画具有无限放大不失真、占用存储空间小等优点，但较难制作复杂真实的画面效果，一般为抽象卡通风格，如图1-10所示。

图 1-10

1.2.3 三维动画

三维动画是目前最常见的动画种类，它是通过三维动画技术模拟真实物体，以生动形象的形式表现复杂的内容。三维动画具有更真实的表现力，如图1-11所示。除了动画领域外，三维动画还适用于教育、医学、军事等领域。比如《秦时明月》《大圣归来》《玩具总动员》等作品均属于三维动画。

图 1-11

1.3 动画制作应用软件

随着数字技术的发展，动画制作者可以选择计算机中的专业软件制作动画。常用的动画制作应用软件包括Animate、Illustrator、Photoshop等。

1.3.1 Animate

Animate的前身为Flash，是一款专业的二维动画制作软件。该软件支持Flash SWF、HTML5 Canvas等多种文件格式，且学习门槛较低，易上手，适用于动画制作、网络广告等多个领域。图1-12所示为Animate软件的启动界面。

图 1-12

1.3.2 Illustrator

Illustrator是Adobe公司推出的专业矢量绘图软件。该软件最大的特点在于钢笔工具的使用，操作简单且功能强大。它集成文字处理、上色等功能，广泛应用于插图制作、印刷品（如广告传单、小册子）设计与制作等方面。图1-13所示为Illustrator软件的启动界面。

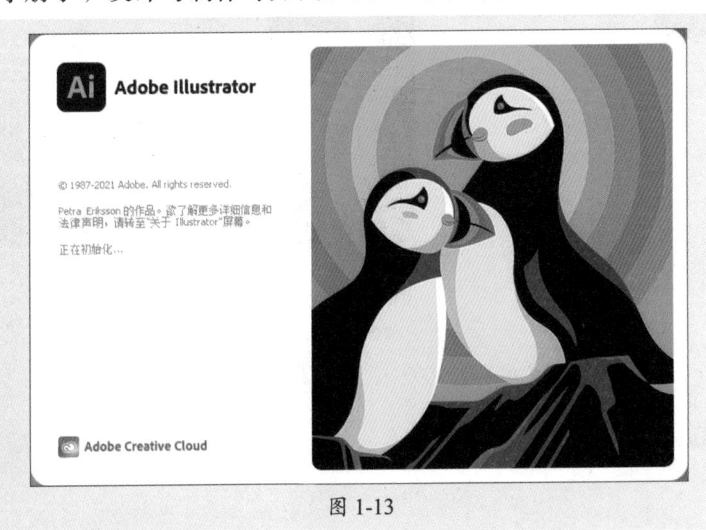

图 1-13

1.3.3 Photoshop

Photoshop软件与Animate、Illustrator软件同属于Adobe公司，是一款专业的图像处理软件。该软件主要处理由像素构成的数字图像。在应用时，用户可以直接将使用Photoshop软件制作的平面作品导入至Animate或Illustrator软件中协同工作，以满足日益复杂的动画制作需求。图1-14所示为Photoshop软件的启动界面。

图 1-14

1.3.4 After Effects

After Effects是一款非线性特效制作视频软件，多用于合成视频和制作视频特效。该软件可以帮助用户创建动态图形和精彩的视觉效果，与三维软件和Photoshop软件结合使用，可以制作出更具视觉表现力的三维动画效果。图1-15所示为After Effects软件的启动界面。

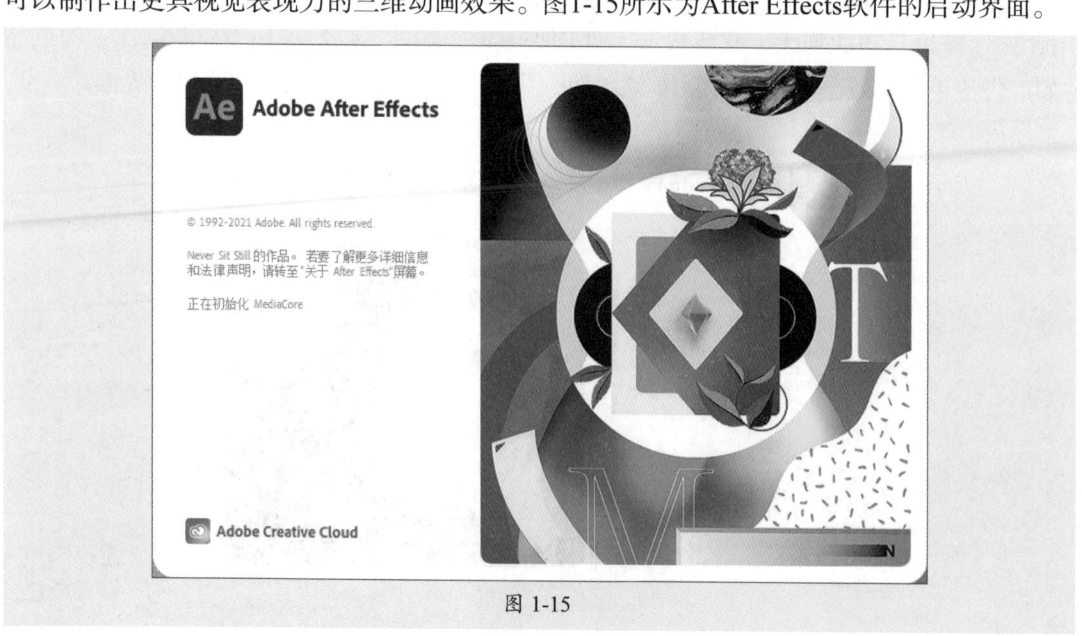

图 1-15

1.4 动画制作在行业中的应用

动画制作作为一项蓬勃发展的文化产业，具有极强的生命力和活力。本节将对动画制作的行业概况及从业人员应具备的素养进行介绍。

1.4.1 动画制作行业概况和求职方向

1. 动画制作行业概况

随着科技的发展，动画行业的市场规模在不断扩大，人员需求更是逐年增长，同时观众对动画作品的需求也在逐渐增加，对于从业人员的要求更高。动画制作与技术的发展息息相关。随着新技术的出现，动画制作的技术应用也在不断扩展，为动画行业的发展带来更多方向。总地来说，作为一项朝阳产业，动画行业的前景非常广阔。

2. 动画制作求职方向

掌握动画制作理论和操作技能，可以从业于动画制作公司、广播电视部门、影视制作公司、广告公司、教育机构、网络公司、企事业单位等，从事动画师、原画师、动漫造型设计、插画制作、游戏设计等工作。

1.4.2 动画制作从业人员应具备的素养

动画制作从业人员应具备以下素养。

- 能够独立创作完整动画，具有良好的创意思维。
- 熟悉动画制作流程，具备一定的绘画基础和良好的艺术修养。
- 对色彩与画面的控制能力强。
- 能够熟练运用手绘板，掌握Flash、After Effects、Photoshop、Premiere等软件的使用方法。
- 具有较强的学习能力和团队意识。

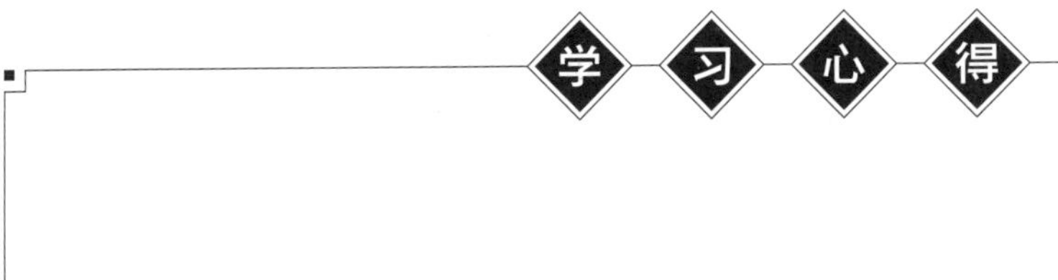

课堂实战 了解定格动画

定格动画是一种特殊的动画形式，它是通过逐帧拍摄对象后连续播放，使其呈现出一种真实与卡通结合的效果。定格动画一般都会有一个鲜明的角色对象，可以通过黏土、橡胶、毛毡、石膏、木偶等材料制作。图1-16所示为《小羊肖恩》中的一幕。

图 1-16

定格动画在制作上较为烦琐，自由度较低，一般不适合制作复杂动画；但是与其他动画类型相比，定格动画的制作门槛低，投资也较为低廉。随着数字技术的发展，定格动画的准入门槛也随之降低，越来越多的人可以自行制作定格动画。

课后练习 对比各类型动画

通过观看不同类型的动画作品，对比传统二维动画、矢量动画、三维动画及定格动画的优劣。

技术要点

- 观看不同类型的动画作品。
- 对比其中的故事情节，探究其制作方法及异同点。
- 对比不同类型动画作品的优劣，找到它们的长处与不足之处。

拓展赏析

中国动画之水墨动画

中国动画起源于20世纪20年代，而水墨动画诞生于1960年。水墨动画是极具中国特色的动画，由中国艺术家首创，它将传统的中国水墨画引入到动画制作中，使动画呈现出水墨画般的艺术效果，其中具有代表性的作品包括《小蝌蚪找妈妈》《牧笛》《鹿铃》《山水情》等。

- **《小蝌蚪找妈妈》：** 1960年由上海美术电影制片厂制作的中国第一部水墨动画片。该片取材于画家齐白石创作的鱼虾等形象，开创了水墨动画的先河。图1-17所示为该片中的画面。
- **《牧笛》：** 继《小蝌蚪找妈妈》后的中国第二部水墨动画片。该片是1963年上海美术电影制片厂在《小蝌蚪找妈妈》的基础上打磨制作而成的，更具中国水墨画的意境美。图1-18所示为该片中的画面。

图 1-17

图 1-18

- **《鹿铃》：** 该片由上海美术电影制片厂根据庐山“白鹿洞书院”流传的传说创作，与《牧笛》水墨动画相隔约20年，全片清雅、淡然，展现了人与自然和谐相处的美好愿景。图1-19所示为该片中的画面。
- **《山水情》：** 该片是获奖最多的水墨动画，也是上海美术电影制片厂的收官之作。其画面如诗般空灵飘逸，极具中国韵味。图1-20所示为该片中的画面。

图 1-19

图 1-20

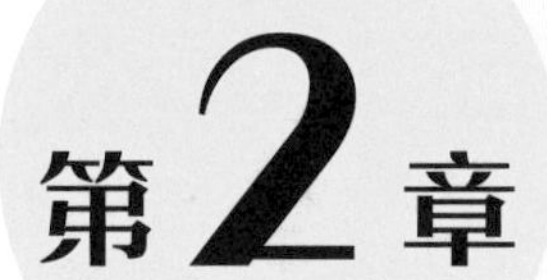

第2章 Animate动画制作基础

内容导读

Animate是一款专业的二维动画制作软件。本章将对Animate的工作界面，新建文档、设置文档属性、打开文档、导入素材等文档基本操作，以及测试动画、优化动画、发布动画、导出动画操作进行讲解。

思维导图

- Animate动画制作基础
  - Animate的工作界面
    - 菜单栏——执行菜单命令
    - 舞台和粘贴板——工作区域
    - 工具箱——常用工具
    - 时间轴——控制图层和帧
    - 常用面板——辅助操作面板
  - 文档的基本操作
    - 新建文档——新建空白文档
    - 设置文档属性——调整文档属性
    - 打开已有文档——打开文档
    - 导入素材——将素材导入至库或舞台
    - 保存文档——存储文档
  - 测试与发布动画
    - 测试动画——测试动画是否符合要求
    - 优化动画——减少动画占用空间
    - 发布动画——将动画发布为不同格式
    - 导出动画——导出动画内容

2.1 Animate的工作界面

Animate的工作界面由菜单栏、工具箱、时间轴、舞台和粘贴板以及一些常用的面板组成，如图2-1所示。

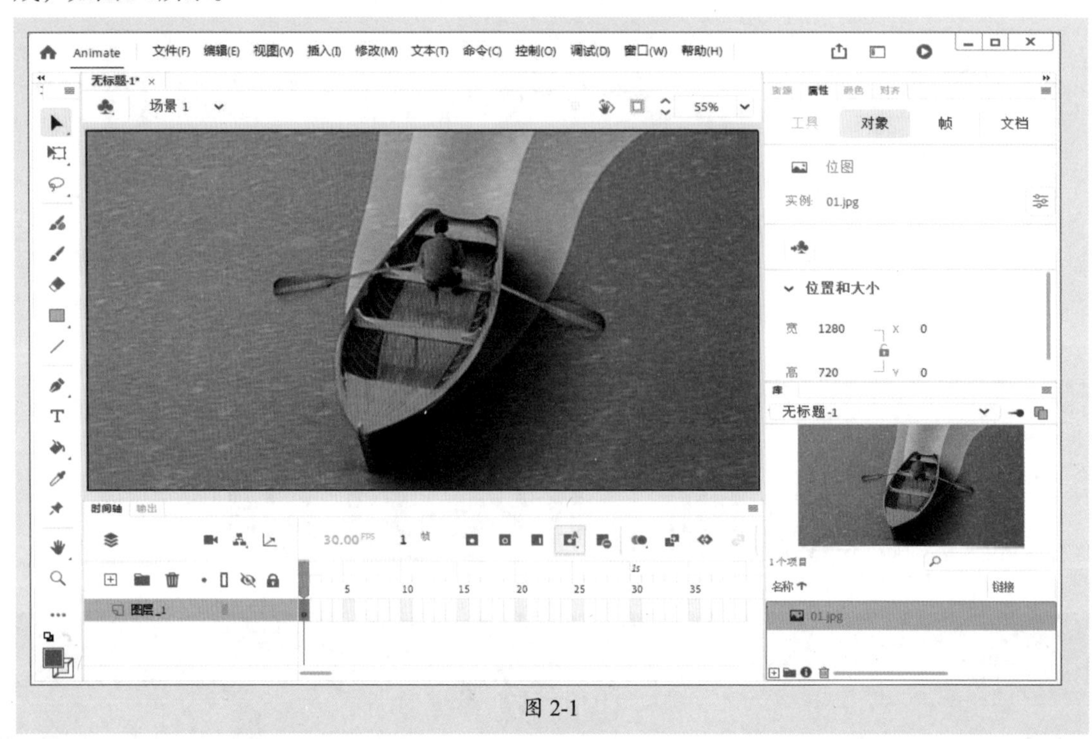

图 2-1

2.1.1 案例解析——DIY舞台颜色

在学习Animate动画之前，先跟随以下步骤了解并熟悉其基本的设置操作。用户可以通过“属性”面板设置舞台颜色。

步骤 01 打开Animate软件，执行“文件”|“新建”命令，打开“新建文档”对话框，在该对话框中设置文档参数，如图2-2所示。

步骤 02 完成后单击“创建”按钮新建文档，如图2-3所示。

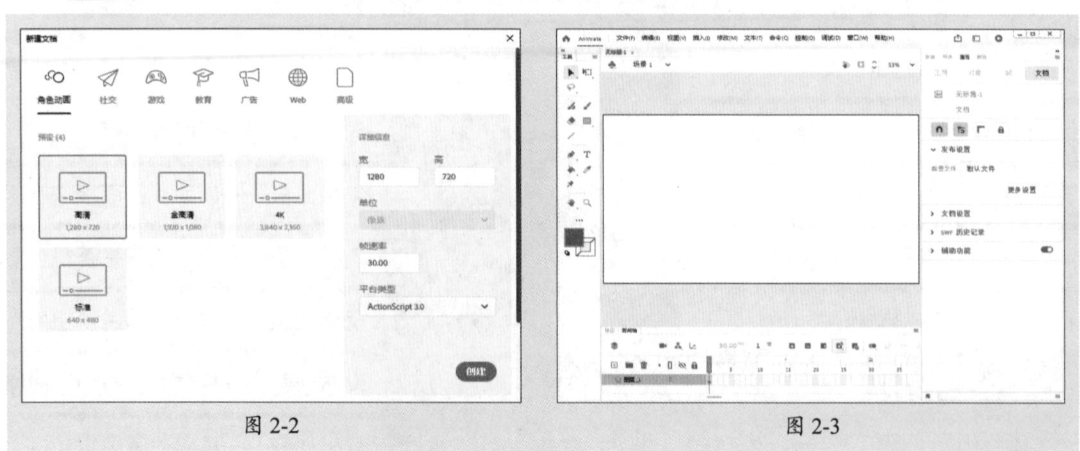
图 2-2　　图 2-3

步骤 03 展开“属性”面板中的“文档设置”选项组，单击“舞台”右侧的“背景颜色”按钮，在弹出的色板中选取颜色，如图2-4所示。

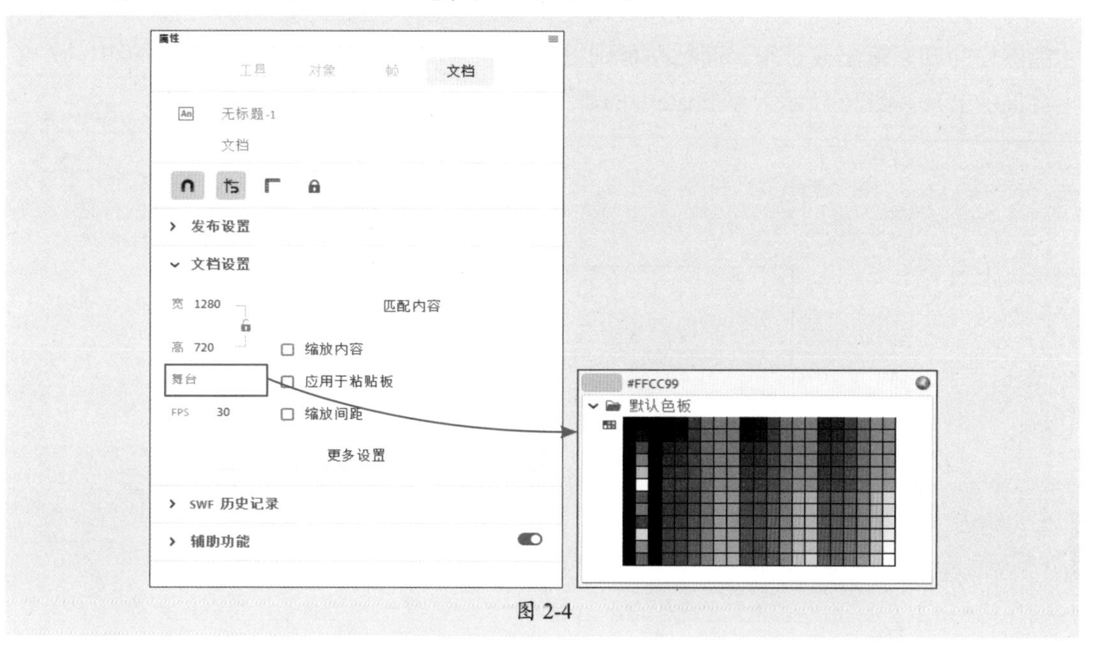

图 2-4

步骤 04 此时舞台的背景颜色如图2-5所示。

步骤 05 选中“属性”面板中的“应用于粘贴板”复选框，将舞台颜色应用于粘贴板，效果如图2-6所示。

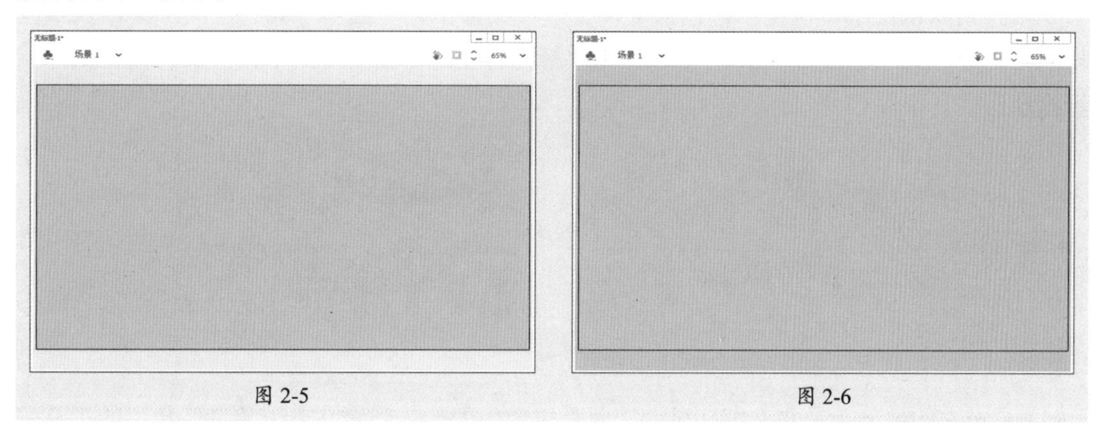

图 2-5　　图 2-6

至此，完成舞台颜色的设置。

2.1.2 菜单栏——执行菜单命令

菜单栏中包括“文件”“编辑”“视图”“插入”“修改”“文本”“命令”“控制”“调试”“窗口”和“帮助”11个菜单项，如图2-7所示。在这些菜单中可以执行Animate中的所有操作命令。

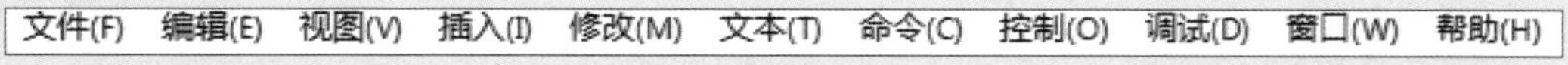

文件(F)　编辑(E)　视图(V)　插入(I)　修改(M)　文本(T)　命令(C)　控制(O)　调试(D)　窗口(W)　帮助(H)

图 2-7

2.1.3 舞台和粘贴板——工作区域

舞台是用户在创建文件时放置内容的矩形选区（默认为白色），只有在舞台中的对象才能够作为动画输出或打印，而粘贴板则以淡灰色显示。在测试动画时，粘贴板中的对象不会显示出来。图2-8所示为Animate中的舞台和粘贴板。

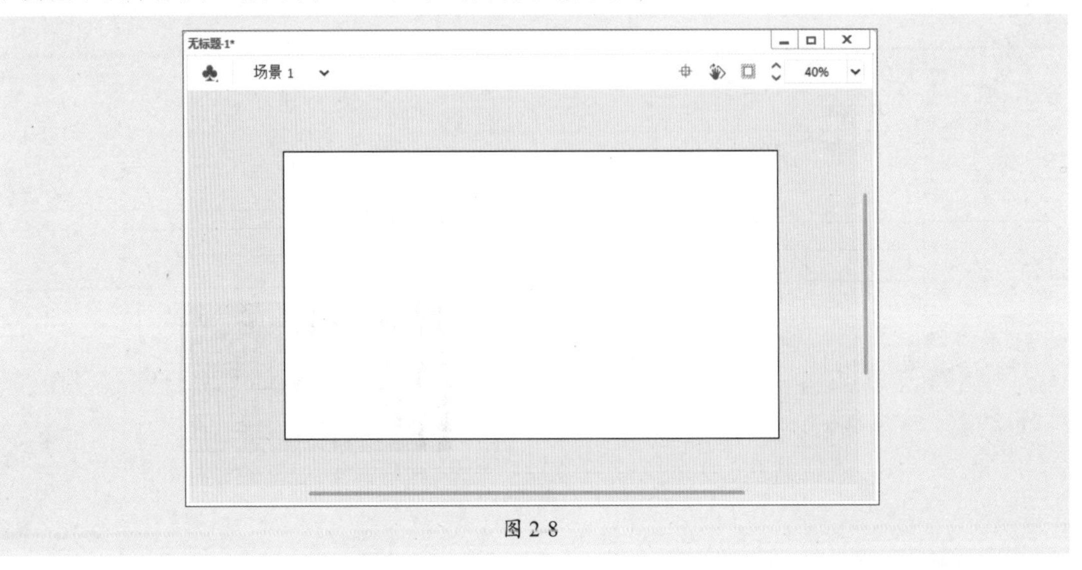

图 2 8

2.1.4 工具箱——常用工具

工具箱默认位于窗口左侧，包括选择工具、文本工具、变形工具、绘图工具以及颜色填充工具等，如图2-9所示。用户可以移动鼠标指针至工具箱上方的空白区域，按住鼠标左键拖动调整其位置。

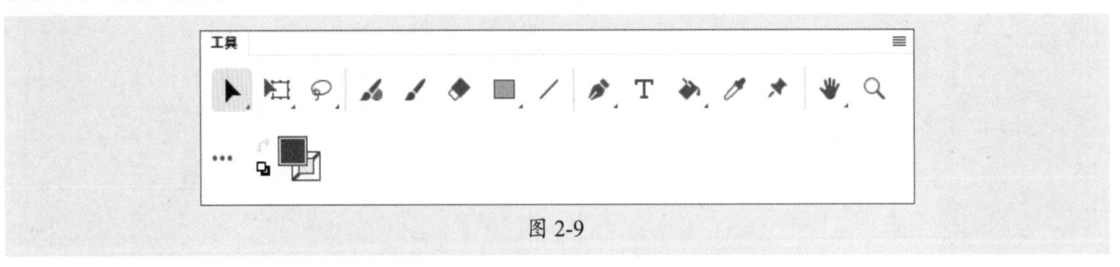

图 2-9

工具箱中的部分工具并未直接显示，而是以成组的形式隐藏在右下角带三角形的工具按钮中，按住某个工具不放即可展开该工具组。

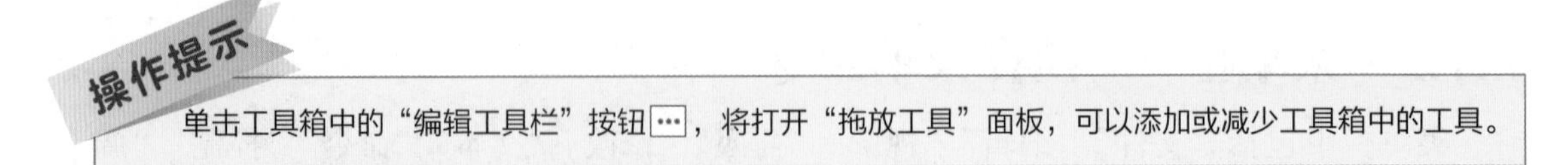

2.1.5 时间轴——控制图层和帧

时间轴由图层、帧和播放头组成，主要用于组织和控制文档内容在一定时间内播放的帧数。“时间轴”面板可以分为左边的图层控制区域和右边的帧控制区域，如图2-10所示。

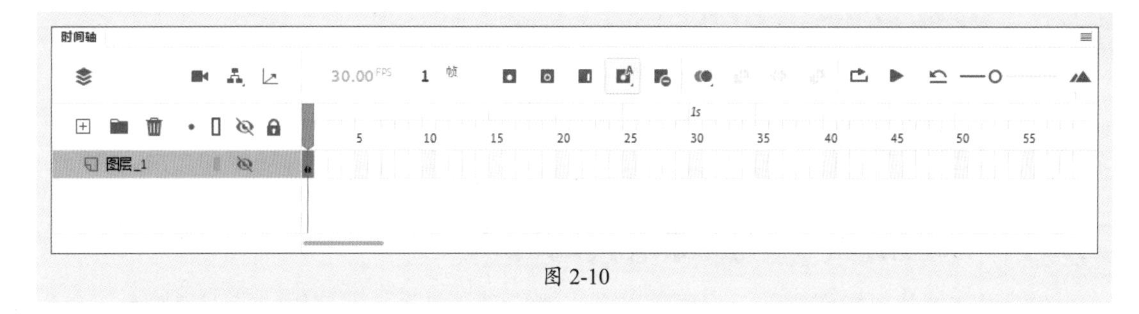

图 2-10

这两个区域的作用分别如下。

- **图层控制区域：**用于设置整个动画的“空间”顺序，包括图层的隐藏、锁定、插入、删除等。在“时间轴”面板中，图层就像堆叠在一起的多张幻灯片，每个图层都包含一个显示在舞台中的不同图像。
- **帧控制区：**用于设置各图层中各帧的播放顺序，它由若干帧单元格构成，每一格代表一个帧，一帧又包含若干内容，即所要显示的图片及动作。将这些图片连续播放，就能观看到一个动画。

2.1.6 常用面板——辅助操作面板

Animate中提供了多个面板来帮助用户快速准确地制作动画，执行“窗口”命令，在其菜单中执行命令即可打开相应的面板。图2-11、图2-12、图2-13分别为打开的“属性”面板、“库”面板和“颜色”面板。

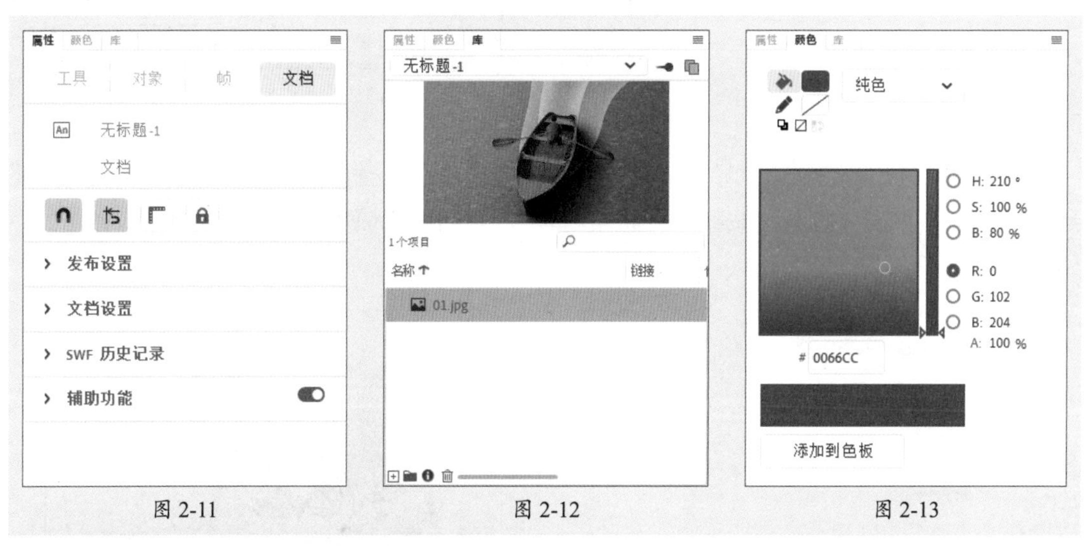

图 2-11　　图 2-12　　图 2-13

其中，“属性”面板随着选取对象或工具的不同，显示的内容也会有所不同；“库”面板中存放着当前文档中所用的项目；“颜色”面板则主要用于设置选中对象的颜色。

操作提示

若想关闭某一面板，右击要关闭的面板标题栏，在弹出的快捷菜单中执行“关闭”命令即可。

2.2 文档的基本操作

文档是Animate制作动画的基础，本节将对新建文档、设置文档属性、导入素材、保存文档等操作进行介绍。

2.2.1 案例解析——图像素材的导入

在学习文档基本操作之前，先跟随以下步骤了解并熟悉，即使用“导入到舞台”命令导入素材，并进行保存。

步骤 01 打开Animate软件，执行“文件”|“新建”命令，打开“新建文档”对话框，在该对话框中设置文档参数，如图2-14所示。

步骤 02 完成后单击“创建”按钮新建文档。使用“矩形工具”绘制一个与舞台等大的矩形，并在“属性”面板中设置颜色，效果如图2-15所示。

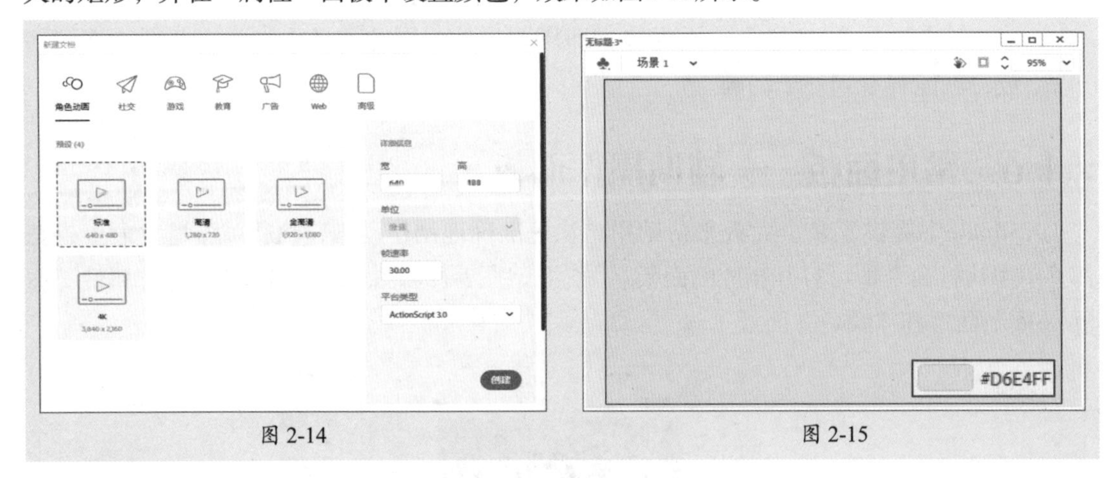

图 2-14　　图 2-15

步骤 03 执行“文件”|“导入”|“导入到舞台”命令，打开“导入”对话框，选择要导入的素材，单击“打开”按钮即可将素材导入至舞台中，调整其大小与位置，如图2-16所示。

图 2-16

步骤 04 选中导入的素材文件，按Ctrl+B组合键将其分离，使用“魔术棒”工具在分离素材背景处单击，选取背景，在“属性”面板中设置填充颜色与矩形的一致，效果如图2-17所示。

步骤 05 执行“文件”|“保存”命令，打开“另存为”对话框，设置保存路径和名称，如图2-18所示。完成后单击“保存”按钮保存文档。

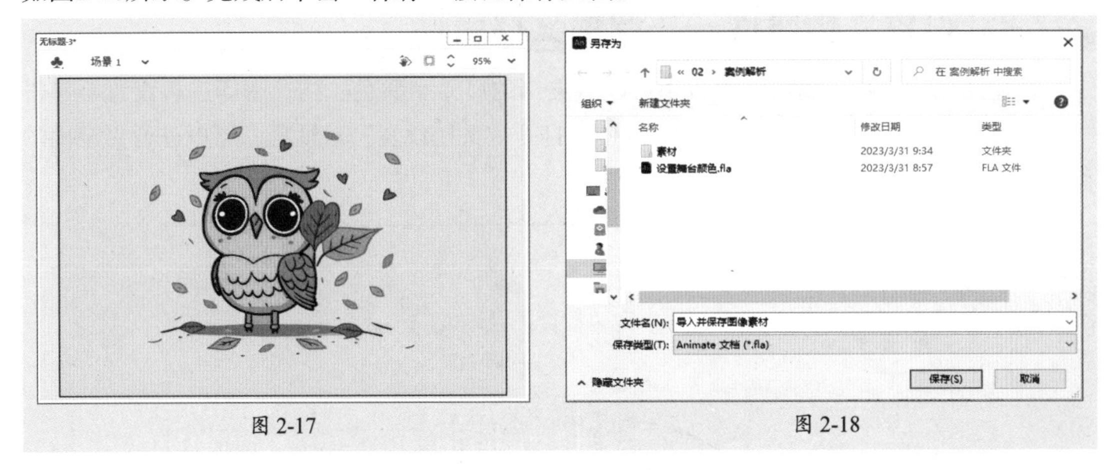

图 2-17　　　　图 2-18

至此，完成图像素材的导入及保存。

2.2.2 新建文档——新建空白文档

打开Animate软件后单击“新建”按钮，即可打开“新建文档”对话框新建文档，如图2-19所示。

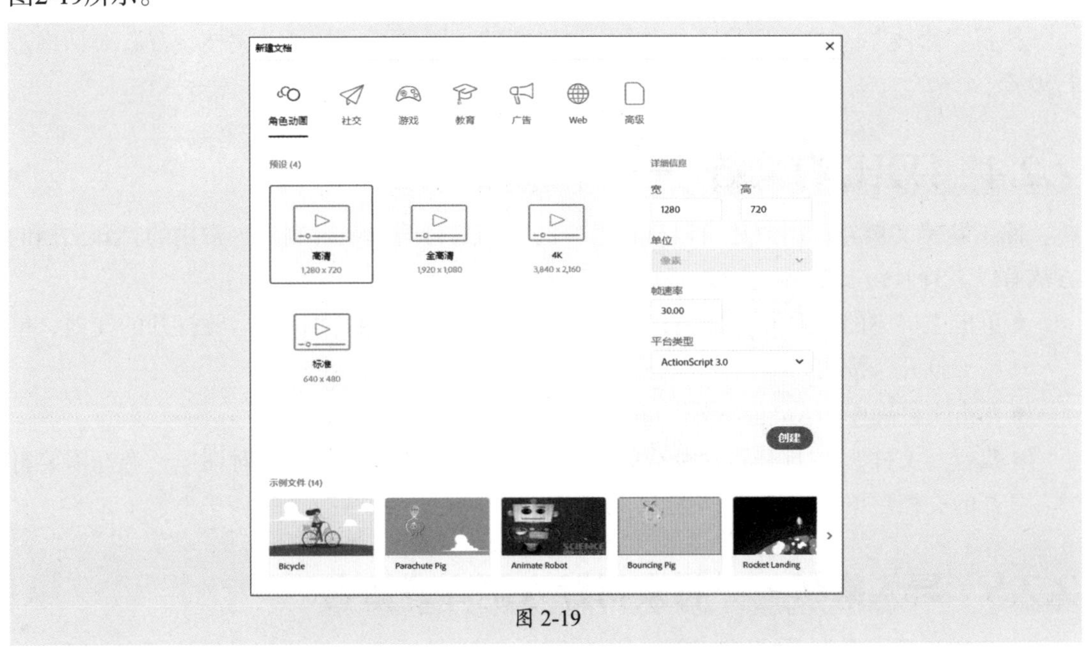

图 2-19

操作提示

执行“文件”|“新建”命令或按Ctrl+N组合键，同样可以打开“新建文档”对话框新建空白文档。

“新建文档”对话框中包含许多常用的预设文档，用户可以直接选择后单击“创建”按钮新建文档。若预设中没有需要的文档参数，则在该对话框右侧的“详细信息”区域中设置文档尺寸、单位、帧速率等参数，完成后单击“创建”按钮，即可设置新建文档。

2.2.3 设置文档属性——调整文档属性

新建文档后，在“属性”面板中可以对文档的尺寸、颜色、帧速率等进行设置。单击“文档设置”选项组中的“更多设置”按钮，打开“文档设置”对话框，可以进行更全面的设置，如图2-20所示。

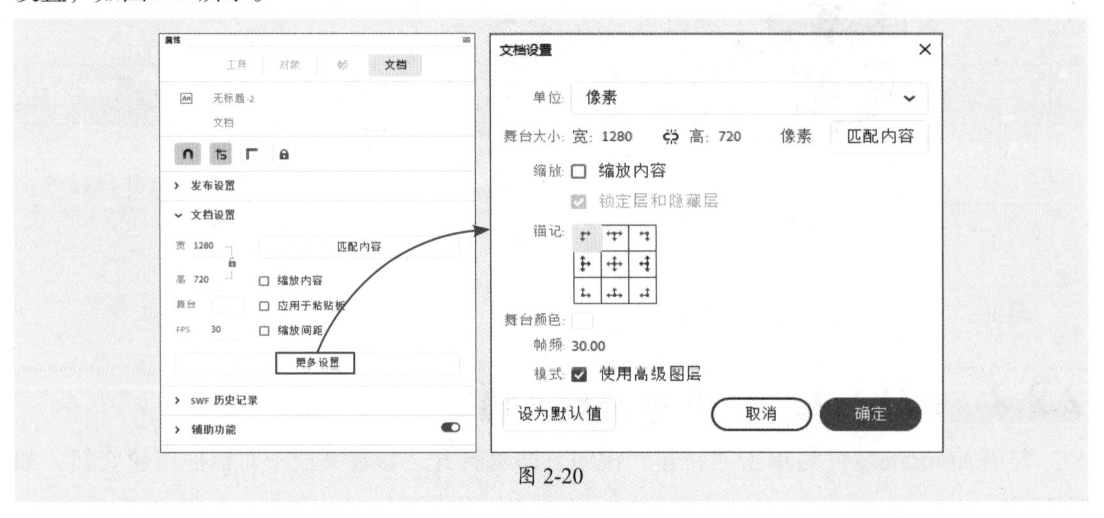

图 2-20

执行“修改”|“文档”命令或按Ctrl+J组合键，同样可以打开“文档设置”对话框进行设置。

2.2.4 打开已有文档——打开文档

除了新建文档外，用户还可以打开已有的文档进行编辑或者制作。常用的打开文档的方法有以下3种。

- 单击主屏中的“打开”按钮，在弹出的“打开”对话框中选中需要打开的文档，单击“打开”按钮。
- 双击文件夹中的Animate文件将其打开。
- 执行“文件”|“打开”命令或按Ctrl+O组合键，打开“打开”对话框，选择需要打开的文档后单击“打开”按钮。

2.2.5 导入素材——将素材导入至库或舞台

合理应用外部素材可以快速制作动画。在Animate中可以通过将素材导入至库或舞台进行应用。

1. 导入至库

执行“文件”|“导入”|“导入到库”命令，打开“导入到库”对话框，选择要导入的

素材，单击“打开”按钮即可将素材导入至“库”面板中，如图2-21所示。使用时将素材从“库”面板拖曳至舞台中即可。

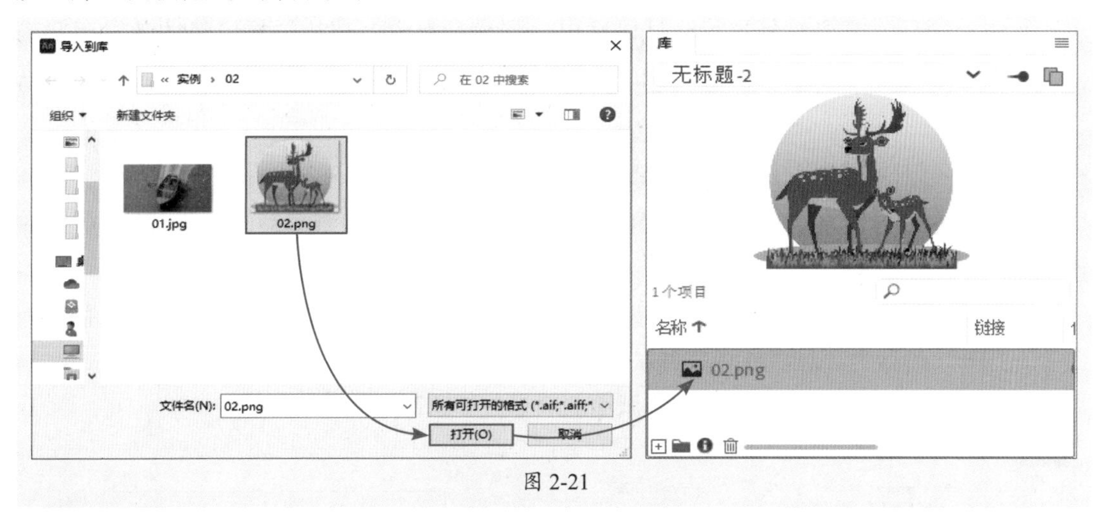

图 2-21

2. 导入至舞台

执行“文件”|“导入”|“导入到舞台”命令或按Ctrl+R组合键，打开“导入”对话框，选择要导入的素材，单击“打开”按钮即可将素材对象导入至舞台中，如图2-22所示。

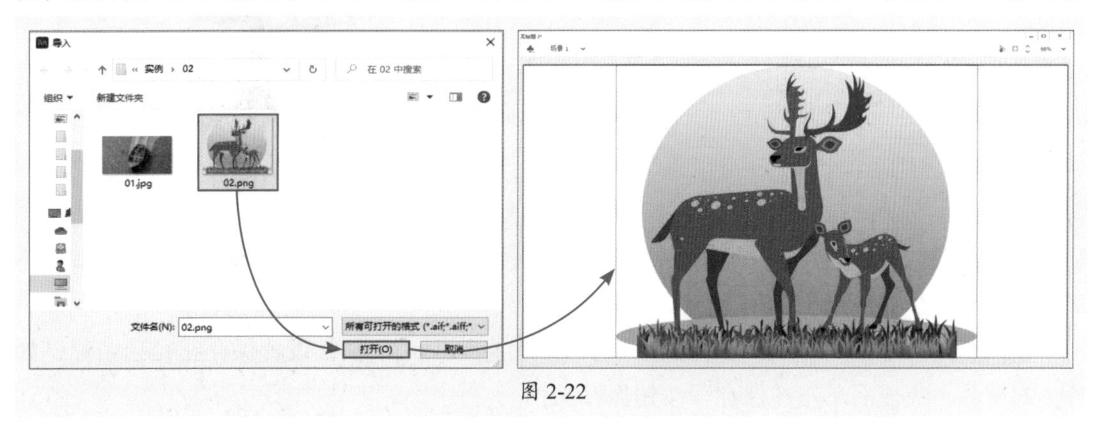

图 2-22

2.2.6 保存文档——存储文档

及时地保存文档可以避免误操作造成的损失，也有利于后续的修改编辑。常用的保存文档的方法有以下两种。

- 执行“文件”|“保存”命令或按Ctrl+S组合键，保存文档。
- 执行“文件”|“另存为”命令或按Ctrl+Shift+S组合键，打开“另存为”对话框，设置参数后单击“保存”按钮，即可保存文档。

操作提示

初次保存文档时，无论执行“保存”命令还是“另存为”命令，都将打开“另存为”对话框，可以设置文档名称、位置等参数。

2.3 测试与发布动画

制作动画后，需要对其进行测试以确保达到设计要求，达标后可以将动画发布并输出。本节将对动画的测试、优化、发布等操作进行介绍。

2.3.1 案例解析——导出GIF动画

在学习测试与发布动画之前，先跟随以下步骤了解并熟悉测试动画并将其导出为GIF格式。

步骤 01 双击文件夹中的“导出GIF动画.fla”文件将其打开，执行“文件”|“另存为”命令，打开“另存为”对话框将其另存，如图2-23所示。

步骤 02 按Enter键在编辑环境中测试动画效果，如图2-24所示。

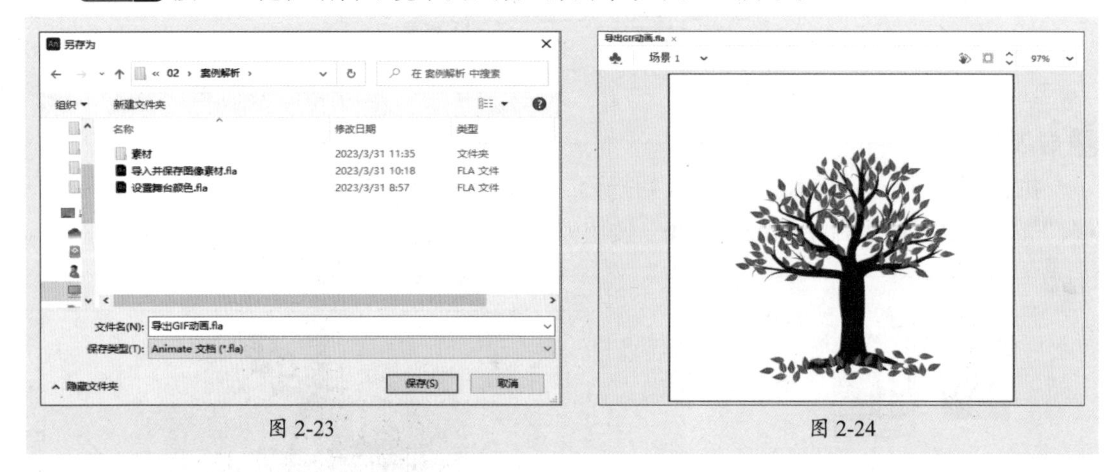

图 2-23　　图 2-24

步骤 03 执行“文件”|“导出”|“导出动画GIF”命令，打开“导出图像”对话框，设置参数，如图2-25所示。

步骤 04 完成后单击“保存”按钮，打开“另存为”对话框，设置保存路径和名称，如图2-26所示。完成后单击“保存”按钮保存文档。

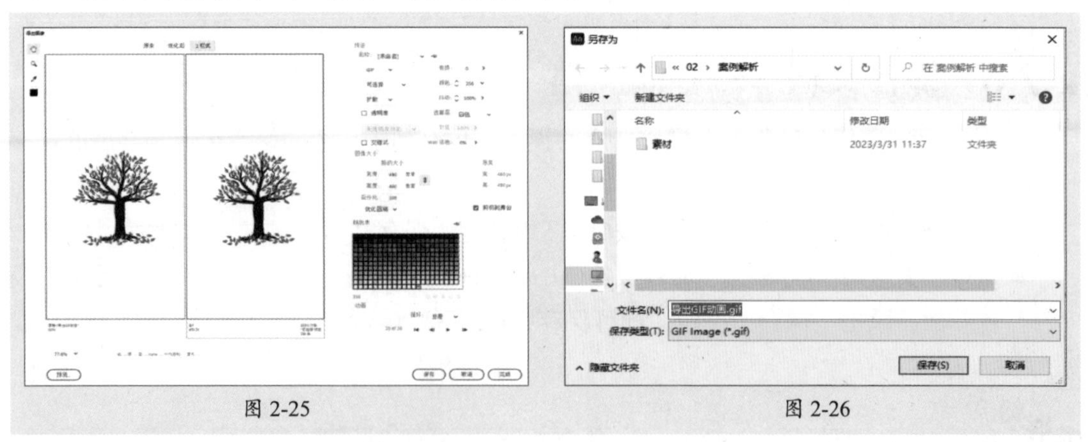

图 2-25　　图 2-26

至此，完成GIF动画的测试与保存。

2.3.2 测试动画——测试动画是否符合要求

测试动画分为在测试环境中测试和在编辑模式中测试两种方式。下面分别介绍这两种方式。

1. 在测试环境中测试

在测试环境中测试动画可以更直观地看到动画的效果，更精准地评估动画、动作脚本或其他重要的动画元素是否达到设计要求。执行“控制”|“测试”命令或按Ctrl+Enter组合键，即可在测试环境中测试动画。

在测试环境中测试的优点是可以完整地测试动画，但是该方式只能完整地播放测试，不能单独选择某一段动画进行测试。

2. 在编辑模式中测试

在编辑模式中可以简单地测试动画效果。移动时间线至第1帧，执行“控制”|“播放”命令或按Enter键，即可在编辑模式中进行测试。在编辑模式中可以测试以下4种内容。

- **按钮状态：**可以测试按钮在弹起、按下、触摸和单击状态下的外观。
- **主时间轴上的声音：**播放时间轴时，可以试听放置在主时间轴上的声音（包括那些与舞台动画同步的声音）。
- **主时间轴上的帧动作：**任何附着在帧或按钮上的goto、Play和Stop动作都将在主时间轴上起作用。
- **主时间轴中的动画：**可以测试主时间轴中的动画，包括形状和动画过渡。这里说的主时间轴不包括动画剪辑或按钮元件所对应的时间轴。

在编辑模式中不可以测试以下4种内容。

- **动画剪辑：**动画剪辑中的声音、动画和动作将不可见或不起作用。只有动画剪辑的第一帧才会出现在编辑模式中。
- **动作：**用户无法在编辑模式中测试交互作用、鼠标事件或通过其他动作实现的功能。
- **动画速度：**Animate编辑模式中的重放速度比最终优化和导出的动画慢。
- **下载性能：**用户无法在编辑模式中测试动画在Web上的流动或下载性能。

与在测试环境中测试相比，在编辑模式中测试的优点是方便快捷，可以针对某一段动画进行单独测试，但是该测试方式测试的内容有所局限，有一些无法测试的内容。

2.3.3 优化动画——减少动画占用空间

优化动画可以减小动画的存储空间，在后续下载或播放时更加流畅。

1. 优化元素和线条

优化元素和线条时需要注意以下4点。

- 组合元素。
- 使用图层将动画过程中发生变化的元素与保持不变的元素分离。
- 使用“修改”|“形状”|“优化”命令将用于描述形状的分隔线的数量降至最少。

- 限制特殊线条类型的数量，如虚线、点线、锯齿线等。实线所占的内存较少。用“铅笔工具”创建的线条比用刷子笔触创建的线条所占的内存要少。

2. 优化文本

优化文本时需要注意以下两点。

- 限制字体和字体样式的使用。过多地使用字体或字体样式，不但会增大文件的大小，而且不利于作品风格的统一。
- 在嵌入字体选项中，选择嵌入所需的字符，而不是全部内容。

3. 优化动画

优化动画时需要注意以下6点。

- 对于多次出现的元素，可以将其转换为元件，然后在文档中调用该元件的实例，这样在网上浏览时下载的数据就会变少。
- 创建动画序列时，尽可能使用补间动画。补间动画所占用的空间要小于逐帧动画，动画帧数越多差别越明显。
- 对于动画序列，使用影片剪辑而不是图形元件。
- 限制每个关键帧中的改变区域，在尽可能小的区域内执行动作。
- 避免使用动画式的位图元素，应使用位图图像或者静态元素作为背景。
- 尽可能使用mp3这种占用空间最小的声音格式。

4. 优化色彩

优化色彩时需要注意以下4点。

- 在创建实例的各种颜色效果时，应多使用实例的“颜色样式”功能。使用“颜色”面板，使文档的调色板与浏览器特定的调色板相匹配。
- 在对作品影响不大的情况下，减少渐变色的使用，而尽量使用单色。使用渐变色填充区域比使用纯色填充区域大概多需要50个字节。
- 尽量少用Alpha透明度，它会减慢播放速度。

2.3.4 发布动画——将动画发布为不同格式

发布是Animate中的特有功能，默认情况下它可以创建一个SWF文件和一个HTML文档，还可以选择发布为其他格式。本节将对此进行介绍。

1. 发布为 Animate 文件

执行“文件”|“发布设置”命令，或单击“属性”面板的“发布设置”选项组中的“更多设置” 按钮，打开“发布设置”对话框，切换至Flash（.swf）选项卡，如图2-27所示。该选项卡中各选项的作用如下。

- **目标**：用于设置播放器版本，默认为Flash Player 32。
- **脚本**：用于设置ActionScript版本。Animate仅支持ActionScript 3.0版本。
- **输出名称**：用于设置文档输出的名称。
- **JPEG品质**：用于控制位图压缩。图像品质越低，生成的文件就越小；图像品质越高，生成的文件就越大。值为100时图像品质最佳，压缩比最小。

- **音频流：** 用于为SWF文件中的声音流设置采样率和压缩。单击“音频流”右侧的蓝色文字，打开“声音设置”对话框，根据需要进行设置即可。
- **音频事件：** 用于为SWF文件中的事件声音设置采样率和压缩。单击“音频事件”右侧的蓝色文字，打开“声音设置”对话框，根据需要进行设置即可。
- **覆盖声音设置：** 选中该复选框，将覆盖“属性”面板的“声音”选项卡中个别声音的设置参数。
- **压缩影片：** 该复选框默认为选中状态。该选项用于压缩SWF文件，以减小文件大小和缩短下载时间。当文件包含大量文本或ActionScript时，使用此选项十分有益。经过压缩的文件只能在Flash Player 6或更高版本中播放。

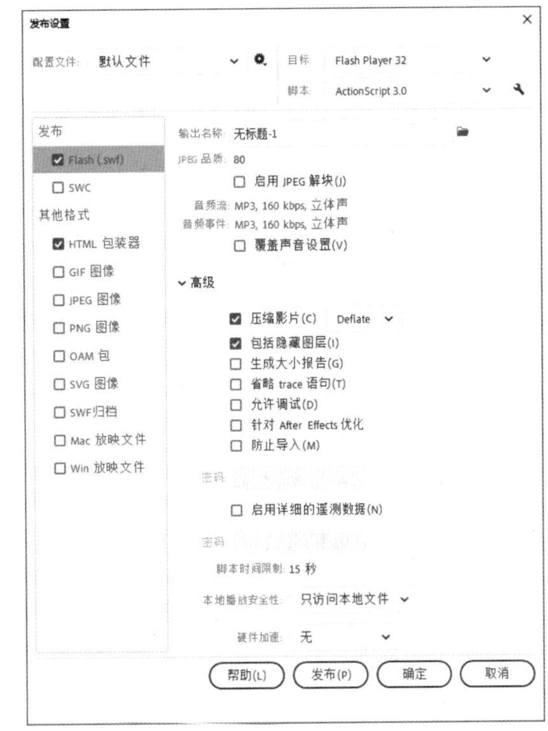

图 2-27

- **包括隐藏图层：** 该复选框默认为选中状态。该选项用于导出Animate文档中所有隐藏的图层。取消选中该复选框，将阻止把生成的SWF文件中标记为隐藏的所有图层（包括嵌套在动画剪辑内的图层）导出。这样，用户就可以通过图层不可见来轻松测试不同版本的Animate文档。
- **生成大小报告：** 选中该复选框，将生成一个报告，按文件列出最终Animate内容中的数据量。
- **省略trace语句：** 选中该复选框，可使Animate忽略当前SWF文件中的ActionScript trace语句，即trace语句的信息不会显示在“输出”面板中。
- **允许调试：** 选中该复选框，将激活调试器并允许远程调试Animate SWF文件。用户可通过设置密码来保护SWF文件。
- **防止导入：** 选中该复选框，可防止其他人导入 SWF 文件并将其转换为FLA文档。用户可通过设置密码来保护Animate SWF文件。
- **脚本时间限制：** 用于设置脚本在SWF文件中执行时可占用的最大时间量。在“脚本时间限制”中输入一个数值，Flash Player将取消执行超出此限制的任何脚本。
- **本地播放安全性：** 用于选择要使用的Animate安全模型。指定是授予已发布的SWF文件本地安全性访问权，还是网络安全性访问权。“只访问本地文件”可使已发布的SWF文件与本地系统上的文件和资源交互，但不能与网络上的文件和资源交互。“只访问网络”可使已发布的SWF文件与网络上的文件和资源交互，但不能与本地系统上的文件和资源交互。
- **硬件加速：** 若要使SWF文件能够使用硬件加速，可以从“硬件加速”下拉列表框中选择下列选项之一。第1级–直接："直接"模式通过允许Flash Player在屏幕上直接绘制，而不是让浏览器进行绘制，从而改善播放性能。第2级–GPU：在GPU模式中，Flash Player利用图形卡的可用计算能力执行视频播放并对图层化图形进行复合，根据用户的图形硬件的不同，将提供更高级的性能优势。

2. 发布为 HTML 文件

在Web浏览器中播放Animate内容时，需要一个能激活SWF文件并指定浏览器设置的HTML文档。"发布"命令会根据模板文档中的HTML参数自动生成此文档。模板文档可以是包含模板变量的任意文本文件，包括纯HTML文件、含有特殊解释程序代码的文件或Animate附带的模板。

执行"文件"|"发布设置"命令，打开"发布设置"对话框，单击"其他格式"选项组中的"HTML包装器"选项卡，如图2-28所示。用户可以在该选项卡中更改内容出现在窗口中的位置、背景颜色、SWF文件大小等参数。

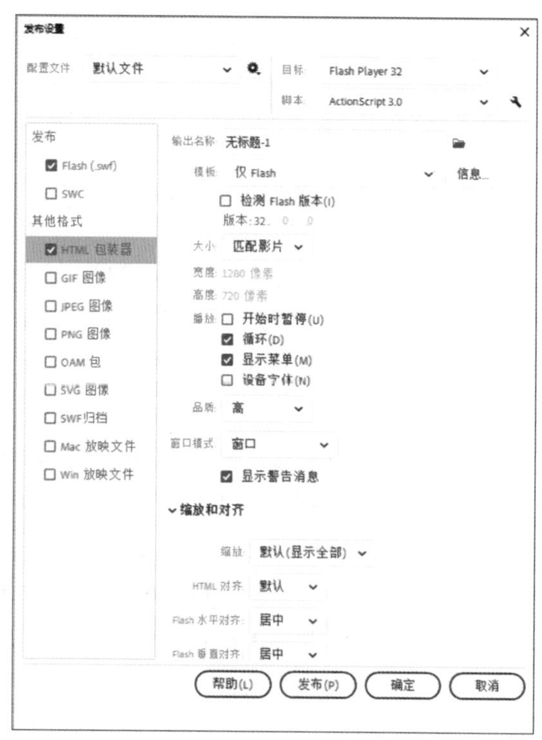

图 2-28

该选项卡中部分选项的作用如下。

1）大小

该选项用于设置HTML object和embed标签中宽和高属性的值。

- **匹配影片：** 使用SWF文件的大小。
- **像素：** 输入宽度和高度的像素数量。
- **百分比：** SWF 文件占据浏览器窗口指定百分比的面积。输入要使用的宽度百分比和高度百分比。

2）播放

该选项可以控制SWF文件的播放。

- **开始时暂停：** 选中该复选框后，则会暂停播放SWF文件，直到用户单击按钮或从快捷菜单中选择"播放"命令后才开始播放。默认不选中此选项，即加载内容后就立即开始播放（play参数设置为true）。
- **循环：** 该复选框默认处于选中状态。选中该复选框后，内容到达最后一帧时会重复播放。取消选中此复选框会使内容在到达最后一帧时停止播放。
- **显示菜单：** 该复选框默认处于选中状态。用户右击（Windows）或按住Control并单击（Macintosh）SWF文件时，会显示一个快捷菜单。若要在快捷菜单中只显示"关于Animate"，则取消选中此复选框。默认情况下，则会选中此选项（MENU参数设置为true）。
- **设备字体：** 选中该复选框，则会用消除锯齿（边缘平滑）的系统字体替换用户系统上未安装的字体。使用设备字体可使小号字体清晰易辨，并能减小SWF文件的大小。此选项只影响那些包含静态文本且文本设置为用设备字体显示的SWF文件。

3）品质

该选项用于确定时间和外观之间的平衡点。

- **低：**使回放速度优先于外观，并且不使用消除锯齿功能。
- **自动降低：**优先考虑速度，但是也会尽可能改善外观。回放开始时，消除锯齿功能处于关闭状态。如果Flash Player检测到处理器具有消除锯齿功能，就会自动打开该功能。
- **自动升高：**在开始时是回放速度和外观两者并重，但在必要时会牺牲外观来保证回放速度。回放开始时，消除锯齿功能处于打开状态。如果实际帧频降到指定帧频之下，就会关闭消除锯齿功能以提高回放速度。
- **中：**应用一些消除锯齿功能，但并不会平滑位图。“中”选项生成的图像品质要高于“低”选项生成的图像品质，但低于“高”选项生成的图像品质。
- **高：**默认品质为“高”。使外观优先于回放速度，并始终使用消除锯齿功能。如果SWF文件不包含动画，则会对位图进行平滑处理；如果SWF文件包含动画，则不会对位图进行平滑处理。
- **最佳：**提供最佳的显示品质，而不考虑回放速度。所有的输出都已消除锯齿，而且始终对位图进行光滑处理。

4）窗口模式

该选项用于控制object和embed标记中的HTML wmode属性。

- **窗口：**默认情况下，不会在object和embed标签中嵌入任何窗口相关的属性。内容的背景不透明并使用HTML背景颜色；HTML代码无法呈现在Animate内容的上方或下方。
- **不透明无窗口：**将Animate内容的背景设置为不透明，并遮蔽该内容下面的所有内容，使HTML内容显示在该内容的上方。
- **透明无窗口：**将Animate内容的背景设置为透明，使HTML内容显示在该内容的上方和下方。
- **直接：**当使用直接模式时，在 HTML 页面中，无法将其他非 SWF 图形放置在 SWF 文件的上方。

5）缩放

该选项用于在已更改文档原始宽度和高度的情况下将内容放到指定的边界内。

- **默认（显示全部）：**在指定的区域显示整个文档，并且保持SWF文件的原始高宽比，而不发生扭曲。应用程序的两侧可能会显示边框。
- **无边框：**对文档进行缩放以填充指定的区域，并保持SWF文件的原始高宽比，同时不会发生扭曲，并根据需要裁剪SWF文件边缘。
- **精确匹配：**在指定区域显示整个文档，但不保持原始高宽比，因此可能会发生扭曲。
- **无缩放：**禁止文档在调整Flash Player窗口大小时进行缩放。

（6）HTML对齐

该选项用于在浏览器窗口中定位SWF文件窗口。

- **默认：**使内容在浏览器窗口居中显示，如果浏览器窗口小于应用程序，则会裁剪边缘。
- **左、右、顶部或底部：**将SWF文件与浏览器窗口的相应边缘对齐，并根据需要裁剪其余的三边。

3. 发布为EXE文件

将动画发布为EXE文件，可以使动画在没有安装Animate应用程序的计算机上能够播放。切换到“发布设置”对话框中的“Win放映文件”选项卡，单击“输出名称”右侧的“选择发布目标”按钮，打开“选择发布目标”对话框，设置合适的位置和名称，如图2-29所示。完成后单击“保存”按钮，返回到“发布设置”对话框，单击“发布”按钮进行发布或单击“确定”按钮完成设置，再次执行“文件”|“发布”命令即可。

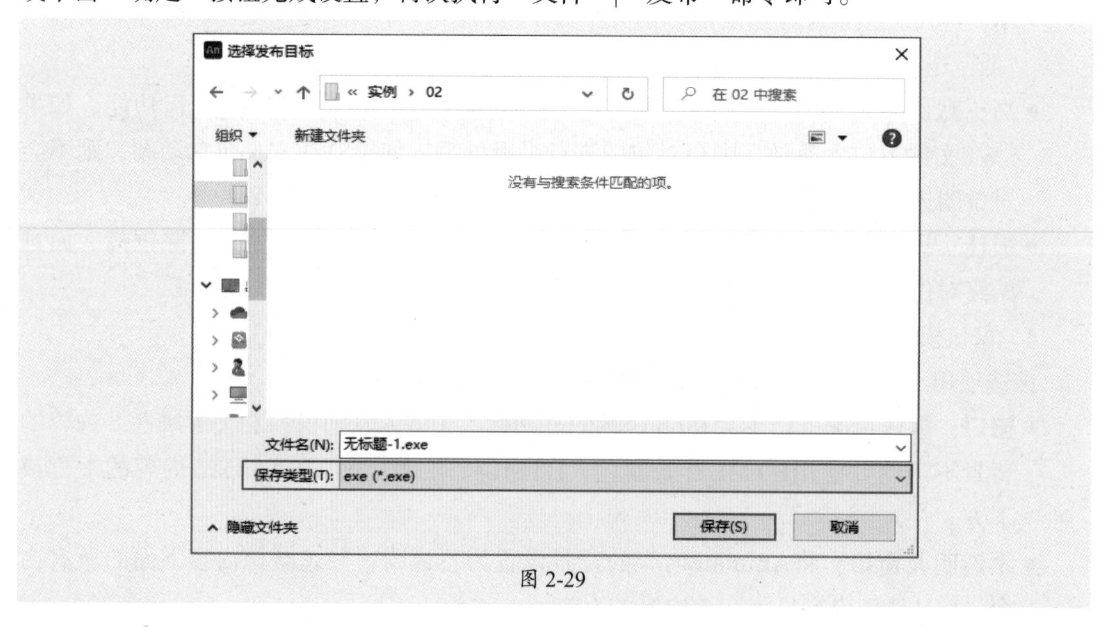

图 2-29

操作提示

切换到“Mac放映文件”选项卡进行设置，可以发布成MAC电脑使用的可执行格式。

2.3.5 导出动画——导出动画内容

Animate支持将文档中的内容导出为图像、GIF、SWF等格式，以便后续使用。本节将对此进行介绍。

1. 导出图像

Animate软件中包括“导出图像”和“导出图像（旧版）”两个导出图像的命令。

文档制作完成后，执行“文件”|“导出”|“导出图像”命令，打开“导出图像”对话框，如图2-30所示。在该对话框中选择合适的格式，并进行设置后单击“保存”按钮，打开“另存为”对话框，在该对话框中设置参数后单击“保存”按钮，即可导出图像。

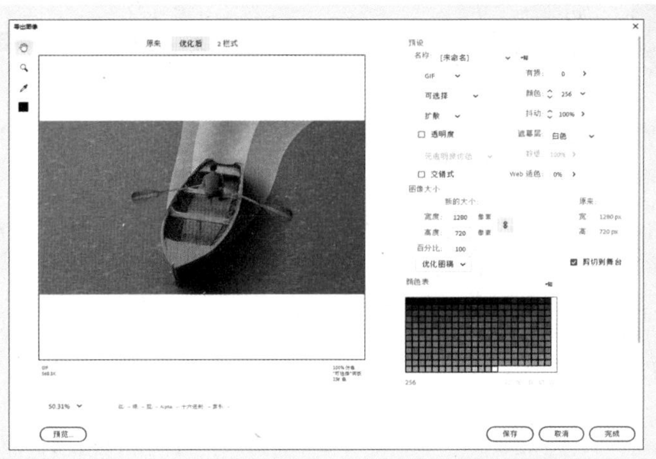

图 2-30

执行“文件”|“导出”|“导出图像（旧版）”命令，打开“导出图像（旧版）”对话框，如图2-31所示。设置合适的保存位置、名称及保存类型后单击“保存”按钮，即可导出图像。

图 2-31

2. 导出影片

“导出影片”命令可以将动画导出为包含画面、动作和声音等全部内容的动画文件。执行“文件”|“导出”|“导出影片”命令，打开“导出影片”对话框，选择SWF格式保存即可。

操作提示

保存文件后，按Ctrl+Enter组合键测试影片，将自动导出SWF格式的文件。

3. 导出动画 GIF

“导出动画GIF”命令可以导出GIF动画。执行“文件”|“导出”|“导出动画GIF”命令，打开“导出图像”对话框，设置参数后单击“保存”按钮即可。

课堂实战 动画的发布

本章课堂实战练习发布动画。综合练习本章的知识点，以熟练掌握和巩固素材的操作。下面将具体介绍操作步骤。

步骤 01 打开Animate软件，执行“文件”|“新建”命令，打开“新建文档”对话框，在该对话框中设置文档参数，完成后单击“创建”按钮新建文档，如图2-32所示。

步骤 02 执行“文件”|“导入”|“导入到舞台”命令，导入本章素材文件至舞台中，并调整合适大小与位置，如图2-33所示。

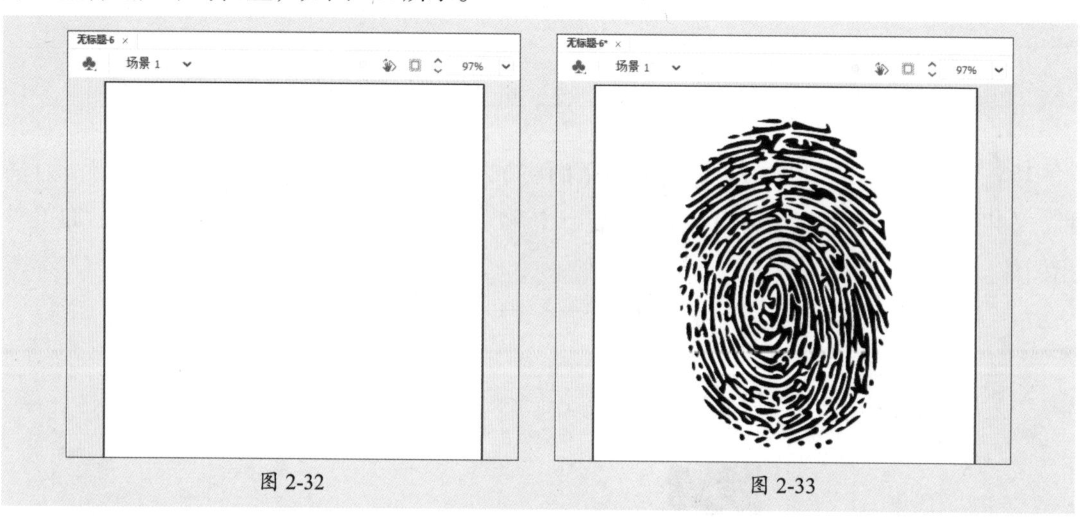

图 2-32　　图 2-33

步骤 03 选择“矩形工具”，在“属性”面板中设置“填充”为无，“笔触”为黑色，“笔触大小”为4，按住Shift键在舞台的合适位置拖曳绘制一个正方形，效果如图2-34所示。

步骤 04 使用“选择工具”按住鼠标左键拖曳框选部分区域，按Delete键删除，如图2-35所示。

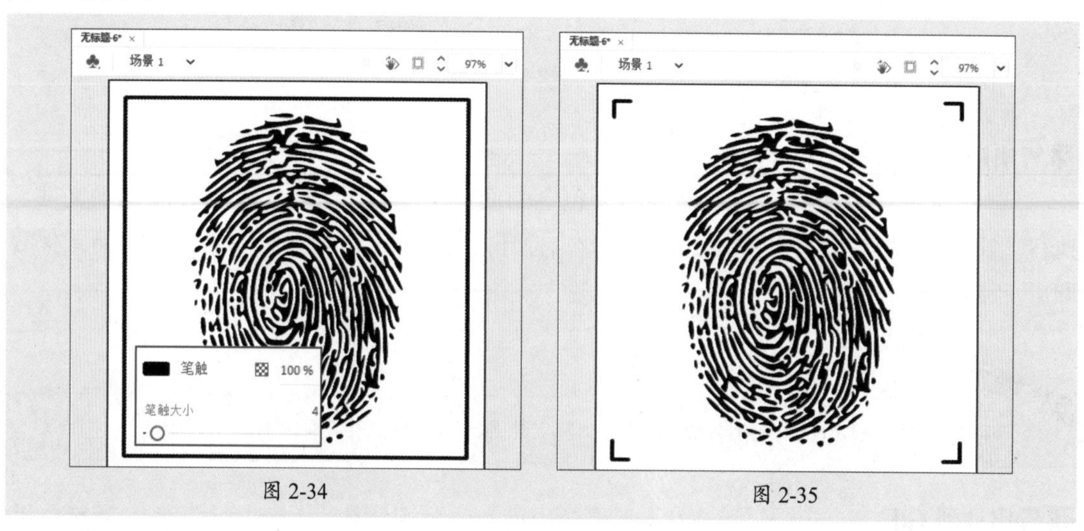

图 2-34　　图 2-35

步骤 05 单击“时间轴”面板中的“新建图层”按钮，新建图层。选择“矩形工具”，在“属性”面板中设置“填充”为蓝色，“笔触”为无，在舞台中绘制矩形，如

图2-36所示。

步骤06 选中新绘制的矩形，按F8键打开“转换为元件”对话框，将其转换为“影片剪辑”元件，如图2-37所示。

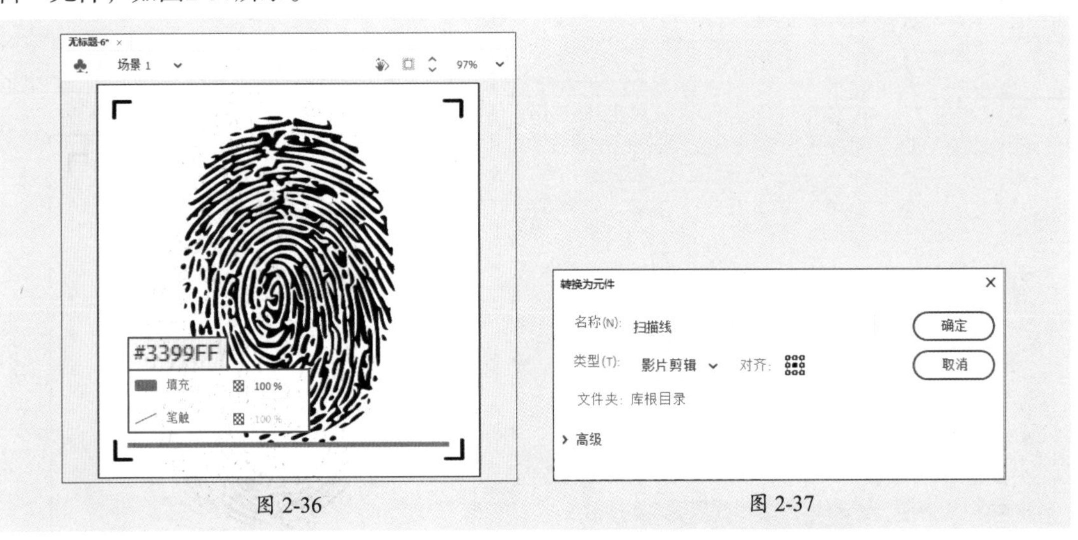

图 2-36　　　　图 2-37

步骤07 选中转换的“扫描线”影片剪辑元件，在“属性”面板的“滤镜”选项组中单击“添加滤镜”按钮[+]，在弹出的列表中选择“模糊”滤镜，并设置参数，效果如图2-38所示。

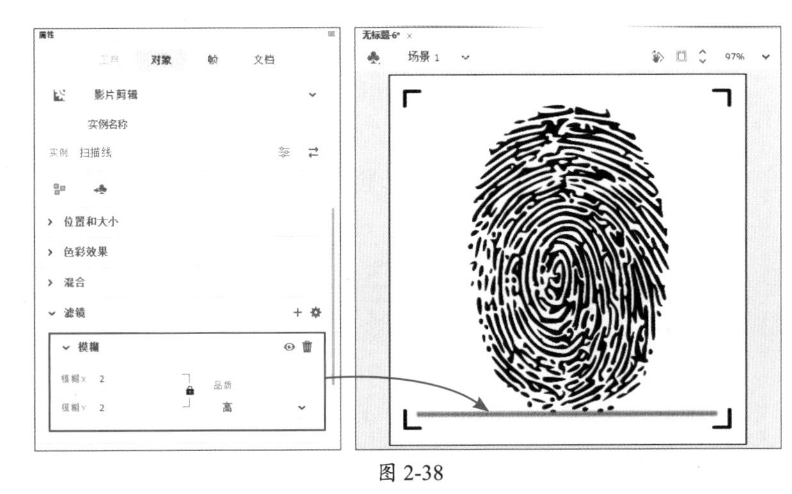

图 2-38

步骤08 使用相同的方法，添加“发光”滤镜并设置参数，效果如图2-39所示。

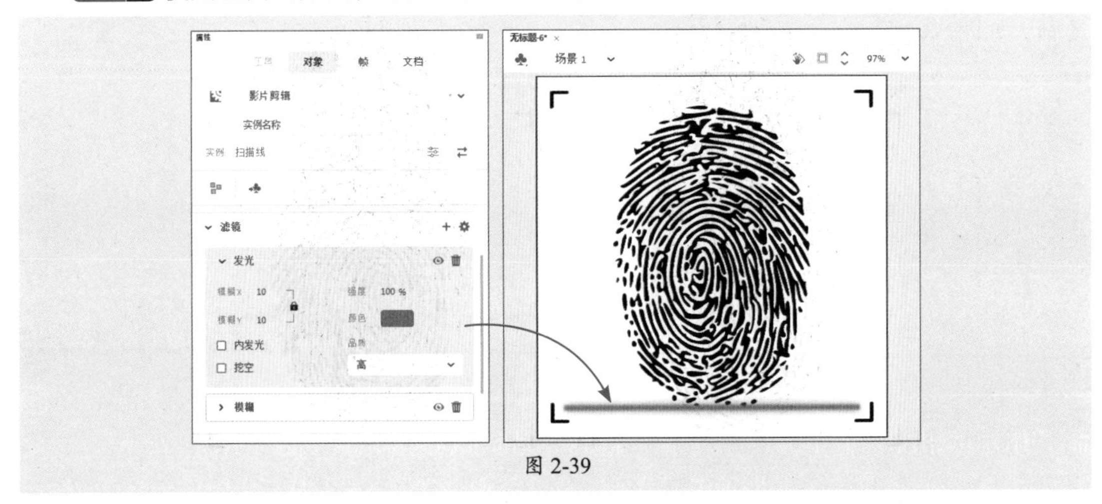

图 2-39

步骤 09 在“图层_1”图层的第25帧，按F5键插入普通帧；在“图层_2”图层的第25帧，按F6键插入关键帧，如图2-40所示。

步骤 10 选择“图层_2”图层的第1帧，在舞台中调整影片剪辑元件的位置，如图2-41所示。

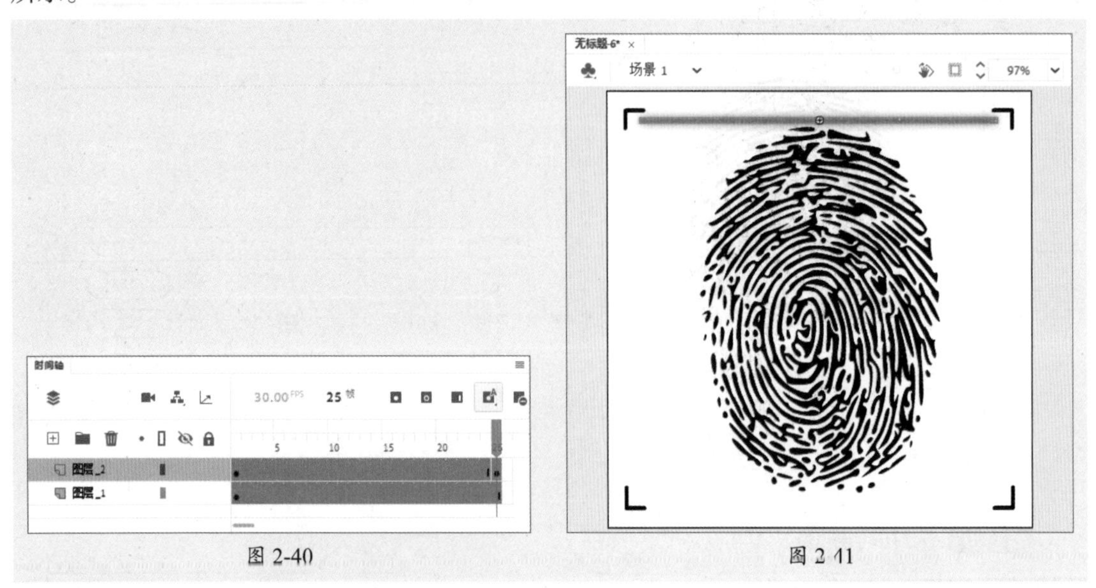

图 2-40　　图 2-41

步骤 11 选中“图层_2”图层的第1～25帧之间任意一帧，右击鼠标，在弹出的快捷菜单中执行“创建传统补间”命令，创建补间动画，如图2-42所示。

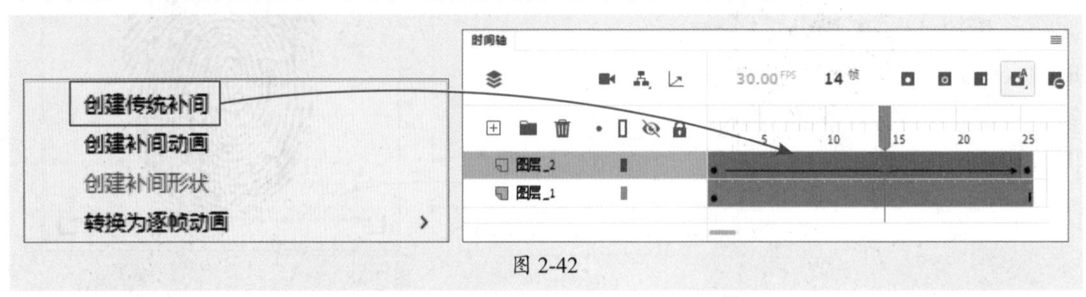

图 2-42

步骤 12 按Ctrl+S组合键，打开“另存为”对话框，保存文档。按Ctrl+Enter组合键测试动画，如图2-43所示。

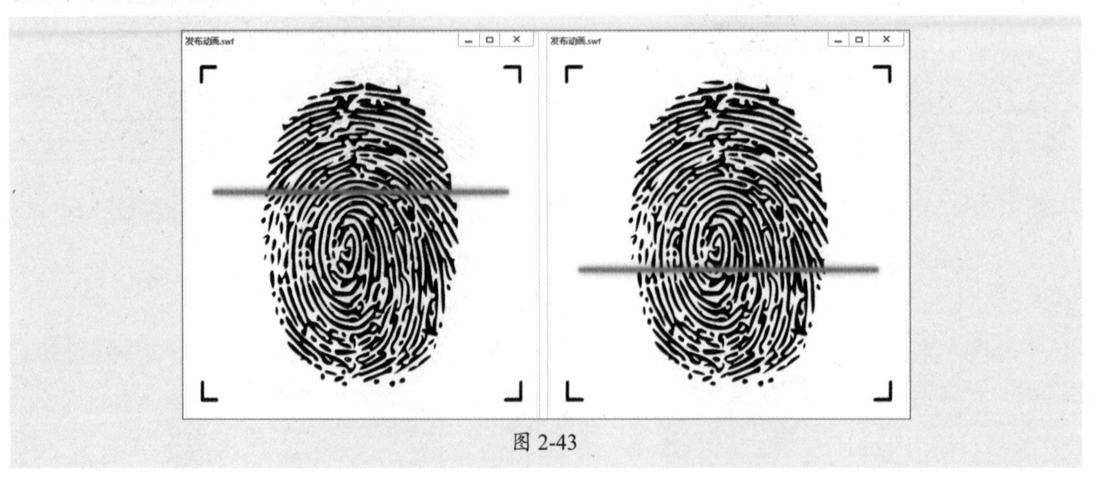

图 2-43

步骤13 执行“文件”|“发布设置”命令，打开“发布设置”对话框，设置参数，如图2-44所示。

步骤14 切换到“HTML包装器”选项卡，设置参数，如图2-45所示。

图 2-44　　　　图 2-45

步骤15 单击“发布”按钮发布动画，如图2-46所示。

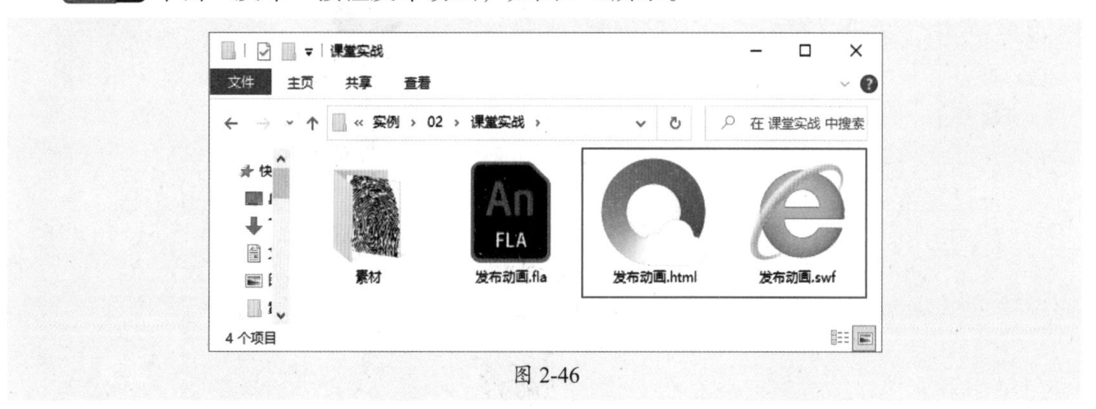

图 2-46

至此，完成动画的发布。

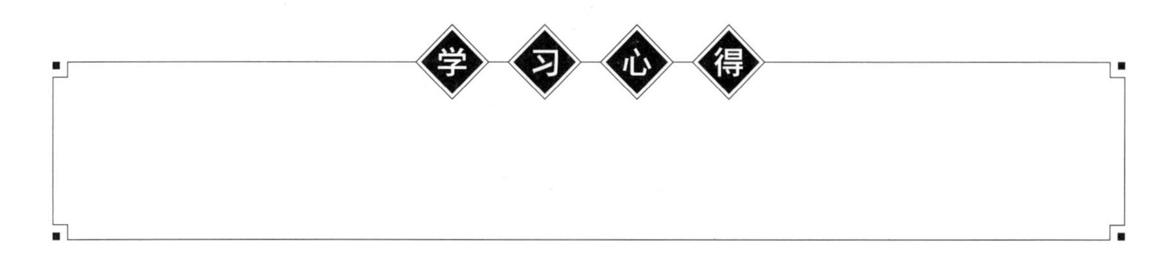

课后练习 发布EXE文件

下面将综合本章学习的知识发布EXE文件，如图2-47所示。

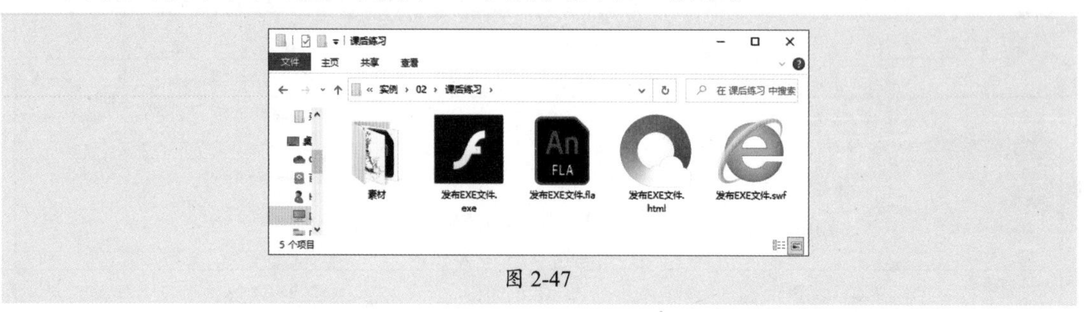

图 2-47

1. 技术要点

- 打开本章素材文件并将其另存。
- 按Ctrl+Enter组合键测试效果。
- 在“发布设置”对话框中设置“Win放映文件”选项卡，单击“发布”按钮进行发布。

2. 分步演示

本实例的分步演示效果如图2-48所示。

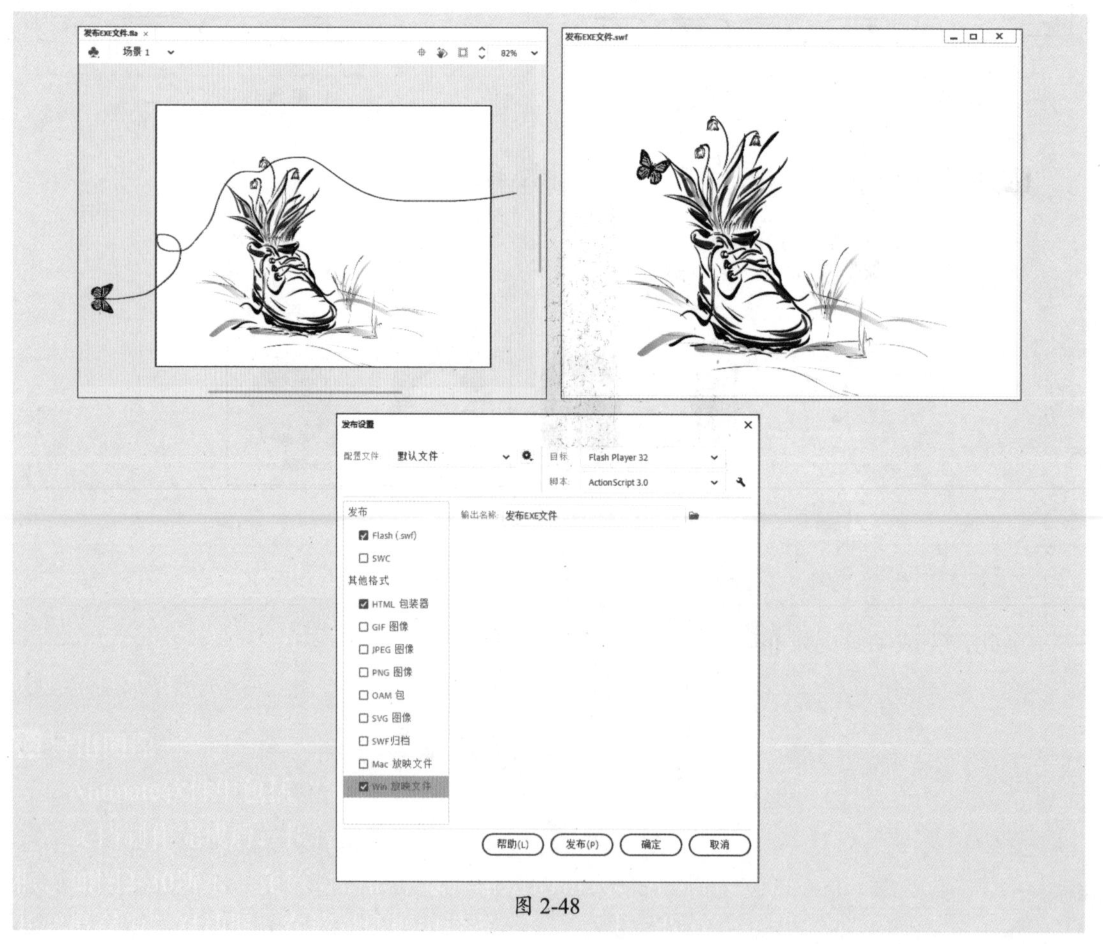

图 2-48

拓展赏析

二十四节气之春季节气

二十四节气是古代先民顺应农时，结合天体运行规律，认知一岁中时令、气候、物候等变化规律所形成的知识体系，是中国古代农耕文明的产物，体现了中华民族先民的智慧。它准确地反映了自然节律变化，时至今日仍起着服务农耕生产、指导农时的作用。

从节气上来说，春季在立春至立夏之间，包括立春、雨水、惊蛰、春分、清明和谷雨节气。春季代表着温暖、生长，是万物生长的季节，如图2-49、图2-50所示。

图 2-49

图 2-50

1）立春

立春反映着冬春季节的更替，“立”是开始的意思；“春”代表温暖、生长，立春后万物开始有复苏迹象。但由于我国疆域辽阔，立春后北回归线以北大部分地区仍处于冬季，需要再过一段时间才可以见到万物复苏的景象。

2）雨水

雨水是反映降水现象的节气，标志着降雨的开始。雨水后降水量逐渐增多，适宜的降水量可以促进农作物的生长，此时南方多数地区将呈现出早春的景象。

3）惊蛰

惊蛰时节春雷始动，万物生机盎然，蛰伏于地下冬眠的昆虫也将被惊醒，该节气反映了自然生物受节律变化影响而出现萌发生长的现象。惊蛰节气后，我国大部分地区将进入春耕时节。

4）春分

春分是春季的第四个节气，既代表着一天中昼夜平分，均为12小时；又反映着春季平分，即平分立春至立夏之间的季节。春分时节天气温暖、阳光明媚，该节气后我国大部分地区将进入春天。

5）清明

清明是反映自然界物候变化的节气，其名称源自“气清景明”。清明时节气候温暖宜人，万物皆显，极富生机。

6）谷雨

谷雨是春季的最后一个节气，与“雨水”一样都反映着降水现象，其名称源自“雨生百谷”。谷雨后降水增多，非常适合谷类农作物的生长发育。

第3章

图形的绘制与编辑

内容导读

图形是矢量动画制作中必不可少的元素。本章将对标尺、网格等辅助绘图工具，钢笔工具、线条工具等常用绘图工具，颜料桶、墨水瓶等填充工具，合并对象、组合与分离对象等编辑操作及扩展填充、柔化填充边缘等修饰操作进行讲解。

思维导图

图形的绘制与编辑

- 常用绘图工具
  - 钢笔工具——精准绘图
  - 线条工具——绘制线条
  - 铅笔工具——自由绘制线段
  - 矩形工具——绘制矩形
  - 椭圆工具——绘制椭圆与正圆
  - 多角星形工具——绘制多角星形
  - 画笔工具——绘制图形
- 编辑图形对象
  - 选择对象工具——选择对象
  - 任意变形工具——变形对象
  - 渐变变形工具——调整渐变
  - 橡皮擦工具——擦除部分区域
  - 宽度工具——调整线条宽度
  - 合并对象——调整现有对象
  - 组合与分离对象——编组与分离对象
  - 对齐与分布对象——调整布局
- 辅助绘图工具
  - 标尺——辅助定位
  - 网格——位置规划
  - 辅助线——调整对齐
- 图形填充工具
  - 颜料桶工具——填色
  - 墨水瓶工具——描边或线条颜色调整
  - 滴管工具——格式刷
- 修饰图形对象
  - 优化曲线——优化线条
  - 将线条转换为填充——将线条转换为填充色块
  - 扩展填充——收缩或扩展对象
  - 柔化填充边缘——羽化边缘

3.1 辅助绘图工具

Animate中的辅助绘图工具包括标尺、网格、辅助线等，使用这些辅助工具可以精确定位某些对象，使画面更加整洁。下面将对此进行说明。

3.1.1 标尺——辅助定位

执行“视图”|“标尺”命令或按Ctrl+Alt+Shift+R组合键，即可打开标尺，如图3-1所示。再次执行“视图”|“标尺”命令或按相应的组合键，可将标尺隐藏。

图 3-1

标尺的度量单位默认与文档一致，为像素，用户也可以根据使用习惯更改。执行“修改”|“文档”命令，打开“文档设置”对话框，在该对话框中设置单位即可，如图3-2所示。用户还可以在该对话框中设置“舞台大小”“帧频”等参数。

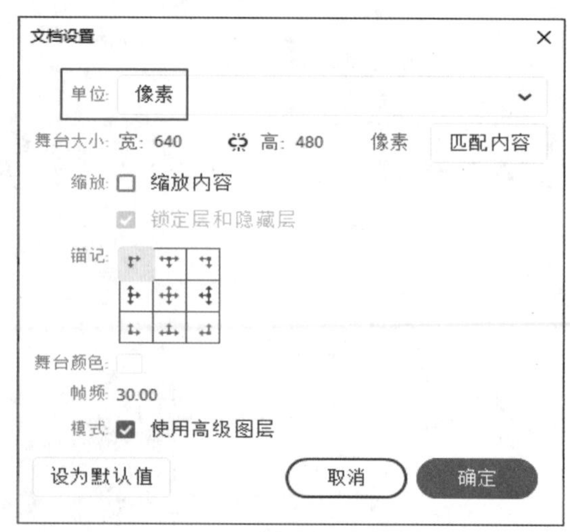

图 3-2

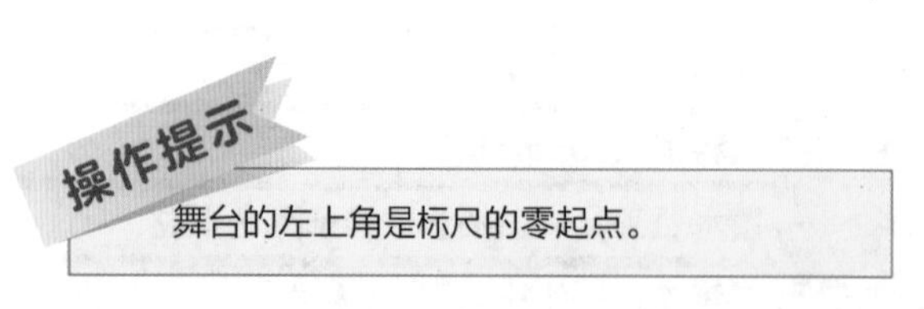

3.1.2 网格——位置规划

执行“视图”|“网格”|“显示网格”命令或按Ctrl+’组合键，即可显示网格，如图3-3所示。再次执行该命令，可将网格隐藏。

执行“视图”|“网格”|“编辑网格”命令或按Ctrl+Alt+G组合键，可以打开“网格”对话框，如图3-4所示。在该对话框中可以设置网格的颜色、间距和对齐精确度等，以满足不同用户的需求。

图 3-3　　图 3-4

3.1.3 辅助线——调整对齐

显示标尺后，在水平标尺或垂直标尺上按住鼠标左键向舞台拖动，即可添加辅助线，辅助线的默认颜色为#58FFFF，如图3-5所示。执行“视图”|“辅助线”|“显示辅助线”命令或按Ctrl+;组合键，可以切换辅助线的显示或隐藏。

执行“视图”|“辅助线”|“编辑辅助线”命令，打开“辅助线”对话框，如图3-6所示。在该对话框中可以编辑修改辅助线，如调整辅助线颜色、锁定辅助线和贴紧至辅助线等。

图 3-5　　图 3-6

操作提示

选中辅助线并拖曳至标尺上，可删除单个辅助线；执行“视图”|“辅助线”|“清除辅助线”命令，可删除当前场景中的所有辅助线。

3.2 常用绘图工具

Animate中包括钢笔工具、线条工具、铅笔工具、矩形工具等多种绘图工具。本节将对其中常用的绘图工具进行介绍。

3.2.1 案例解析——绘制云形图案

在学习常用绘图工具之前，先跟随以下步骤了解并熟悉绘图工具的使用方法。下面以使用椭圆工具创建云形图案为例进行说明。

步骤 01 新建一个640像素×480像素大小的空白文档，在“属性”面板中设置舞台颜色为浅蓝色，如图3-7所示。

步骤 02 选择工具箱中的“椭圆工具”，在“属性”面板中设置“填充”为白色，“笔触”为无，按住Shift键在舞台的合适位置绘制正圆，如图3-8所示。

图 3-7　　图 3-8

步骤 03 使用同样的方法，继续绘制正圆拼出云形图案，如图3-9所示。

步骤 04 使用同样的方法，绘制更多造型的云形图案，如图3-10所示。

图 3-9　　图 3-10

至此，完成云形图案的绘制。

3.2.2 钢笔工具——精准绘图

“钢笔工具”可以精确地绘制图形，并能很好地控制锚点、方向点等，是一种常用的工具。选择工具箱中的“钢笔工具”或按P键即可切换至钢笔工具。下面将对其操作进行介绍。

操作提示

钢笔工具组中还包括“添加锚点工具”、“删除锚点工具”和“转换锚点工具”3种工具，这3种工具主要是作为辅助工具帮助绘图。

1. 绘制直线

选择“钢笔工具”后每单击一次鼠标，就会产生一个锚点，且该锚点同前一个锚点自动用直线连接。在绘制时若按住Shift键，则将线段约束为45°的倍数。图3-11所示为使用“钢笔工具”绘制的五角星。

2. 绘制曲线

绘制曲线是钢笔工具最强的功能。添加新的线段时，在某一位置按住鼠标左键拖动，则新的锚点与前一锚点用曲线相连，并且会显示控制曲率的切线控制点。图3-12所示为使用“钢笔工具”绘制的曲线造型。

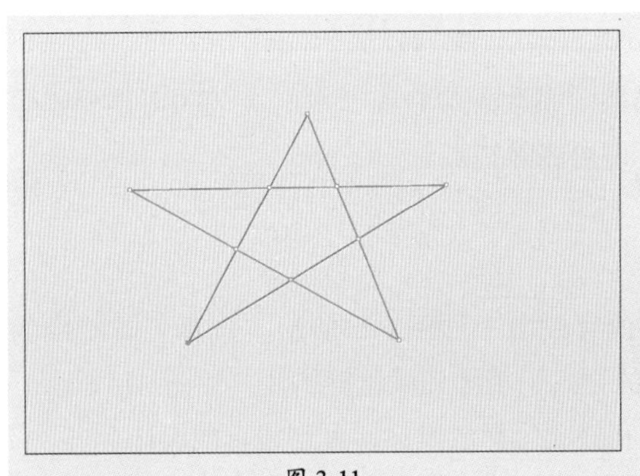

图 3-11

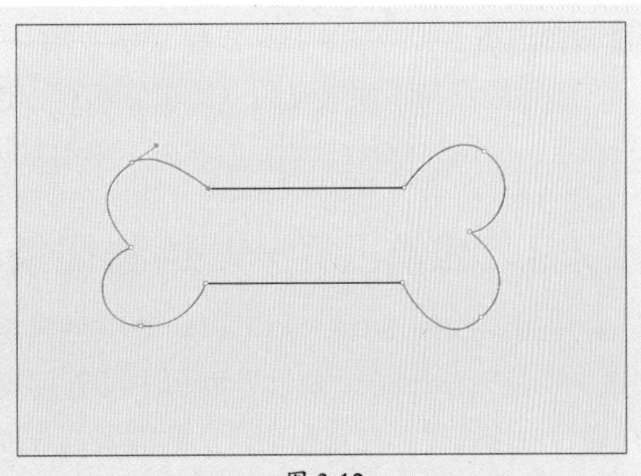

图 3-12

操作提示

双击最后一个绘制的锚点，可以结束开放曲线的绘制，也可以按住Ctrl键的同时单击舞台中的任意位置结束绘制；若要结束闭合曲线的绘制，可以移动鼠标指针至起始锚点位置上，当鼠标指针变为形状时在该位置单击，即可闭合曲线并结束绘制操作。

3. 转换锚点

若要将转角点转换为曲线点，可以使用“部分选取工具”选择该点，然后按住Alt键拖动该点来调整切线手柄；若要将曲线点转换为转角点，使用“钢笔工具”单击该点即可。

用户也可以直接使用“转换锚点工具”转换曲线上的锚点类型。当鼠标指针变为形状时，在曲线需操作的锚点上单击，即可将曲线点转换为转角点，如图3-13、图3-14所示。选中转角点拖动，即可将转角点转换为曲线点。

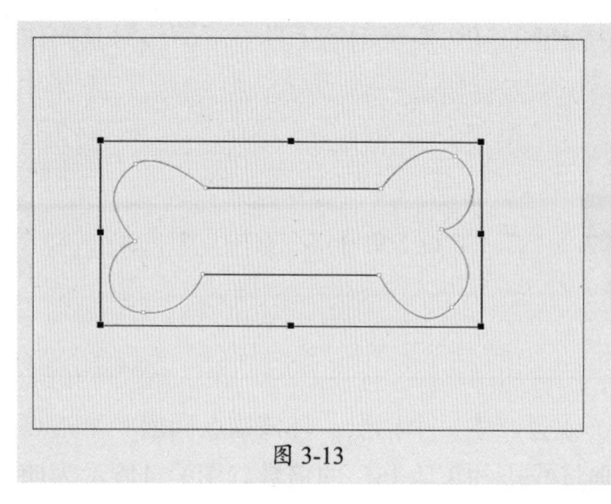

图 3-13

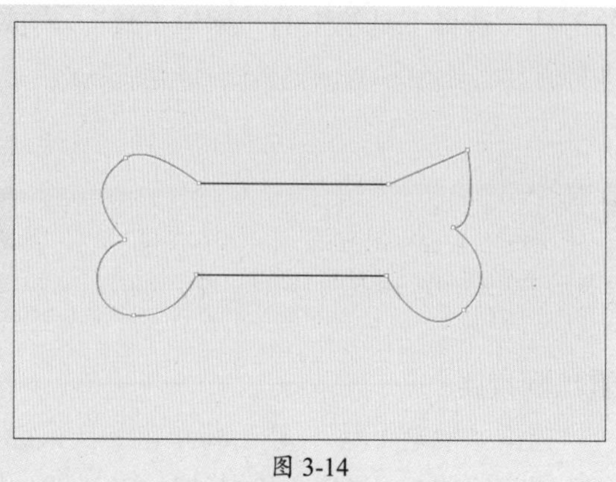

图 3-14

4. 添加锚点

使用钢笔工具组中的“添加锚点工具”，可以在曲线上添加锚点，绘制出更加复杂的曲线。

在钢笔工具组中选择“添加锚点工具”，移动笔尖对准要添加锚点的位置，待鼠标指针变为形状时，单击鼠标即可添加锚点。

5. 删除锚点

删除锚点与添加锚点的方法正好相反，选择“删除锚点工具”，将笔尖对准要删除的锚点，待鼠标指针变为形状时，单击鼠标即可删除锚点。

3.2.3 线条工具——绘制线条

使用“线条工具”可以绘制多种类型的直线段，如图3-15所示。选择工具箱中的“线条工具”，在“属性”面板中设置直线的样式、粗细和颜色等属性，如图3-16所示。在舞台中按住鼠标左键拖动，达到需要的长度和斜度后释放鼠标即可创建直线段。

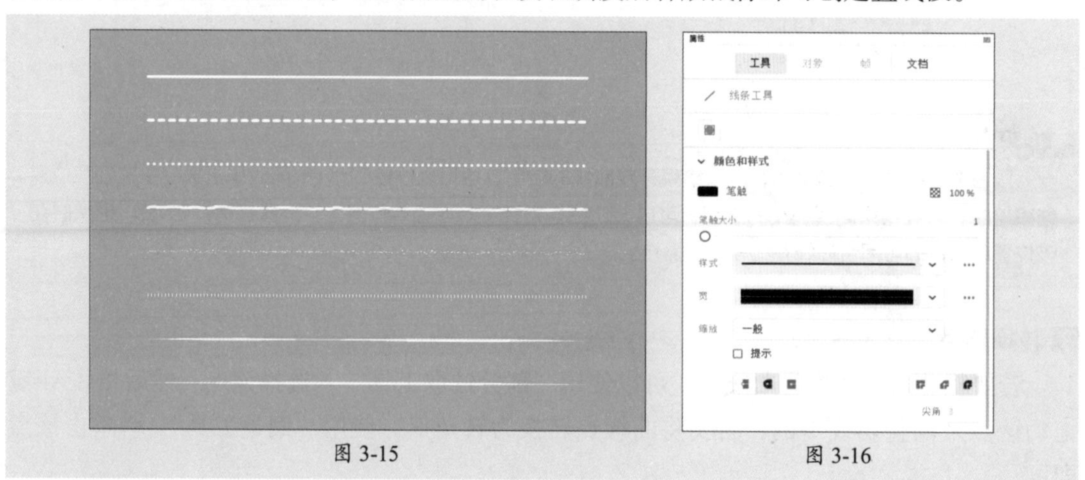

图 3-15　　图 3-16

操作提示

用户也可以在创建直线段后，选中直线段，在“属性”面板中对直线的样式、粗细和颜色等进行设置。

线条工具的“属性”面板中部分常用选项的作用如下。

- **笔触**：用于设置所绘线段的颜色。用户可以通过设置“笔触Alpha” 100% 调整笔触颜色的不透明度。
- **笔触大小**：用于设置线段的粗细。
- **样式**：用于设置线段的样式，如实线、虚线、点状线等。单击“样式”下拉列表框右侧的“样式选项”按钮 ···，在弹出的菜单中执行“编辑笔触样式”命令，将打开“笔触样式”对话框可以设置线条的类型等属性。
- **宽**：用于选择预设的宽度配置文件。
- **缩放**：用于设置在播放器中笔触缩放的类型。
- **提示**：选中该复选框，可以将笔触锚点保持为全像素，防止出现模糊线。
- **端点**：用于设置线条端点的形状，包括“平头端点”、“圆头端点”和“矩形端点”3种形状。
- **接合**：用于设置线条之间接合的形状，包括“尖角连接”、“斜角连接”和“圆角连接”3种形状。

操作提示

在绘制直线时，按住Shift键可以绘制水平线、垂直线和45° 斜线；按住Alt键，则可以以起始点为中心向两侧绘制直线。

3.2.4 铅笔工具——自由绘制线段

使用“铅笔工具”可以自由地绘制和编辑线段。选择工具箱中的“铅笔工具”，在舞台上单击并按住鼠标拖动即可绘制出线条，如图3-17所示。若想绘制平滑或者伸直的线条，可以在工具箱下方的选项区域中设置铅笔模式，如图3-18所示。

图 3-17

图 3-18

这3种铅笔模式的作用分别如下。

- **伸直**：选择该绘图模式，当绘制出近似的正方形、圆、直线或曲线等图形时，Animate将根据它的判断调整成规则的几何形状。
- **平滑**：用于绘制平滑曲线。在“属性”面板中可以设置平滑参数。
- **墨水**：用于随意地绘制各类线条。该模式不对笔触进行任何修改。

3.2.5 矩形工具——绘制矩形

Animate中包括“矩形工具”▢和“基本矩形工具”▣两种矩形工具。

1. 矩形工具

选择“矩形工具”▢或按R键切换至矩形工具，在“属性”面板中设置参数，如图3-19所示。在舞台中按住鼠标左键拖动，到达目标位置后释放鼠标即可绘制矩形，如图3-20所示。

图 3-19

图 3-20

操作提示

在绘制矩形的过程中，按住Shift键可以绘制正方形。

2. 基本矩形工具

“基本矩形工具”▣类似于“矩形工具”▢，但是会将形状绘制为独立的对象。长按工具箱中的“矩形工具”▢，在弹出的列表中选择“基本矩形工具”▣，在舞台上按住鼠标左键拖动即可绘制基本矩形。此时绘制的矩形有四个节点，用户可以直接拖动节点或在“属性”面板的“矩形选项”选项组中设置参数，设置圆角效果。图3-21、图3-22所示为设置圆角前后的效果。

图 3-21

图 3-22

操作提示

使用“基本矩形工具”▣绘制基本矩形时，按↑键和↓键可以改变圆角的半径。

3.2.6 椭圆工具——绘制椭圆与正圆

Animate中包括“椭圆工具”和“基本椭圆工具”两种椭圆工具。

1. 椭圆工具

选择工具箱中的“椭圆工具”或按O键切换至椭圆工具，在“属性”面板中设置参数，如图3-23所示。在舞台中按住鼠标左键拖动，到达合适位置后释放鼠标即可绘制椭圆，如图3-24所示。在绘制椭圆之前或绘制过程中，按住Shift键可以绘制正圆。

图 3-23

图 3-24

“属性”面板的“椭圆选项”选项组中各选项的作用如下。

- **开始角度和结束角度：** 用于设置开始角度和结束角度，可用于绘制扇形及其他有创意的图形。
- **内径：** 取值范围为0～99。值为0时绘制的是填充的椭圆；值为99时绘制的是只有轮廓的椭圆；值为中间值时，绘制的是内径不同大小的圆环。
- **闭合路径：** 用于确定图形的闭合与否。
- **重置：** 单击该按钮，将重置椭圆工具的所有控件为默认值。

2. 基本椭圆工具

长按工具箱中的“椭圆工具”，在弹出的列表中选择“基本椭圆工具”，在舞台中按住鼠标左键拖动即可绘制基本椭圆；若按住Shift键拖动鼠标，释放鼠标后将绘制正圆。使用“基本椭圆工具”绘制的图形具有节点，用户可以直接拖动节点或在“属性”面板的“椭圆选项”选项组中设置参数，如图3-25所示，即可制作扇形图案，如图3-26所示。

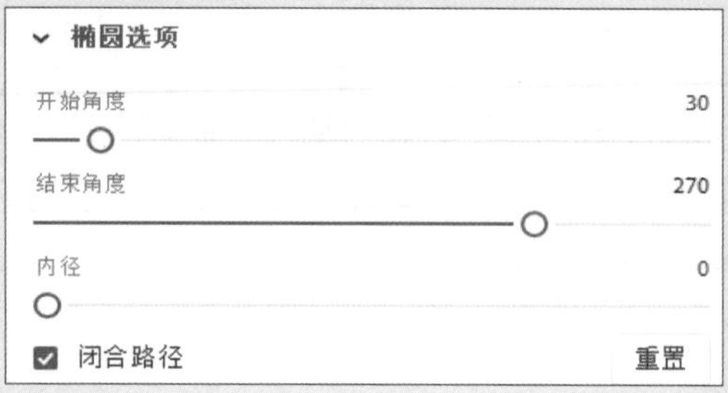

椭圆选项

开始角度 30

结束角度 270

内径 0

闭合路径　重置

图 3-25

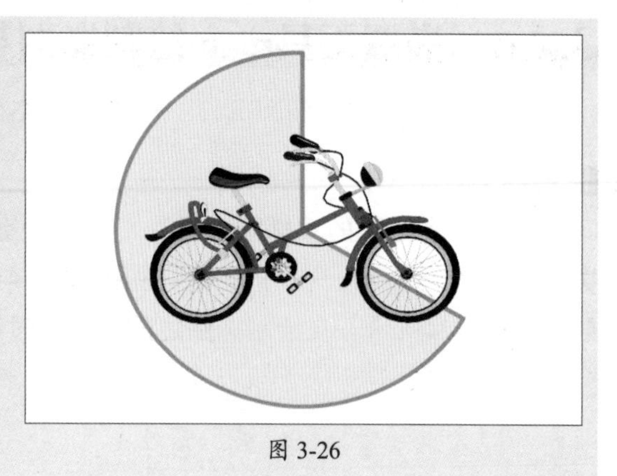

图 3-26

操作提示

“基本矩形工具”和“基本椭圆工具”绘制的对象可以通过“分离”命令（Ctrl+B组合键）分离成普通矩形和椭圆。

3.2.7 多角星形工具——绘制多角星形

“多角星形工具”用于绘制多边形或多角星。选择工具箱中的“多角星形工具”，在“属性”面板中设置多角星形的参数，如图3-27所示。在舞台中按住鼠标左键拖动绘制图形，如图3-28所示。

“属性”面板的“工具选项”选项组中各选项的作用如下。

- **样式：**用于设置绘制星形或多边形。
- **边数：**用于设置形状的边数。
- **星形顶点大小：**用于改变星形形状。星形顶点大小只针对星形样式，输入的数字越接近0，创建的顶点就越深。若是绘制多边形，则一般保持默认设置。

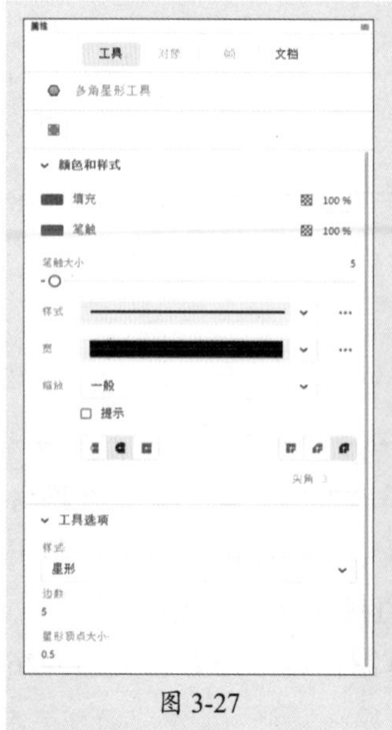

图 3-27

图 3-28

3.2.8 画笔工具——绘制图形

Animate中包括“传统画笔工具”、“流畅画笔工具”和“画笔工具”3种画笔工具。

1. 传统画笔工具

“传统画笔工具”主要用于绘制色块。选择工具箱中的“传统画笔工具”或按B键切换至传统画笔工具，在“属性”面板中设置参数，如图3-29所示。设置完成后，在舞台中拖动鼠标绘制图形，如图3-30所示。

图 3-29

图 3-30

传统画笔工具的“属性”面板中部分选项的作用如下。

- **画笔模式**：用于设置画笔模式，包括“标准绘画”“颜料填充”“后面绘画”“颜料选择”和“内部绘画”5种类型。
- **画笔类型**：用于选择画笔形状。单击“画笔类型”右侧的“添加自定义画笔形状”按钮，打开“笔尖选项”对话框，如图3-31所示。在该对话框中设置参数后单击“确定”按钮，即可按照设置添加画笔形状。

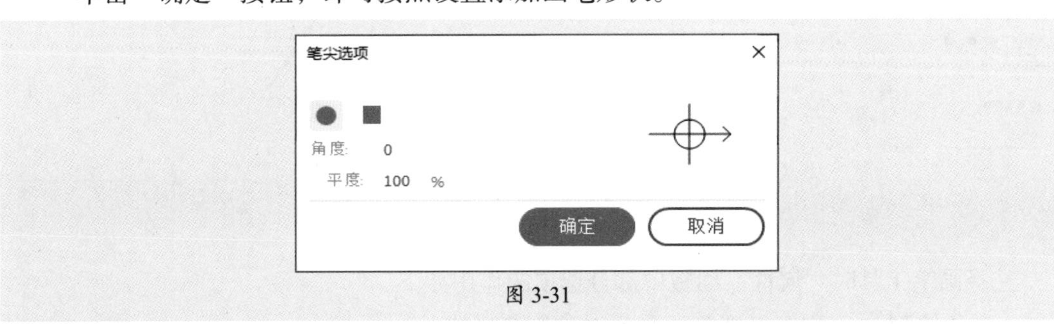

图 3-31

2. 流畅画笔工具

“流畅画笔工具”具有更多配置线条样式的选项，图3-32所示为选择该画笔时的“属性”面板。其中，部分选项的作用如下。

- **稳定器：** 用于避免绘制笔触时出现轻微的波动和变化。
- **曲线平滑：** 用于设置曲线的平滑度。数值越高，绘制笔触后生成的总体控制点数量越少。
- **速度：** 用于设置线条的绘制速度，从而确定笔触的外观。
- **压力：** 用于设置数值，以根据画笔的压力调整笔触。

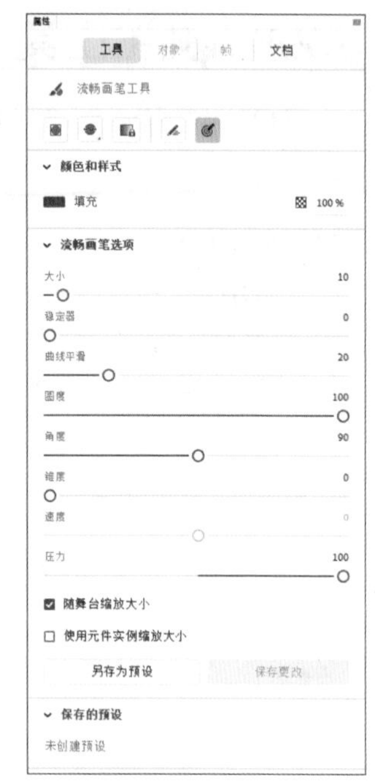

图 3-32

3. 画笔工具

“画笔工具”类似于Illustrator软件中常用的艺术画笔和图案画笔，可以绘制出风格化的效果。图3-33所示为选择该画笔时的“属性”面板。在该面板中设置参数后，在舞台中拖动鼠标即可绘制图案，效果如图3-34所示。

图 3-33

图 3-34

选择画笔工具时“属性”面板中部分选项的作用如下。

- **对象绘制：** 用于设置是否采用对象绘制模式。
- **样式选项：** 单击该按钮，在弹出的下拉菜单中执行“画笔库”命令，可打开“画笔库”对话框，如图3-35所示。在该对话框中选择合适的画笔并双击，即可将其添加至选中的对象。选中画笔笔触后单击“样式选项”按钮，在弹出的下拉菜单中执行“编辑笔触样式”命令，打开“画笔选项”对话框，如图3-36所示。在该对话框中可以设置画笔笔触的类型、压力敏感度等。

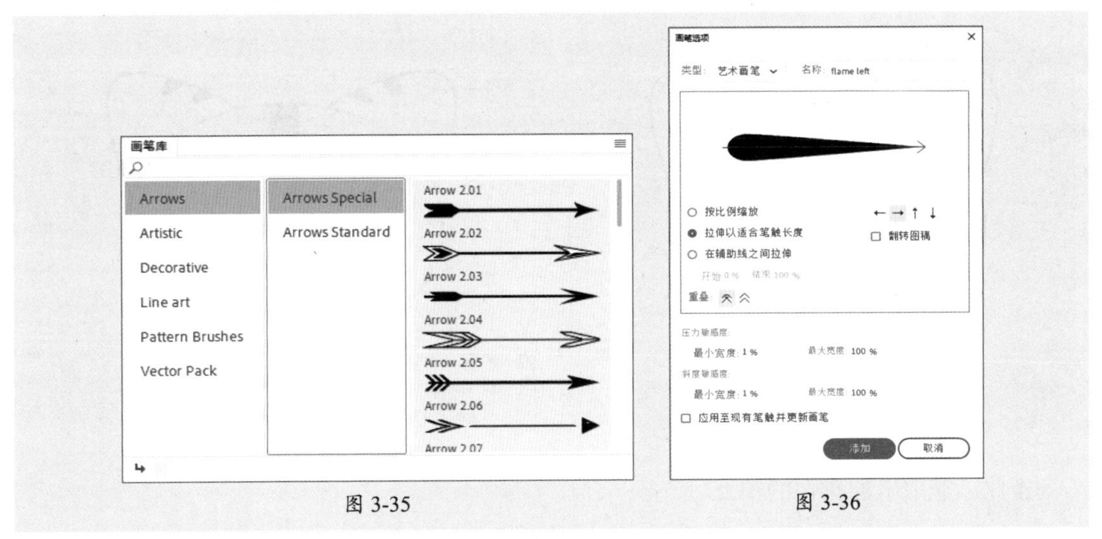

图 3-35　　图 3-36

3.3 图形填充工具

专门的填充工具可以帮助用户更好地上色。本节将对“颜料桶工具”、“墨水瓶工具”等颜色填充工具进行介绍。

3.3.1 案例解析——填充卡通头像

在学习填充工具之前，先跟随以下步骤了解并熟悉填充工具的使用方法，即使用“颜料桶工具”填充卡通头像。

步骤 01 打开本章素材文件“卡通头像素材.fla”，选择工具箱中的“颜料桶工具”，在“属性”面板中设置填充色为#FADEAA，设置“间隙大小”为“封闭大空隙”，在头像主体位置单击填充颜色，效果如图3-37所示。

步骤 02 设置填充色为#FFF6E4，设置“间隙大小”为“封闭小空隙”，单击耳朵、其余面部、手部位填充颜色，效果如图3-38所示。

图 3-37

图 3-38

步骤 03 设置填充色为#F48DC4，单击腮红、嘴巴部位填充颜色，效果如图3-39所示。

步骤 04 设置填充色为黑色，单击其余部位填充颜色，效果如图3-40所示。

图 3-39

图 3-40

至此，完成卡通头像的填充。

3.3.2 颜料桶工具——填色

“颜料桶工具”主要用于为工作区内有封闭区域的图形填色，包括空白区域或已有颜色的区域。选择“颜料桶工具”或按K键切换至颜料桶工具，执行“窗口”|“颜色”命令打开“颜色”面板，设置填充颜色，如图3-41所示。在图形封闭区域单击即可为其填充设置的颜色，如图3-42所示。

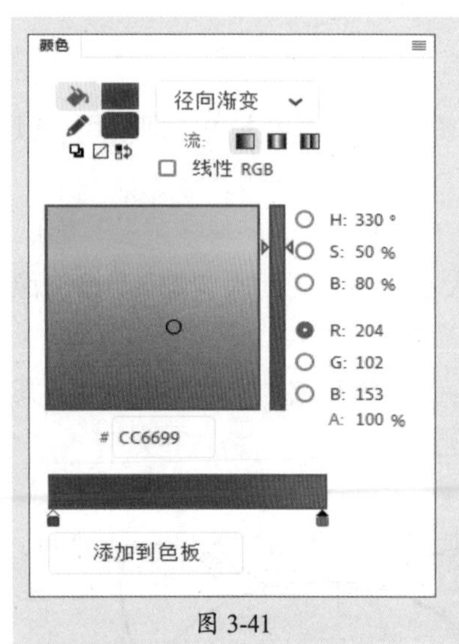

图 3-41

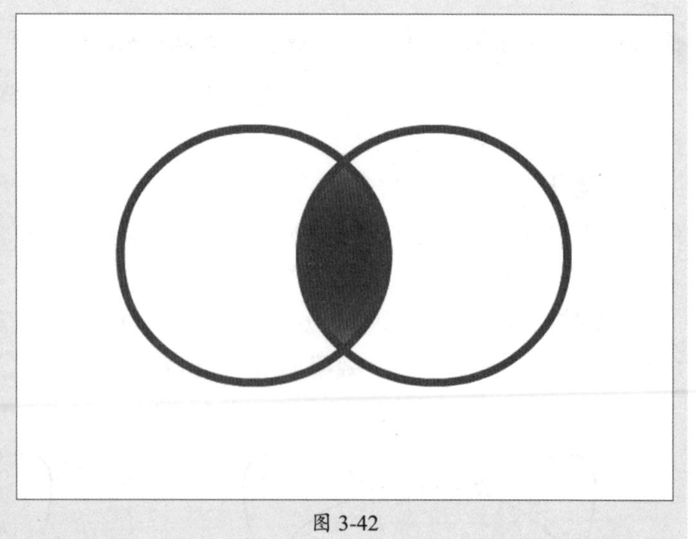

图 3-42

操作提示

选择“颜料桶工具”后，在工具箱的选项区域将显示“锁定填充”按钮和“间隙大小”按钮。单击“锁定填充”按钮，则当使用渐变填充或者位图填充时，可以将填充区域的颜色变化规律锁定，作为这一填充区域周围的色彩变化规范；单击“间隙大小”按钮，在弹出的下拉菜单中可以设置是否填充具有缺口的区域。

3.3.3 墨水瓶工具——描边或线条颜色调整

“墨水瓶工具”可以设置当前线条的基本属性，包括调整当前线条的颜色（不包括渐变和位图）、尺寸和线型等，或者为填充色添加描边。

选择工具箱中的“墨水瓶工具”或按S键切换至墨水瓶工具，在“属性”面板中设置笔触参数，移动鼠标指针至填充色上或在分离后的文字上单击，即可添加描边，如图3-43、图3-44所示。

图 3-43

ANIMATE
ANIMATE

图 3-44

操作提示

“墨水瓶工具”只影响矢量图形。

3.3.4 滴管工具——格式刷

“滴管工具”类似于格式刷，可以从舞台中的对象上拾取属性，并将其应用到其他对象上。

选择工具箱中的“滴管工具”或按I键切换至滴管工具，当鼠标指针靠近填充色时单击，即可获得该填充色的属性，此时鼠标指针变为颜料桶的形状，单击另一个填充色，即可赋予这个填充色吸取的填充色属性；当鼠标指针靠近线条时单击，即可获得该线条的属性，此时鼠标指针变为墨水瓶的形状，单击另一个线条，即可赋予这个线条吸取的线条属性。

除了吸取填充色或线条属性外，“滴管工具”还可以将整幅图片作为元素，填充到图形中。选择图像，按Ctrl+B组合键使图像分离，使用“滴管工具”在分离的图像上单击吸取属性，如图3-45所示。在绘制的图形上单击，即可填充图像，如图3-46所示。

图 3-45

图 3-46

3.4 编辑图形对象

编辑工具和编辑命令可用于编辑修改图形，使其产生预期的变化。本节将对编辑图形对象的操作进行介绍。

3.4.1 案例解析——创建心形背景

在学习编辑图形对象之前，先跟随以下步骤了解并熟悉图形的编辑操作，即使用椭圆工具、宽度工具、分离对象等创建心形，使用对齐与分布创建心形背景。

步骤01 新建一个640像素×480像素的空白文档，设置舞台颜色为#CCCCFF，效果如图3-47所示。

步骤02 选择工具箱中的“线条工具”，在舞台中按住鼠标左键拖动绘制直线段，如图3-48所示。

图 3-47　　图 3-48

步骤03 选择“宽度工具”，移动鼠标至线段上，选定宽度点数拖动宽度手柄，增加笔触可变宽度，如图3-49所示。

步骤04 选择“椭圆工具”，在“属性”面板中开启对象绘制模式，并设置“填充”为白色，“笔触”为无，在舞台中按住Shift键绘制正圆，如图3-50所示。

图 3-49　　图 3-50

步骤05 选中绘制的正圆，按住Alt键拖动复制，如图3-51所示。

步骤06 选中线条，执行“修改”|“形状”|“将线条转换为填充”命令，将线条转换

为填充。选中舞台中的所有对象，按Ctrl+B组合键使对象分离，并删除多余部分，如图3-52所示。

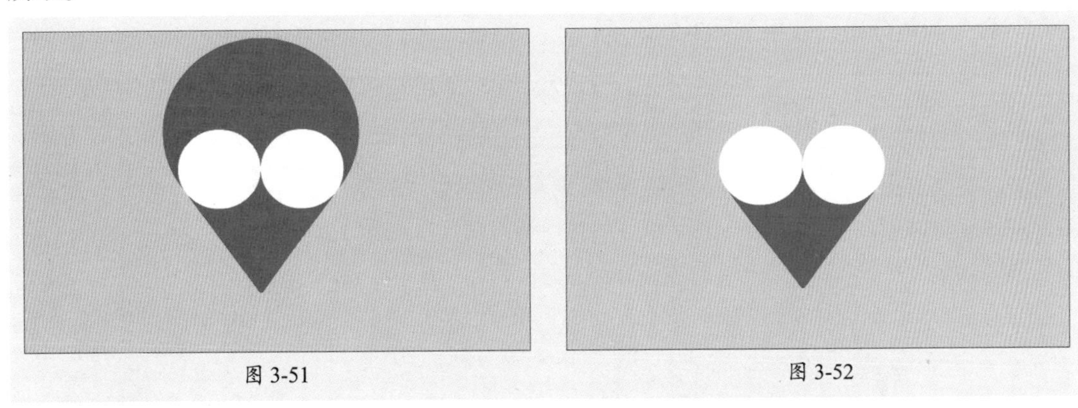
图 3-51　　图 3-52

步骤07 选中红色区域，设置其填充为白色，效果如图3-53所示。

步骤08 选中心形图案，单击“属性”面板中的“创建对象”按钮将其创建为对象，如图3-54所示。

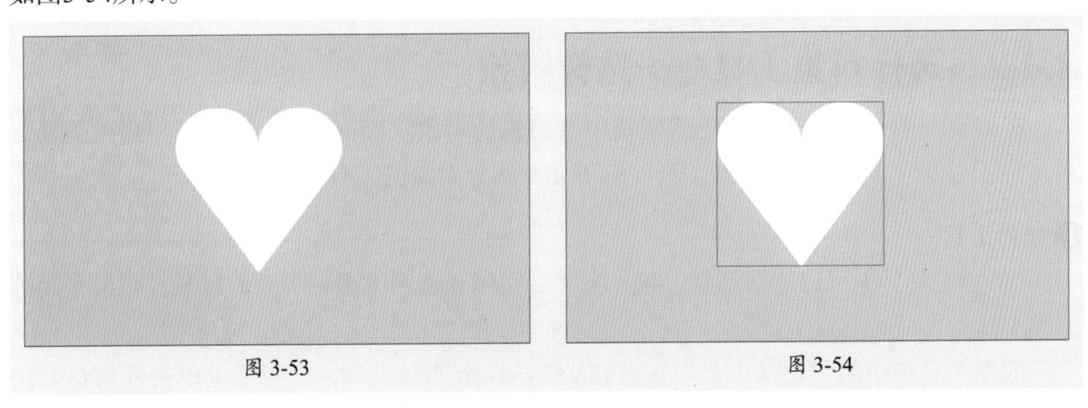
图 3-53　　图 3-54

步骤09 单击工具箱中的“任意变形工具”，按住Shift键拖动控制框角点等比例缩放心形图案，如图3-55所示。

步骤10 使用“选择工具”选中心形图案移动至合适位置，按住Alt键拖动复制，重复多次，效果如图3-56所示。

图 3-55　　图 3-56

步骤11 选中所有对象，执行“修改”|“对齐”|“按宽度均匀分布”命令调整分布，如图3-57所示。

步骤 12 选中第一行心形，按Ctrl+G组合键编组；选中第二行心形，按Ctrl+G组合键编组。选中两个编组对象，按住Alt键向下拖动复制，并执行“修改”|“对齐”|“按高度均匀分布”命令调整分布，效果如图3-58所示。

图 3-57　　图 3-58

至此，完成心形背景的创建。

3.4.2 选择对象工具——选择对象

在编辑图形对象之前，首先需要选中被编辑的对象。Animate中提供了“选择工具”、“部分选取工具”、“套索工具”等多个选择对象的工具。

1. 选择工具

“选择工具”可以选择形状、组、文字、实例和位图等多种类型的对象，是最常用的一种工具。

选择工具箱中的“选择工具”或按V键切换至选择工具，在对象上单击即可将其选中；若想选中多个对象，按住Shift键依次单击要选取的对象即可，如图3-59、图3-60所示。用户也可以在空白区域按住鼠标左键拖曳出一个矩形范围，从而选择矩形范围内的对象。

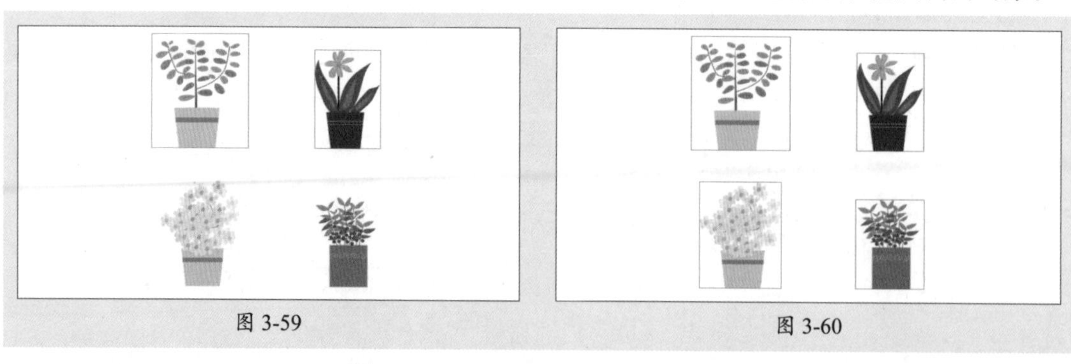

图 3-59　　图 3-60

操作提示

使用“选择工具”在对象上双击即可将其选中；若在线条上双击，则可以同时选中颜色相同、粗细一致且连在一起的线条。

选中对象后若想取消对所有对象的选择，可以使用鼠标单击空白区域；若需要在已经选择的多个对象中取消对某个对象的选择，可以按住Shift键使用鼠标单击该对象。

操作提示

在未选中对象的情况下，“选择工具”还可用于修改对象的外框线条。移动鼠标至两条线的交角处，当鼠标指针变为形状时，按住鼠标左键拖动可以拉伸线的交点；若移动鼠标至线条附近，当鼠标指针变为形状时，按住鼠标左键拖动可以变形线条。

2. 部分选取工具

“部分选取工具”用于选择并调整矢量图形上的锚点。选择工具箱中的“部分选取工具”或按A键，即可切换至部分选取工具。在使用部分选取工具时，不同的情况下鼠标的指针形状也不同。

- 当鼠标指针移到某个锚点上时，鼠标指针变为形状，此时按住鼠标左键拖动可以改变该锚点的位置。
- 当鼠标指针移到没有节点的曲线上时，鼠标指针变为形状，此时按住鼠标左键拖动可以移动图形的位置。
- 当鼠标指针移到锚点的调节柄上时，鼠标指针变为形状，按住鼠标左键拖动可以调整与该锚点相连的线段的弯曲效果。

3. 套索工具

“套索工具”可以选择对象的某一部分。选择“套索工具”，按住鼠标左键拖动圈出要选择的范围，释放鼠标后Animate会自动选取套索工具圈定的封闭区域，当线条没有封闭时，Animate将用直线连接起点和终点，自动闭合曲线，如图3-61、图3-62所示。

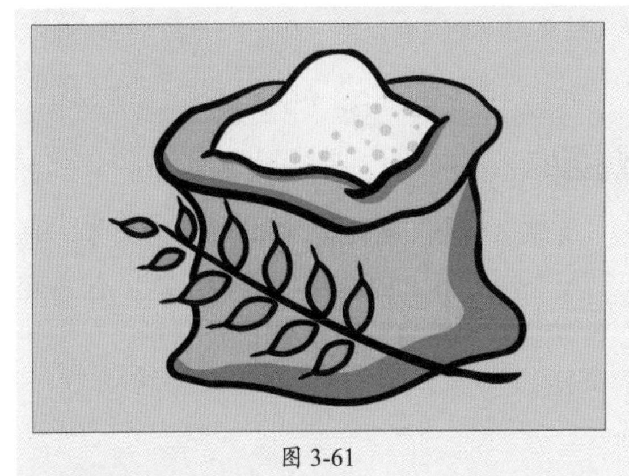

图 3-61

图 3-62

4. 多边形工具

“多边形工具”可以比较精确地选取不规则图形。选择“多边形工具”在舞台中单击确定端点，然后移动鼠标至起始处双击，形成一个多边形，即选择的范围，如图3-63、图3-64所示。

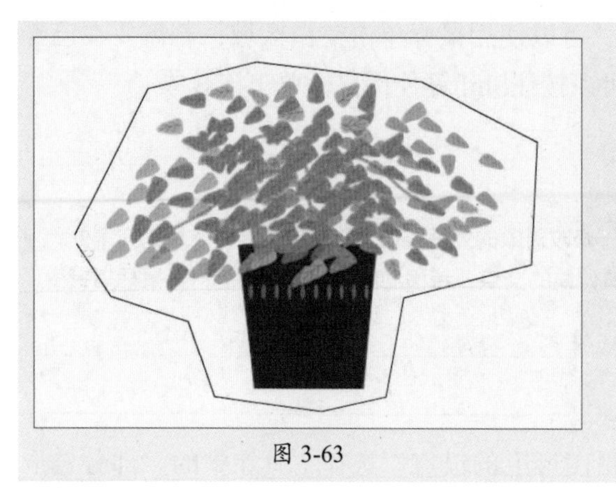
图 3-63

图 3-64

5. 魔术棒

“魔术棒”主要用于对位图的操作。导入位图对象后，按Ctrl+B组合键打散位图对象，选择“魔术棒”，在“属性”面板中设置合适的参数，在位图上单击即可选中与单击点颜色类似的区域，如图3-65、图3-66所示。

图 3-65

图 3-66

3.4.3 任意变形工具——变形对象

“任意变形工具”可以使对象产生变形、旋转、倾斜、缩放、扭曲等变形效果。选中绘制的对象，单击工具箱中的“任意变形工具”，下方的选项区域将出现“任意变形”按钮、“旋转与倾斜”按钮、“缩放”按钮、“扭曲”按钮以及“封套”按钮5个按钮，如图3-67所示。

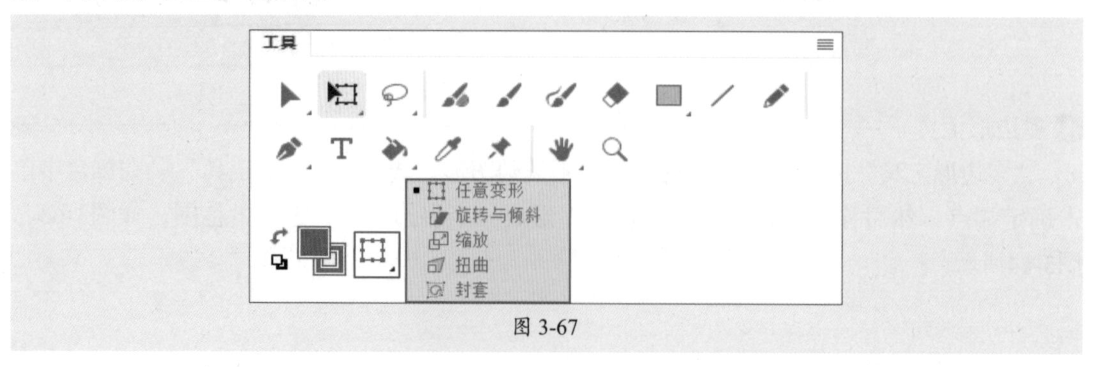

图 3-67

1. 任意变形

选择“任意变形”按钮，既可以对对象进行旋转和倾斜操作，还可以缩放对象。选中对象后选择“任意变形工具”，单击“任意变形”按钮，移动鼠标靠近对象角点处，鼠标指针变为形状时，按住鼠标左键拖动可旋转对象；移动鼠标至对象控制点处，按住鼠标左键拖动可缩放对象；移动鼠标至控制框四边上，鼠标指针变为或形状时，按住鼠标左键拖动可倾斜对象。

2. 旋转与倾斜

选择“旋转与倾斜”按钮，可以对对象进行旋转和倾斜操作。单击“旋转与倾斜”按钮，显示对象四周的控制点，移动鼠标至任意一个角点上，鼠标指针变为形状时，拖动鼠标即可旋转选中的对象，如图3-68所示。移动鼠标至任意一边中点处，鼠标指针变为或形状时，拖动鼠标可在垂直或水平方向倾斜选中的对象，如图3-69所示。

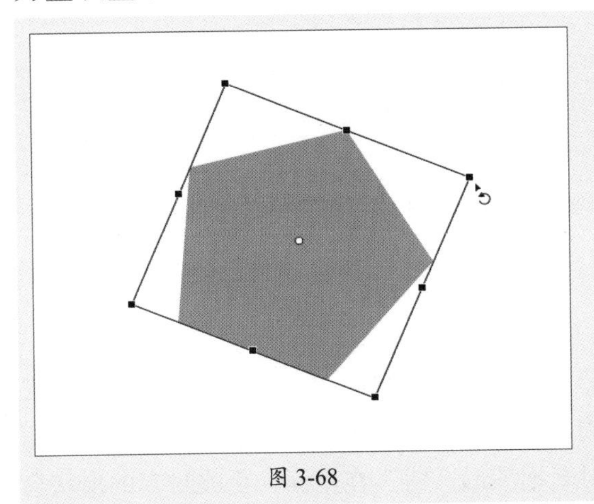
图 3-68

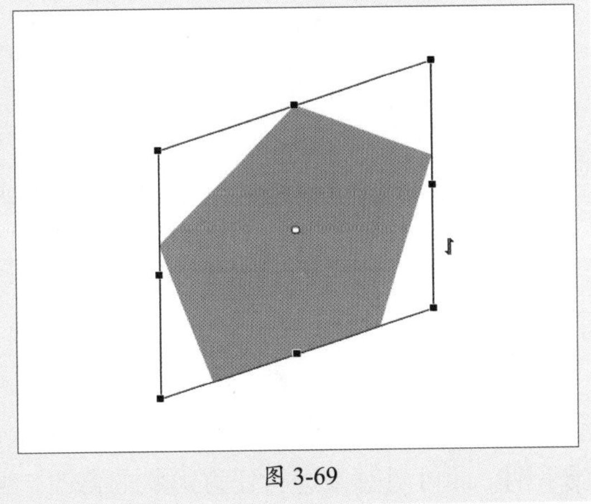
图 3-69

3. 缩放

选择“缩放”按钮，既可以单独在垂直或水平方向上缩放对象，还可以在垂直和水平方向上同时缩放对象。单击“缩放”按钮，显示对象四周的控制点，拖动控制点可将对象进行垂直或水平方向的缩放；按住Shift键拖动则可以使对象在垂直和水平方向上同时进行缩放。图3-70、图3-71所示为缩放前后的效果。

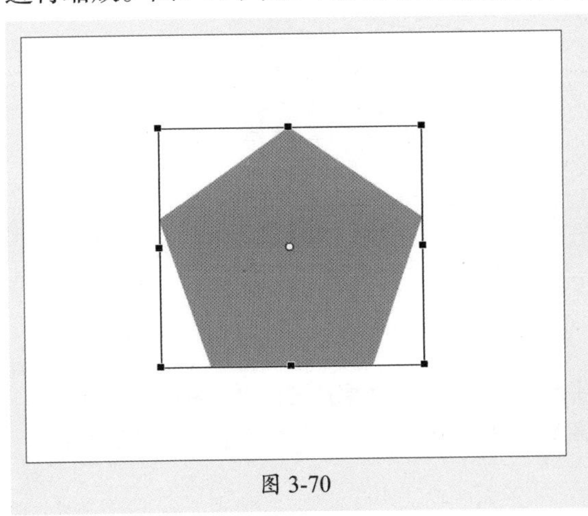
图 3-70

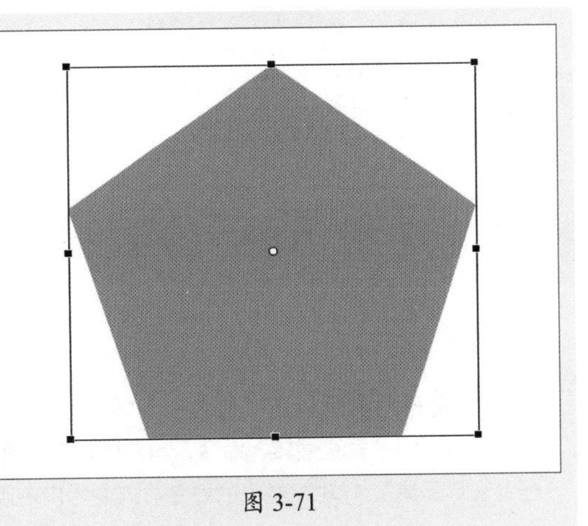
图 3-71

4. 扭曲

选择“扭曲”按钮，可以对图形进行扭曲变形，增强图形的透视效果。单击“扭曲”按钮，移动鼠标至选定对象上，当鼠标指针变为形状时，拖动边框上的角控制点或边控制点即可移动角或边，如图3-72、图3-73所示。

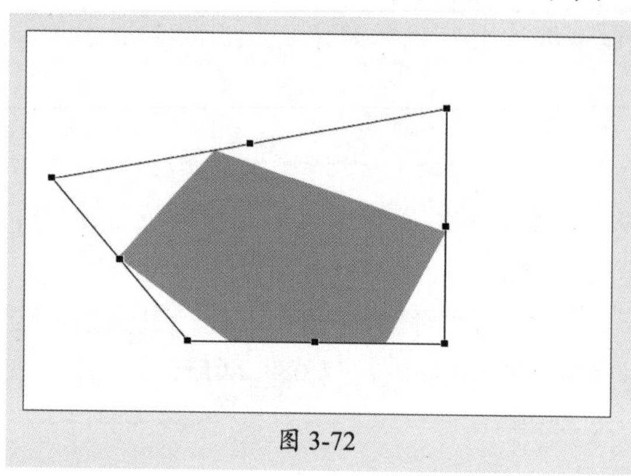
图 3-72

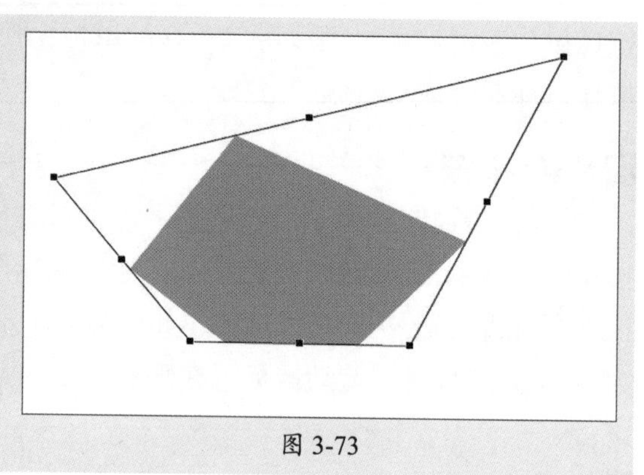
图 3-73

操作提示

按住Shift键拖动角控制点时，鼠标指针变为形状，此时拖动控制点可对对象进行锥化处理。扭曲只对在场景中绘制的图形有效，对位图和元件无效。

5. 封套

选择“封套”按钮，可以任意修改图形形状，补充了扭曲在某些局部无法达到的变形效果。单击“封套”按钮，显示对象四周的控制点和切线手柄，拖动这些控制点及切线手柄，即可对对象进行任意形状的修改。封套把图形“封”在里面，更改封套的形状会影响该封套内的对象的形状。用户可以通过调整封套的点和切线手柄来编辑封套形状，如图3-74、图3-75所示。

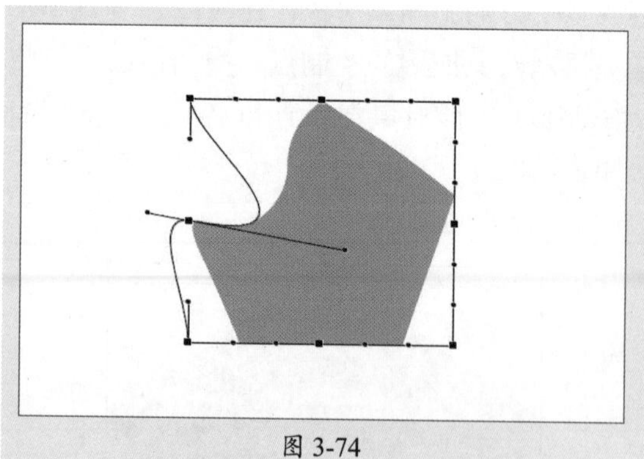
图 3-74

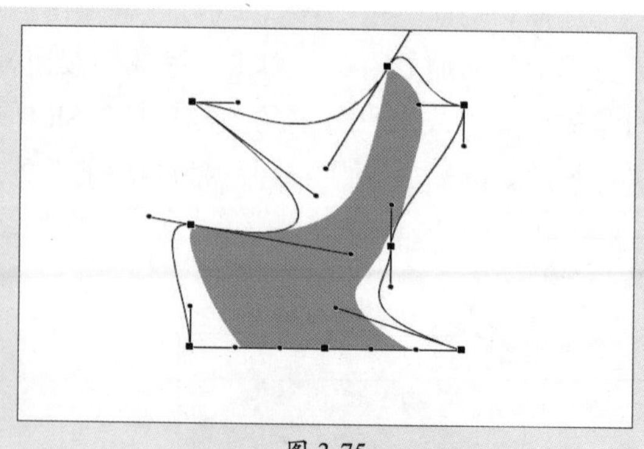
图 3-75

操作提示

选择图形对象后执行“修改”|“变形”|“水平翻转”命令，可将图形进行水平翻转；执行“修改”|“变形”|“垂直翻转”命令，可将图形进行垂直翻转。除了翻转对象外，“变形”命令中还包括一些与“任意变形工具”功能类似的命令，方便用户使用。

3.4.4 渐变变形工具——调整渐变

“渐变变形工具”可以调整图形中的渐变。选中舞台中的渐变对象，长按工具箱中的“任意变形工具”，在弹出的列表中选择“渐变变形工具”，舞台中将显示选中对象的控制点，在舞台中按住鼠标左键进行调节即可，如图3-76、图3-77所示。

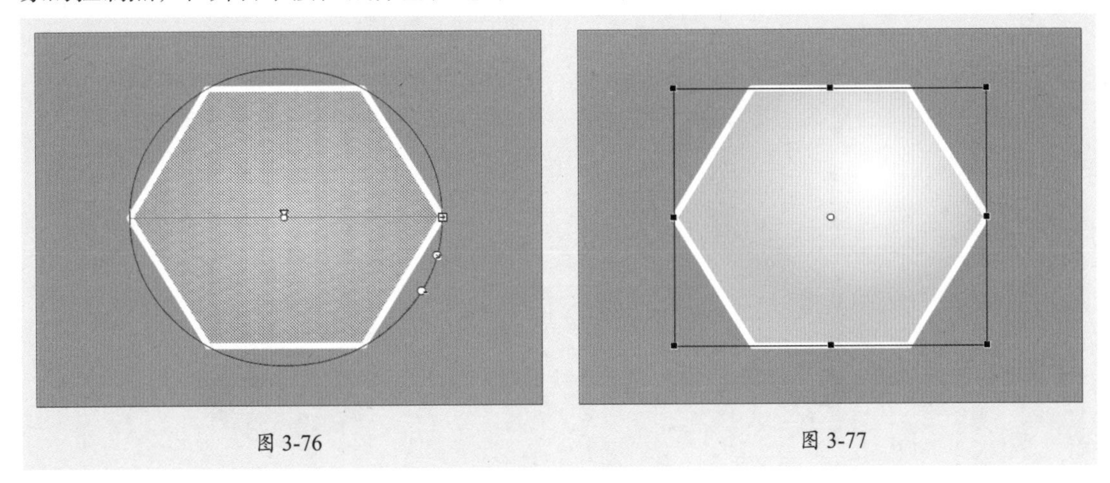

图 3-76　　图 3-77

3.4.5 橡皮擦工具——擦除部分区域

“橡皮擦工具”可以擦除文档中绘制的图形对象的多余部分。选中“橡皮擦工具”，在工具箱的选项区域中单击“橡皮擦模式”按钮，在弹出的列表中可以选择橡皮擦模式，如图3-78所示。

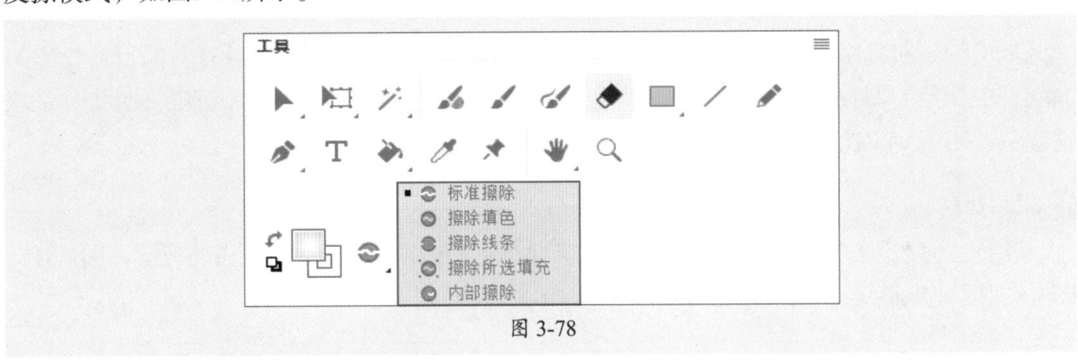

图 3-78

这5种橡皮擦模式的作用分别如下。

- **标准擦除**：只擦除同一层上的笔触和填充。
- **擦除填色**：只擦除填色，其他区域不受影响。
- **擦除线条**：只擦除笔触，不影响其他内容。
- **擦除所选填充**：只擦除当前选定的填充。
- **内部擦除**：只擦除橡皮擦笔触开始处的填充。

操作提示

双击“橡皮擦工具”可以删除文档中未被隐藏和锁定的内容。

3.4.6 宽度工具——调整线条宽度

“宽度工具” 可以通过改变笔触的粗细度调整笔触效果。使用任意绘图工具绘制笔触或形状，选中“宽度工具” ，移动鼠标至笔触上，即可显示潜在的宽度点数和宽度手柄，选定宽度点数拖动宽度手柄，即可增加笔触可变宽度，如图3-79、图3-80所示。

图 3-79　　图 3-80

3.4.7 合并对象——调整现有对象

使用“椭圆工具”“矩形工具”“画笔工具”等工具在绘制矢量图形时，单击工具箱选项区域中的“对象绘制”按钮 直接绘制对象，然后执行“修改” | “合并对象”命令中的“联合”“交集”“打孔”“裁切”等子命令，可以合并或改变现有对象来创建新形状。一般情况下，所选对象的堆叠顺序决定了操作的工作方式。

1. 删除封套

执行“修改” | “合并对象” | “删除封套”命令，可以删除图形中使用的封套。图3-81、图3-82所示为删除封套前后的效果。

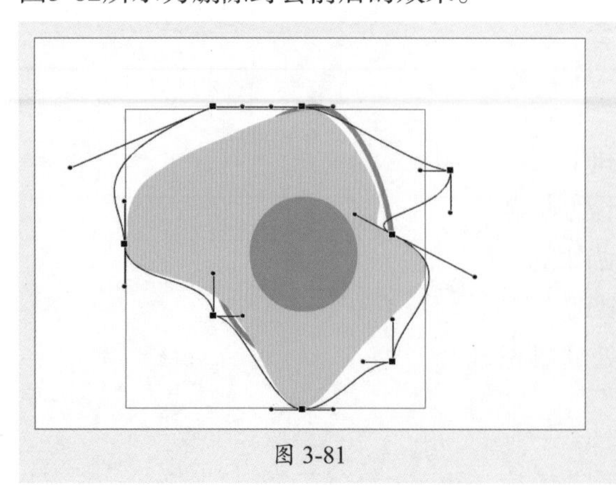

图 3-81　　图 3-82

2. 联合对象

执行“修改”|“合并对象”|“联合”命令，可以将两个或多个形状合成一个对象，该对象由联合前形状上所有可见的部分组成，形状上不可见的重叠部分将被删除。图3-83、图3-84所示为联合前后的效果。

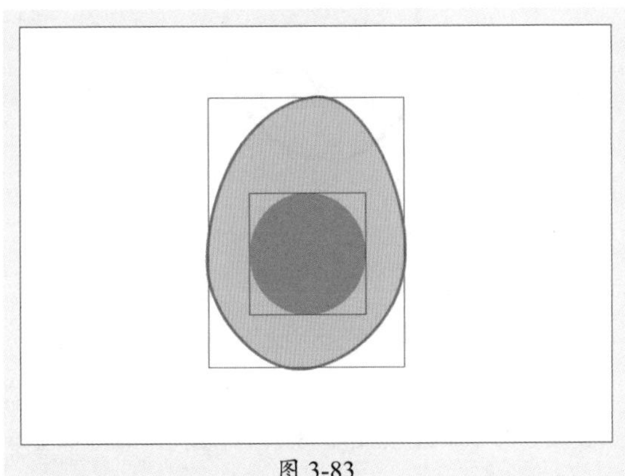

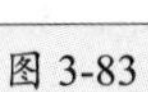

图 3-83

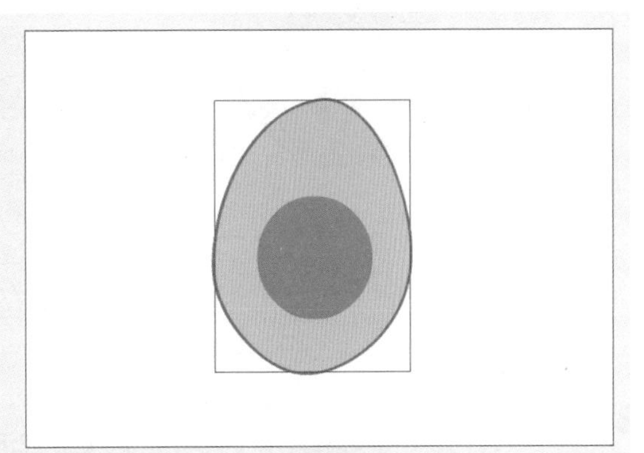

图 3-84

3. 交集对象

执行“修改”|“合并对象”|“交集”命令，可以将两个或多个形状重合的部分创建为新形状，该形状由合并的形状的重叠部分组成，形状上任何不重叠的部分将被删除。生成的形状使用堆叠中最上面的形状的填充和笔触。图3-85所示为交集对象后的效果。

4. 打孔对象

执行“修改”|“合并对象”|“打孔”命令，可以删除所选对象的某些部分，删除的部分由所选对象的重叠部分决定。图3-86所示为打孔后的效果。

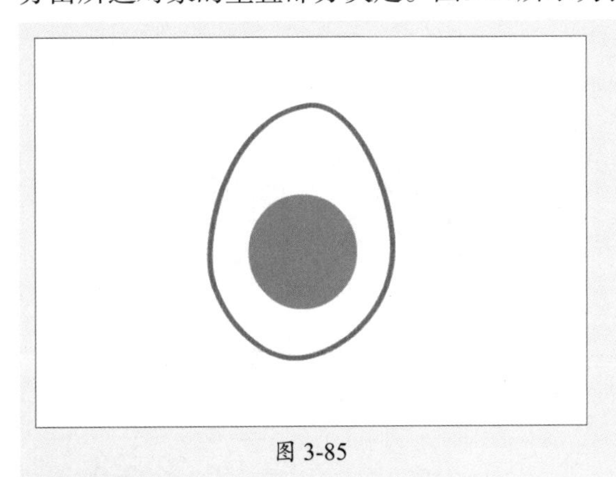

图 3-85

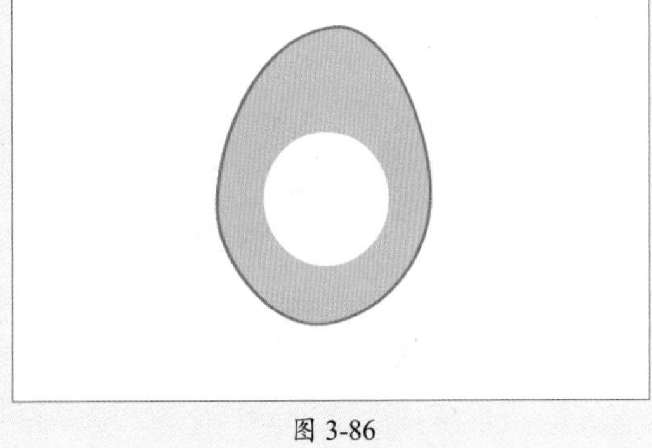

图 3-86

5. 裁切对象

执行“修改”|“合并对象”|“裁切”命令，可以使用一个对象的形状裁切另一个对象。用上面的对象定义裁切区域的形状。下层对象中与最上面的对象重叠的所有部分将被保留，而下层对象的所有其他部分及最上面的对象将被删除。图3-87、图3-88所示为裁切前后的效果。

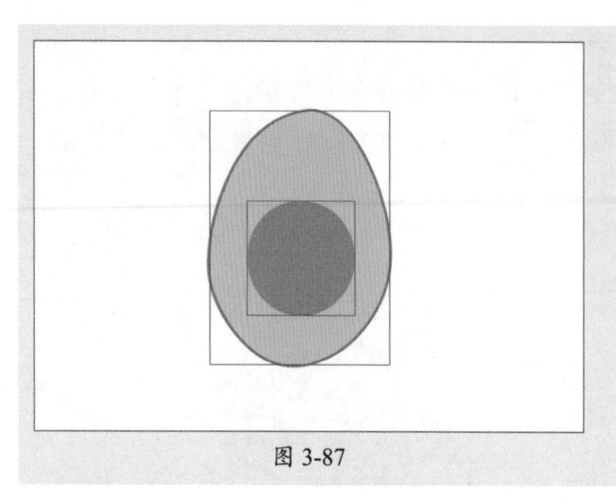
图 3-87

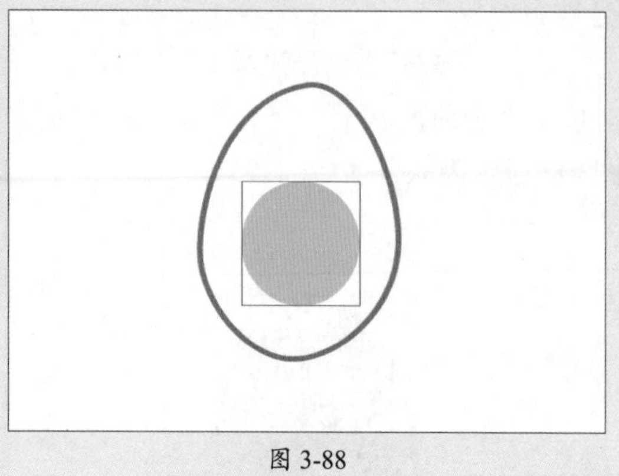
图 3-88

操作提示

“交集”命令与“裁切”命令比较类似，区别在于“交集”命令保留上面的图形，而“裁切”命令保留下面的图形。

3.4.8 组合与分离对象——编组与分离对象

组合与分离对象有助于对多个或单个对象进行操作。本节将对此进行介绍。

1. 组合对象

组合就是将图形块或部分图形组成一个独立的整体，可以在舞台上任意拖动而其中的图形内容及周围的图形内容不会发生改变，以便于绘制或进行再编辑。选中对象后执行“修改”|“组合”命令或按Ctrl+G组合键，即可将选择的对象编组。图3-89、图3-90所示为组合前后的效果。

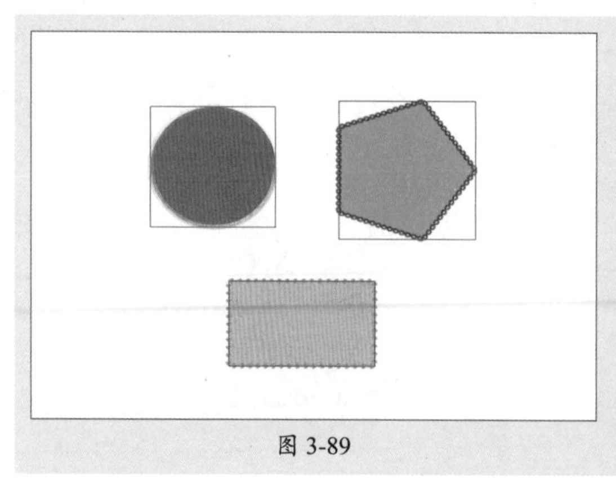
图 3-89

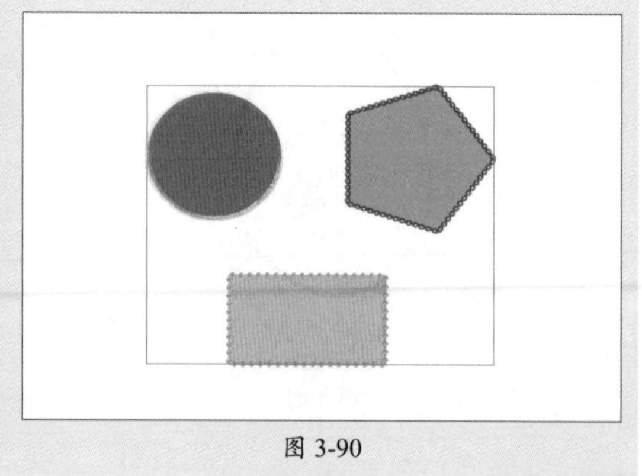
图 3-90

操作提示

组合后的图形可以与其他图形或组再次组合，从而得到一个复杂的多层组合图形；同时一个组合中可以包含多个组合及多层次的组合。

若需要对组中的单个对象进行编辑，可以通过执行“修改”|“取消组合”命令或按

Ctrl+Shift+G组合键，将组进行解组；也可以选中对象双击进入该组的编辑状态进行编辑。

2. 分离对象

“分离”命令与“组合”命令的作用相反。它可以将已有的整体图形分离为可编辑的矢量图形，使用户可以对其再进行编辑。在制作变形动画时，需用“分离”命令将图形的组合、图像、文字或组件转变成图形。

执行“修改”|“分离”命令，或按Ctrl+B组合键，即可分离选择的对象。图3-91、图3-92所示为分离前后的效果。

图 3-91

图 3-92

3.4.9 对齐与分布对象——调整布局

“对齐”和“分布”命令可以调整所选图形的相对位置关系，使舞台中的对象排列整齐。选中对象后执行“修改”|“对齐”命令，在弹出的菜单中执行子命令，即可完成相应的操作。用户也可以执行“窗口”|“对齐”命令或者按Ctrl+K组合键，打开“对齐”面板进行对齐和分布操作，如图3-93所示。

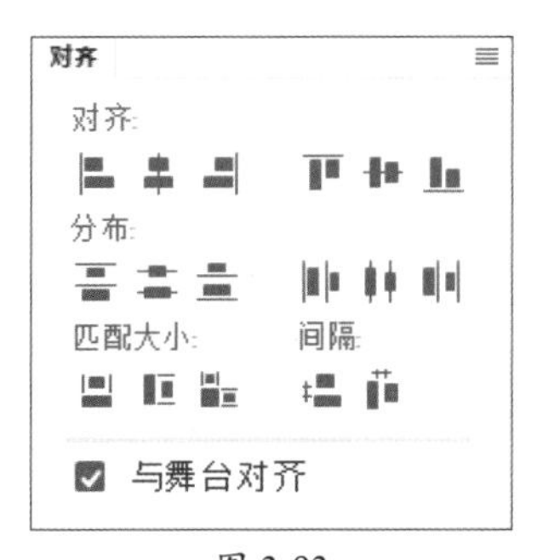

图 3-93

在“对齐”面板中，包括“对齐”“分布”“匹配大小”“间隔”和“与舞台对齐”5个功能区。下面将对这5个功能区中各按钮的含义及应用进行介绍。

1. 对齐

对齐是指按照选定的方式排列对齐对象。在该功能区中，包括“左对齐”、“水平中齐”、“右对齐”、“顶对齐”、“垂直中齐”以及“底对齐”6个按钮。图3-94、图3-95所示为单击“垂直中齐”按钮前后的效果。

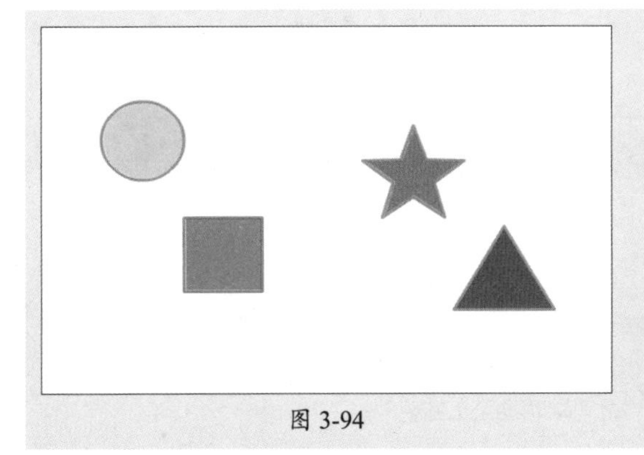
图 3-94

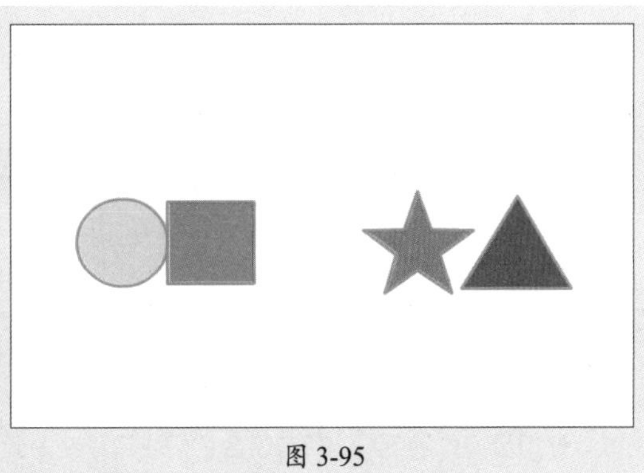
图 3-95

2. 分布

分布是指将舞台上间距不一的图形均匀地分布在舞台中，使画面效果更好。在默认状态下，均匀分布图形将以所选图形的两端为基准，对其中的图形进行位置调整。

在该功能区中，包括“顶部分布”、“垂直居中分布”、“底部分布”、“左侧分布”、“水平居中分布”以及“右侧分布”6个按钮。图3-96、图3-97所示为单击“水平居中分布”按钮前后的效果。

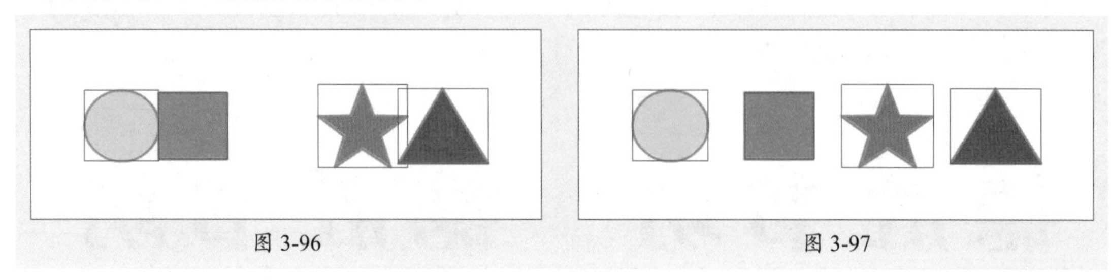

图 3-96　　图 3-97

3. 匹配大小

在该功能区中，包括“匹配宽度”、“匹配高度”、“匹配宽和高”3个按钮。分别选择这3个按钮，可将选择的对象分别进行水平缩放、垂直缩放、等比例缩放，其中最左侧的对象是其他所选对象匹配的基准。

4. 间隔

间隔与分布有些相似，但是分布的间距标准是多个对象的同一侧，而间距则是相邻两对象的间距。在该功能区中，包括“垂直平均间隔”和“水平平均间隔”2个按钮。单击这两个按钮，可使选择的对象在垂直方向或水平方向的间隔距离相等。图3-98、图3-99所示为单击“垂直平均间隔”按钮前后的效果。

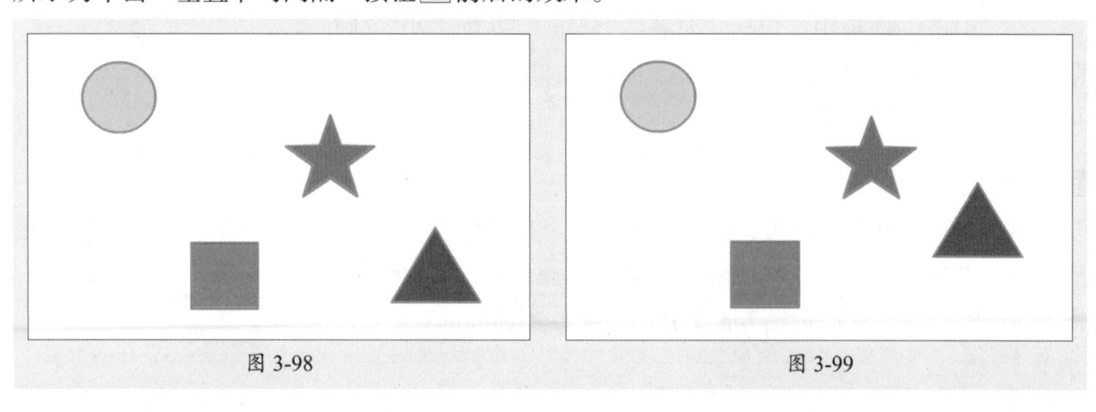

图 3-98　　图 3-99

5. 与舞台对齐

选中该复选框后，可使对齐、分布、匹配大小、间隔等操作以舞台为基准。

操作提示

在同一图层中，对象按照创建的先后顺序分别位于不同的层次，用户可以执行“修改”|“排列”命令，在弹出的菜单中执行子命令调整选中对象的顺序，使画面效果更好。需要注意的是，绘制的线条和形状默认在组合元件的下方，只有组合它们或将其变为元件才可以移动至上方。

3.5 修饰图形对象

优化曲线、扩展填充等修饰图形对象的操作可以改变原图形的线条、形状等，使其呈现更佳的表现效果。

3.5.1 案例解析——绘制雪花造型

下面将使用“线条工具”绘制雪花造型，使用“柔化填充边缘”命令柔化雪花边缘。

步骤 01 新建一个400像素×400像素大小的空白文档，并设置舞台颜色为深灰色，如图3-100所示。

步骤 02 选择“线条工具”，在“属性”面板中设置“笔触”为白色，“笔触大小”为30，按住Shift键在舞台中绘制直线段，如图3-101所示。

图 3-100

图 3-101

步骤 03 使用相同的方法继续绘制直线段，如图3-102所示。

步骤 04 选中新绘制的直线段，按Ctrl+C组合键复制，按Ctrl+Shift+V组合键原位粘贴，右击鼠标，在弹出的快捷菜单中执行“变形”|“垂直翻转”命令，翻转直线段并调整至合适的位置，如图3-103所示。

图 3-102

图 3-103

步骤 05 选中两个短的直线段，使用相同的方法复制并水平翻转，移动至合适的位置，如图3-104所示。

步骤 06 选中所有线段，按Ctrl+C组合键复制，按Ctrl+Shift+V组合键原位粘贴，使用“任意变形工具”将其旋转，如图3-105所示。

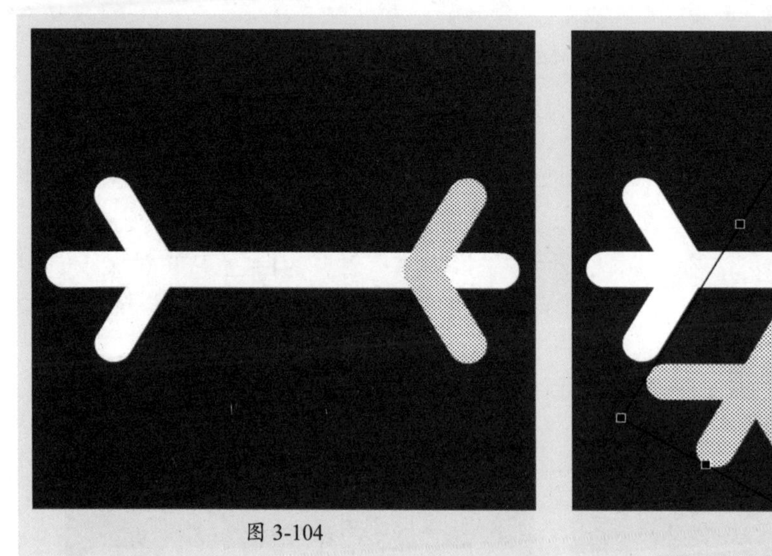

图 3-104

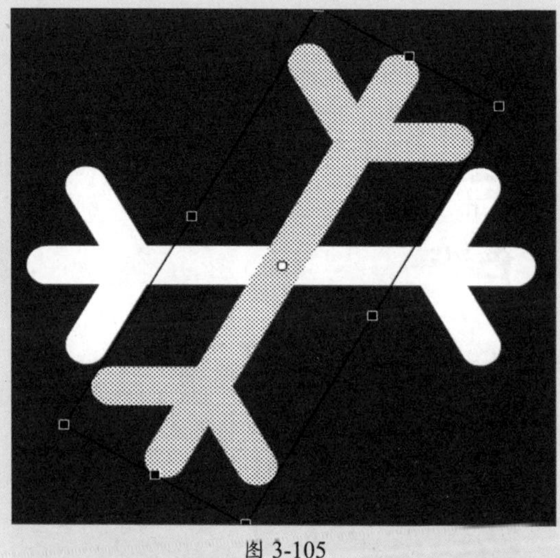

图 3-105

步骤 07 使用相同的方法，再次复制并旋转，如图3-106所示。

步骤 08 选中所有线条，执行“修改”|“形状”|“将线条转换为填充”命令，将线条转换为填充，如图3-107所示。

图 3-106

图 3-107

步骤 09 选中转换后的填充对象，执行“修改”|“形状”|“柔化填充边缘”命令，在弹出的“柔化填充边缘”对话框中设置参数，如图3-108所示。

步骤 10 完成后单击“确定”按钮，效果如图3-109所示。

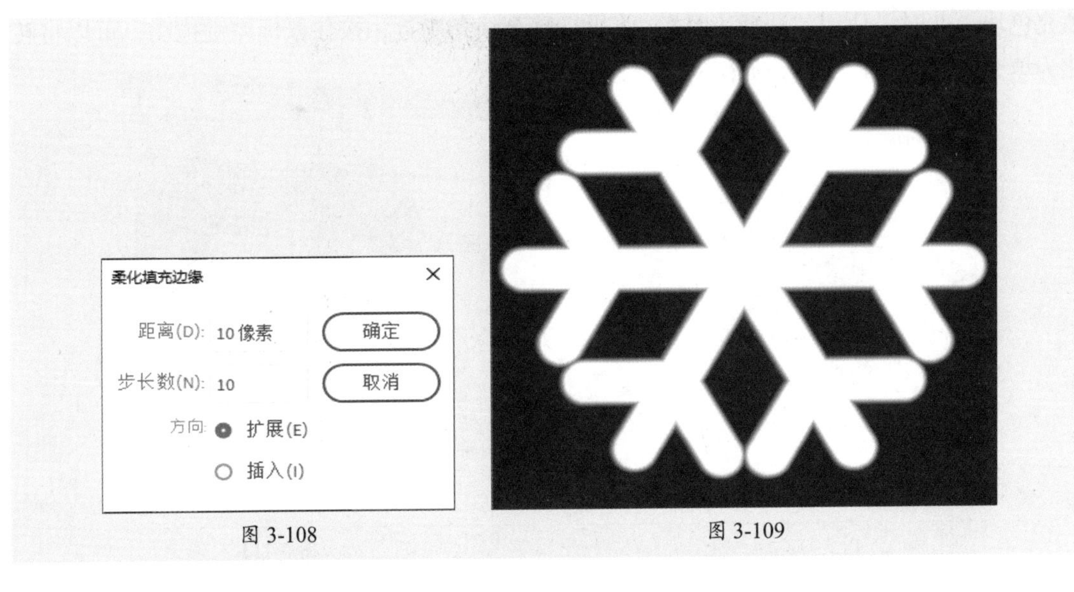

图 3-108　　图 3-109

至此，完成雪花造型的绘制。

3.5.2 优化曲线——优化线条

优化功能是通过改进曲线和填充的轮廓，减少用于定义这些元素的曲线数量来平滑曲线，同时该操作还可以减小文件的大小。

选中要优化的图形，执行“修改”|“形状”|“优化”命令，打开“优化曲线”对话框，如图3-110所示。在该对话框中设置参数并单击“确定”按钮，在打开的提示框中单击“确定”按钮即可，如图3-111所示。

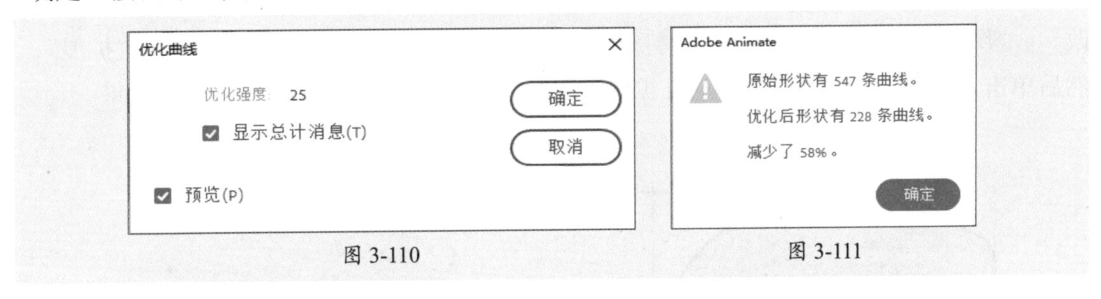

图 3-110　　图 3-111

“优化曲线”对话框中各选项的作用如下。

- **优化强度：**用于设置优化强度。
- **显示总计消息：**选中该复选框，在完成优化操作时，将弹出提示框。

3.5.3 将线条转换为填充——将线条转换为填充色块

“将线条转换为填充”命令可以将矢量线条转换为填充色块，方便用户编辑对象从而制作出更加活泼的效果，同时避免了传统动画线条粗细一致的现象，但缺点是文件体积会变大。

选中线条对象，执行“修改”|“形状”|“将线条转换为填充”命令，将外边线转换为

填充色块。此时，使用“选择工具”，将鼠标移至线条附近，按住鼠标左键拖动，可以将转化为填充的线条拉伸变形，如图3-112、图3-113所示。

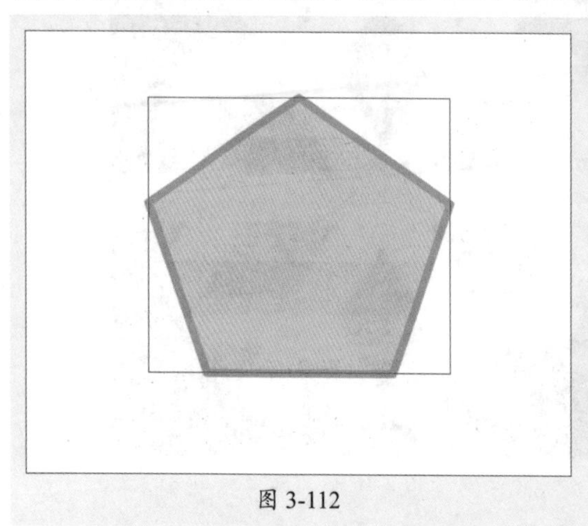
图 3-112

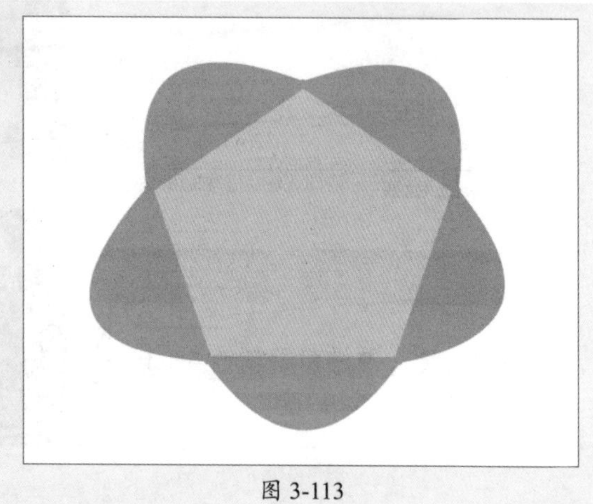
图 3-113

3.5.4 扩展填充——收缩或扩展对象

“扩展填充”命令可以向内收缩或向外扩展对象。执行“修改”|“形状”|“扩展填充”命令，打开“扩展填充”对话框，如图3-114所示。在该对话框中设置参数即可对所选图形的外观进行修改。

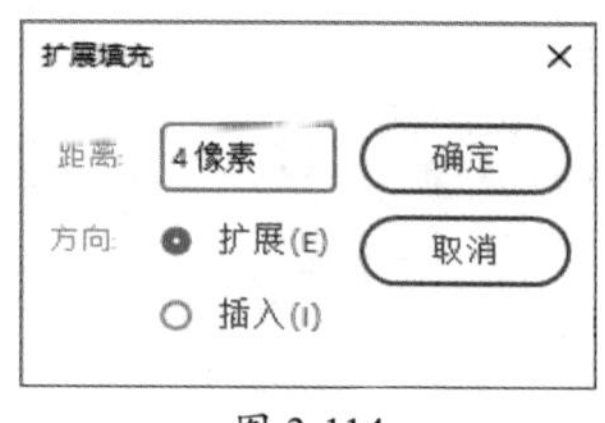

图 3-114

1. 扩展

扩展是指以图形的轮廓为界，向外扩展、放大填充。选中图形的填充颜色，执行“修改”|“形状”|“扩展填充”命令，打开“扩展填充”对话框，设置“方向”为“扩展”，然后单击“确定”按钮，填充色向外扩展。图3-115、图3-116所示为扩展前后的效果。

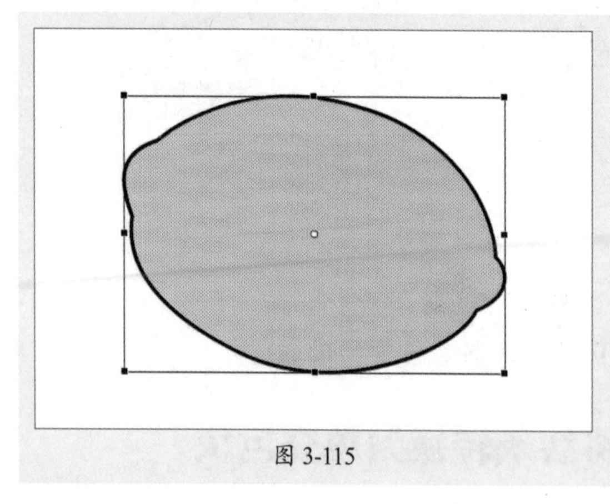
图 3-115

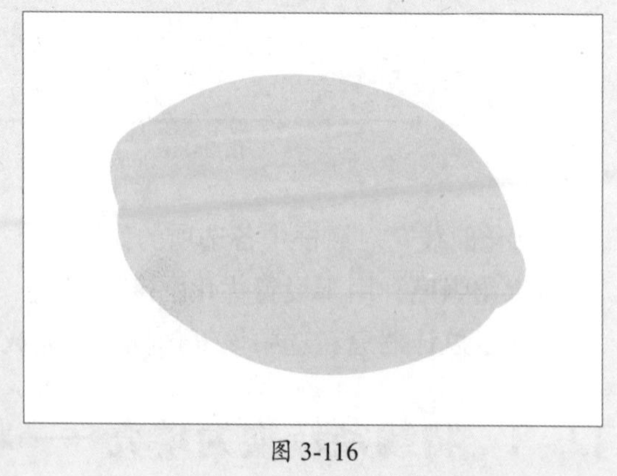
图 3-116

2. 插入

插入是指以图形的轮廓为界，向内收紧、缩小填充。选中图形的填充颜色，执行“修改”|“形状”|“扩展填充”命令，打开“扩展填充”对话框，设置“方向”为“插入”，然后单击“确定”按钮，填充色向内收缩。图3-117、图3-118所示为插入前后的效果。

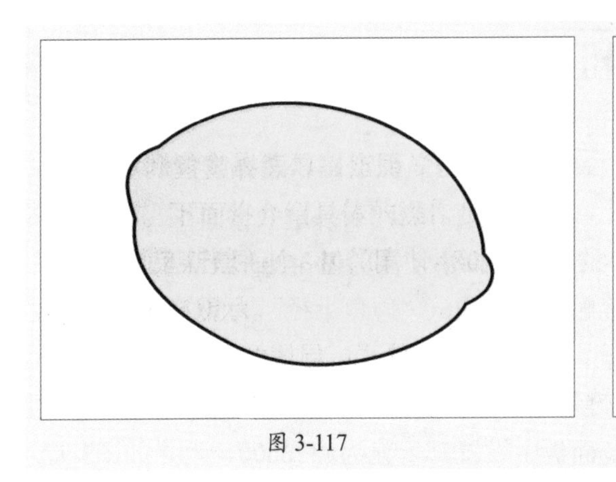
图 3-117

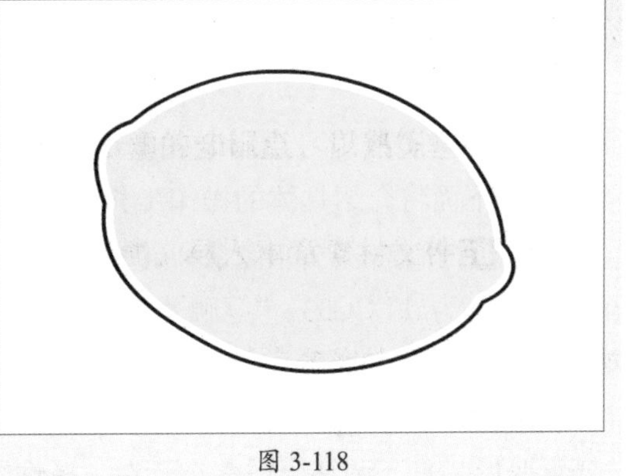
图 3-118

3.5.5 柔化填充边缘——羽化边缘

“柔化填充边缘”命令与“扩展填充”命令相似，都是对图形的轮廓进行放大或缩小填充。不同的是“柔化填充边缘”可以在填充边缘产生多个逐渐透明的图形层，形成边缘柔化的效果。执行“修改”|“形状”|“柔化填充边缘”命令，在弹出的“柔化填充边缘”对话框中设置参数，如图3-119所示。完成后单击“确定”按钮，效果如图3-120所示。

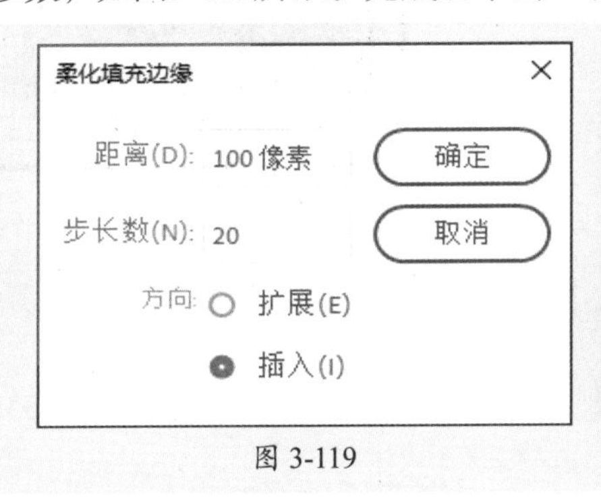

图 3-119

图 3-120

“柔化填充边缘”对话框中各选项的作用如下。

- **距离：** 用于设置边缘柔化的范围，单位为像素。值越大，柔化越宽。
- **步长数：** 用于设置柔化边缘生成的渐变层数。步长数越多，效果越平滑。
- **方向：** 用于设置边缘向内收缩或向外扩展。选中“扩展”单选按钮，则向外扩大柔化边缘；选中“插入”单选按钮，则向内缩小柔化边缘。

课堂实战 绘制老式电视机

本章课堂实战练习绘制老式电视机。综合练习本章的知识点，以熟练掌握和巩固素材的操作。下面将介绍具体的操作步骤。

步骤 01 新建一个600像素×600像素大小的空白文档。使用“基本矩形工具”绘制一个“填充”为#FFCC33、“笔触”为黑色、“笔触大小”为6、“边角半径”为50的基本矩形，如图3-121所示。

步骤 02 选中绘制的矩形，按Ctrl+C组合键复制，按Ctrl+Shift+V组合键原位粘贴，使用“任意变形工具”调整合适大小，在“属性”面板中设置其填充为#336600，效果如图3-122所示。

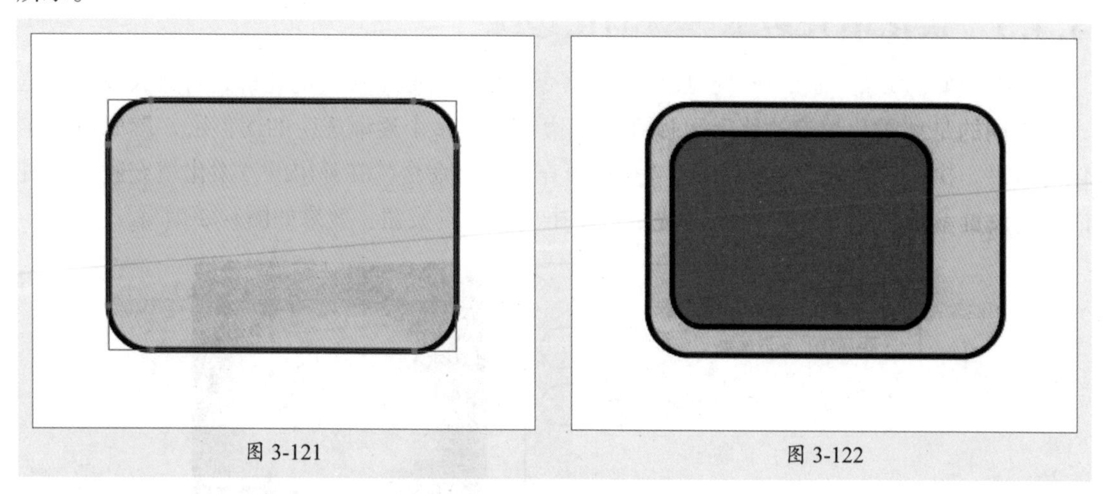

图 3-121　　图 3-122

步骤 03 按住Shift键，使用“基本椭圆工具”绘制一个“填充”为#FF3300、“笔触大小”为3的正圆，如图3-123所示。

步骤 04 选中绘制的正圆，按住Alt键向下拖动复制，效果如图3-124所示。选中所有对象，按Ctrl+G组合键编组。

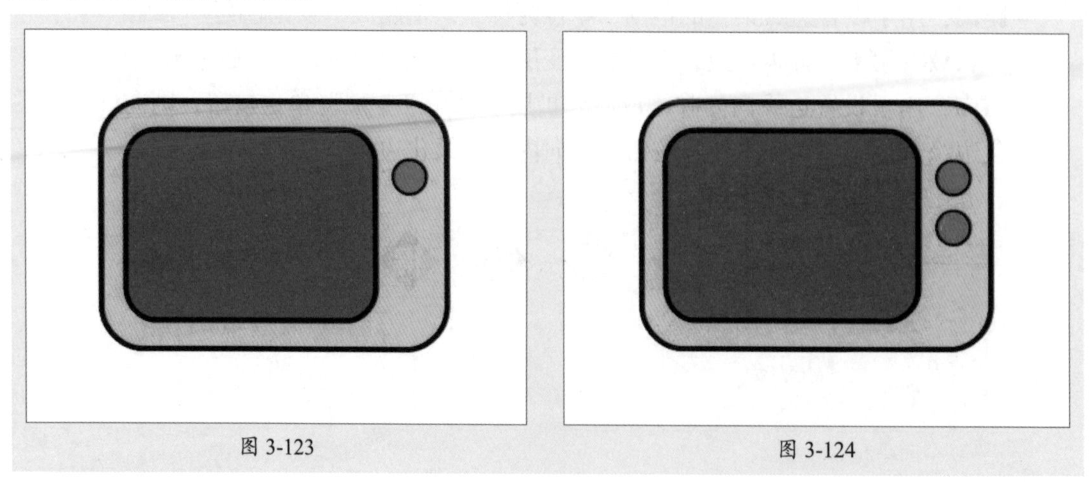

图 3-123　　图 3-124

步骤 05 继续使用“基本椭圆工具”绘制椭圆，在“属性”面板中设置“笔触大小”

为6，效果如图3-125所示。

步骤 06 选中新绘制的椭圆，按住Alt键向右拖动复制，如图3-126所示。

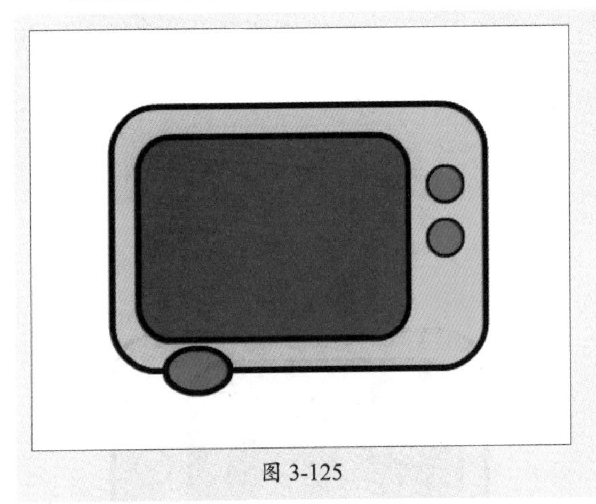
图 3-125

图 3-126

步骤 07 选中两个椭圆，按Ctrl+G组合键编组。执行“修改”|“排列”|“移至底层”命令，调整椭圆顺序，效果如图3-127所示。

图 3-127

步骤 08 继续使用“基本椭圆工具”绘制椭圆，并调整顺序，效果如图3-128所示。

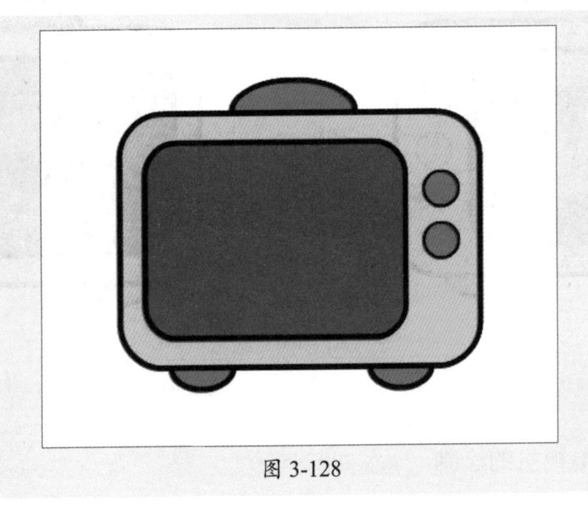
图 3-128

步骤 09 选中所有对象，执行“修改”|“对齐”|“水平居中”命令，调整对齐，如图3-129所示。

步骤 10 使用“线条工具”绘制直线段，使用“宽度工具”调整底端宽度，效果如图3-130所示。

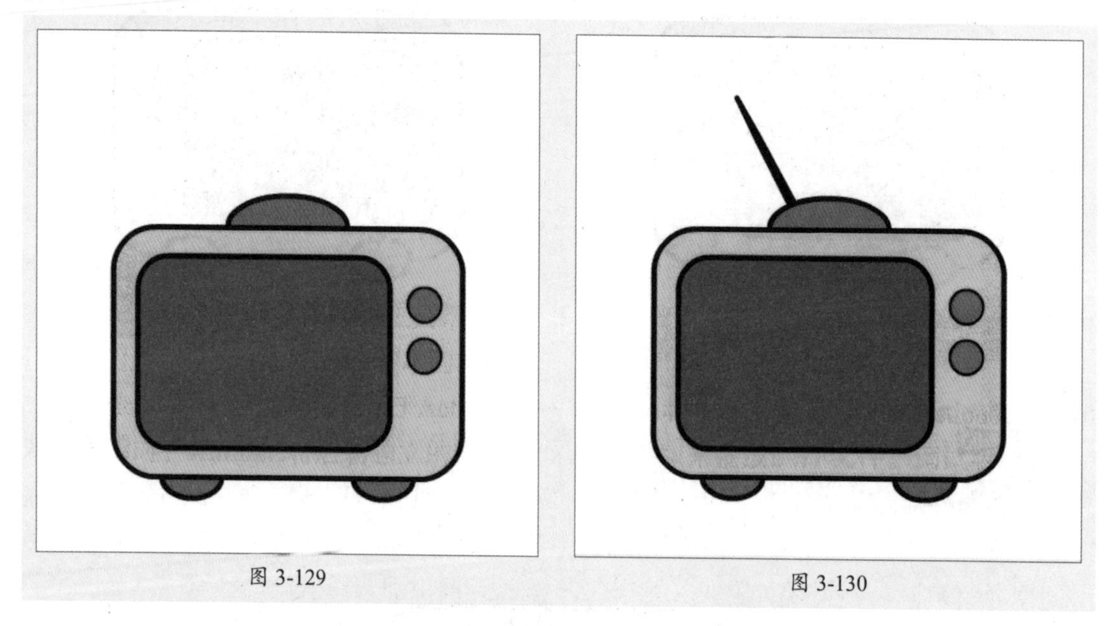

图 3-129　　图 3-130

步骤 11 使用“基本椭圆工具”绘制椭圆，在“属性”面板中设置其“笔触大小”为3，效果如图3-131所示。

步骤 12 选中调整后的线条和新绘制的椭圆，按Ctrl+C组合键复制，按Ctrl+Shift+V组合键粘贴。右击鼠标，在弹出的快捷菜单中执行“变形”|“水平翻转”命令，翻转选中的对象，并调整至合适位置，如图3-132所示。

图 3-131　　图 3-132

至此，完成老式电视机的绘制。

课后练习 绘制可爱表情

下面将综合本章学习的知识绘制可爱表情，如图3-133所示。

图 3-133

1. 技术要点

- 新建Animate文档，使用“椭圆工具”绘制椭圆。
- 选中椭圆下半部分，调整位置和大小。
- 绘制椭圆，填充腮红，柔化填充边缘。

2. 分步演示

本实例的分步演示效果如图3-134所示。

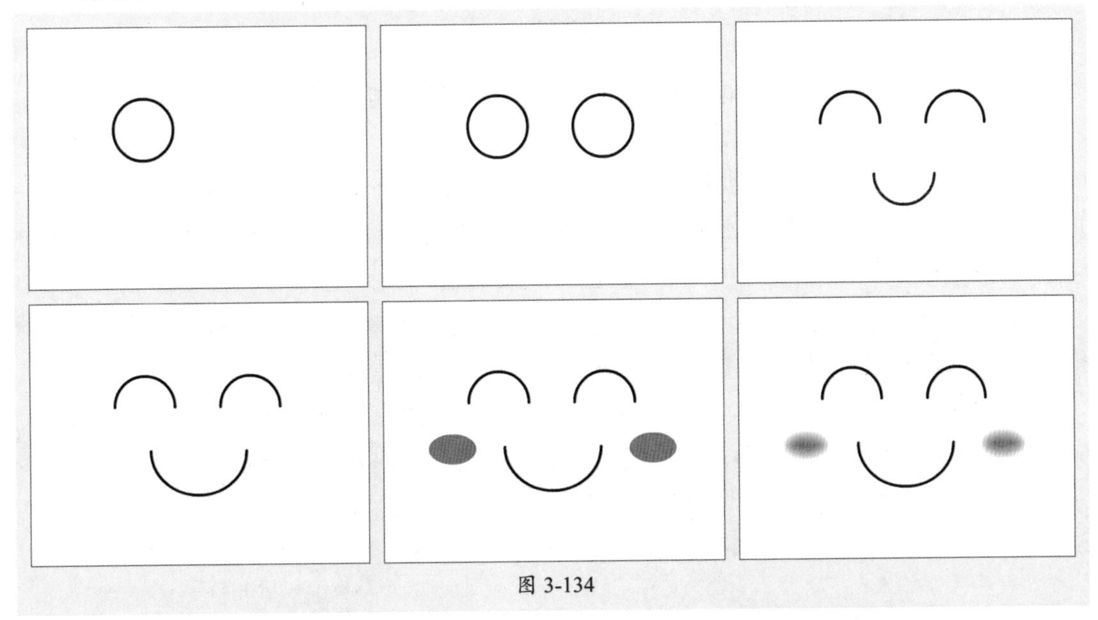

图 3-134

拓展赏析

二十四节气之夏季节气

夏季的节气包括立夏、小满、芒种、夏至、小暑和大暑等节气。该季节气温较高，光照充足的同时雨水也很丰沛，雨热同期，是农作物茁壮生长的季节。图3-135、图3-136所示为夏季的景象。

图 3-135

图 3-136

1）立夏

立夏标志着夏季的开始，该节气后气温升高，日照增加，万物进入生长旺季。但由于我国疆域辽阔，立夏时节只有南方部分地区可以看到夏季的景象。

2）小满

小满是夏季的第二个节气，其名称中的“满”一是指南方地区的雨水丰盈；二是指北方地区的小麦饱满程度。小满后南北方温差减小，我国大部分地区进入夏季。

3）芒种

芒种反映了节令变化，是种植农作物时机的分界点，芒种后种植作物的成活率会逐渐降低。其名称中的“芒”一是指稻、黍、稷等有芒的作物；二通忙，代表忙碌。“种”一指种子，二指播种。芒种正是南方种稻和北方收麦的时节。

4）夏至

夏至是北半球各地一年中白昼时间最长的一天，也是北回归线及其以北地区正午太阳高度最高的一天。夏至时气温高，但并未达到至高点。

5）小暑

小暑标志着盛夏的到来，其名称中的“暑”代表炎热。小暑后开始进入伏天，此期间阳光猛烈，高温潮湿多雨，有利于农作物的生长。

6）大暑

大暑是夏季最后一个节气，也是一年中天气最热、湿气最重的时节。大暑期间气候与小暑类似，但更为炎热，农作物在此期间生长最快。

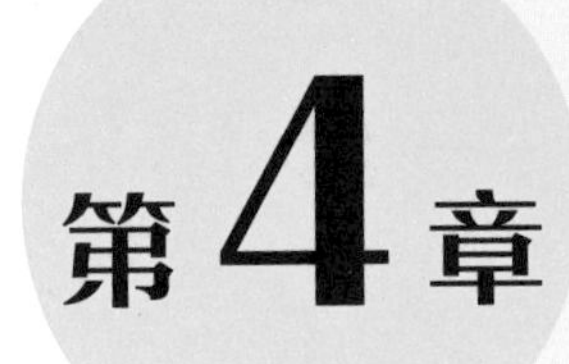

第4章

帧与图层

内容导读

帧、时间轴及图层是Animate制作动画必不可少的组成部分。本章将对时间轴的基础知识，选择帧、插入帧、移动帧、复制帧等帧的编辑操作，创建图层、选择图层、图层属性设置等图层的编辑操作进行讲解。

思维导图

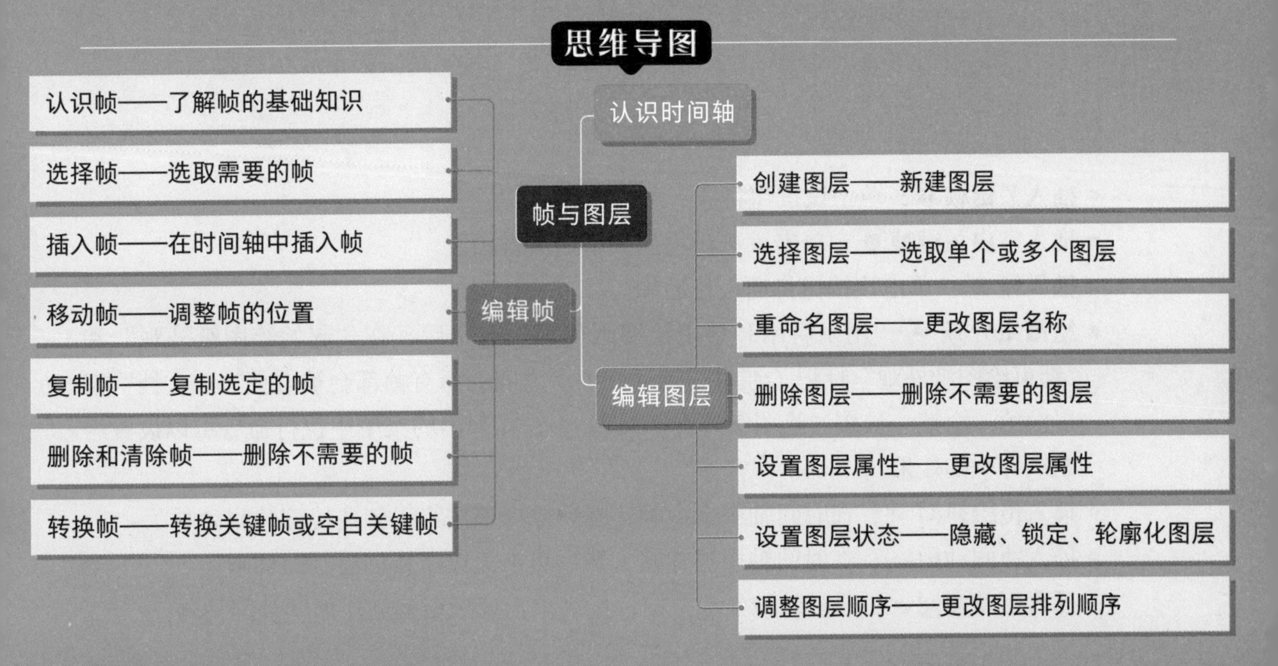

4.1 认识时间轴

时间轴可以组织和控制一定时间内的图层和帧中的文档内容，是创建Animate动画的核心组成部分。启动Animate软件后执行“窗口”|“时间轴”命令，或按Ctrl+Alt+T组合键即可打开“时间轴”面板，如图4-1所示。

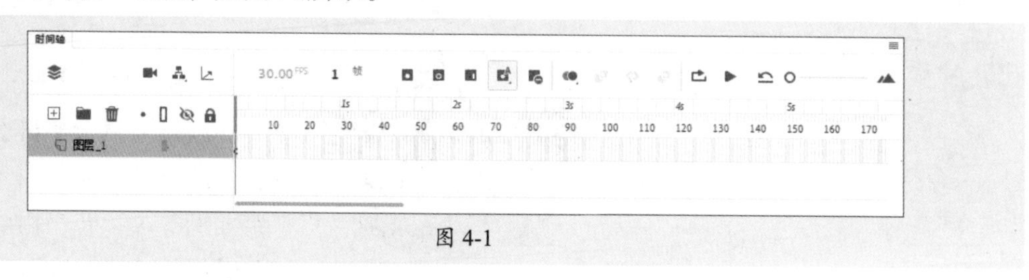

图 4-1

“时间轴”面板中部分常用选项的作用如下。

- **图层**：在不同的图层中放置对象，可以制作层次丰富、变化多样的动画效果。
- **播放头**：用于指示当前在舞台中显示的帧。
- **帧**：是Animate动画的基本单位，代表不同的时刻。
- **帧速率**：用于显示当前动画每秒钟播放的帧数。
- **仅查看现用图层**：用于切换多图层视图和单图层视图，单击即可切换。
- **添加/删除摄像头**：用于添加或删除摄像头。
- **显示/隐藏父级视图**：用于显示或隐藏图层的父子层次结构。
- **单击以调用图层深度面板**：单击该按钮将打开“图层深度”面板，以便修改列表中提供的现用图层的深度，如图4-2所示。

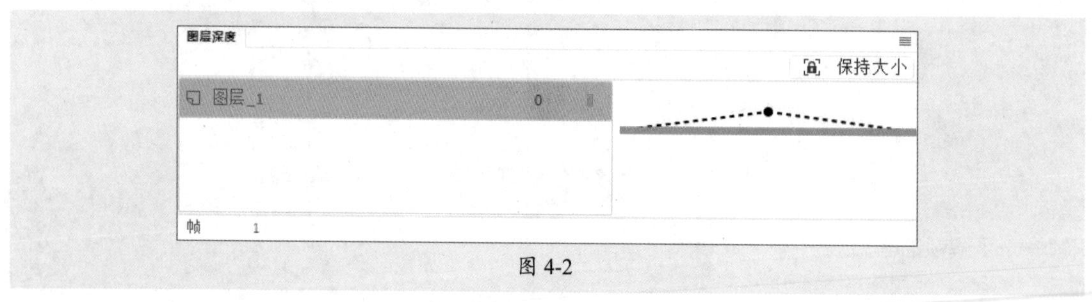

图 4-2

- **插入关键帧**：单击该按钮将插入关键帧。
- **插入空白关键帧**：单击该按钮将插入空白关键帧。
- **插入帧**：单击该按钮将插入普通帧。
- **绘图纸外观**：用于启用和禁用绘图纸外观。启用后，在“起始绘图纸外观”和“结束绘图纸外观”标记（在时间轴标题中）之间的所有帧都会被重叠为“文档”窗口中的一个帧。长按“绘图纸外观”按钮，在弹出的菜单中执行命令可以设置绘图纸外观的效果。
- **插入传统补间**：在时间轴中选择帧，然后单击该按钮将创建传统补间动画。
- **插入补间动画**：在时间轴中选择帧，然后单击该按钮将创建补间动画。
- **插入形状补间**：在时间轴中选择帧，然后单击该按钮将创建形状补间动画。

4.2 编辑帧

帧是动画制作的基础，是影像动画中的最小单位。在Animate软件中，一帧就是一幅静止的画面，连续的帧就形成了动画。本节将对帧的相关操作进行讲解。

4.2.1 案例解析——制作文字跳动效果

在学习编辑帧之前，先跟随以下步骤了解并熟悉，即通过关键帧制作文字跳动效果。

步骤 01 新建一个640像素×320像素大小的空白文档，在“属性”面板中设置舞台颜色为#FF9966，效果如图4-3所示。

步骤 02 使用“文字工具” T 在舞台中单击，输入文字，选中输入的文字，在“属性”面板中设置文字属性，效果如图4-4所示。

图 4-3

图 4-4

步骤 03 选中输入的文字，按Ctrl+B组合键将其分离，如图4-5所示。

步骤 04 选中“时间轴”面板中的第2帧，按F6键插入关键帧，选中第1个字母“A”，按Shift+↑组合键向上移动其位置，效果如图4-6所示。

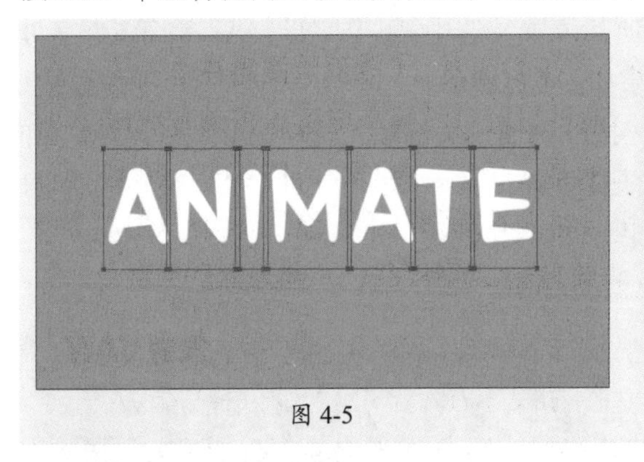

图 4-5

图 4-6

步骤 05 选中“时间轴”面板中的第3帧，按F6键插入关键帧，选中第1个字母“A”和第2个字母“N”，按Shift+↑组合键向上移动其位置，效果如图4-7所示。

步骤 06 选中“时间轴”面板中的第4帧，按F6键插入关键帧，选中第1个字母“A”，按Shift+↓组合键向下移动其位置，选中第2个字母“N”和第3个字母“I”，按Shift+↑组合键向上移动其位置，效果如图4-8所示。

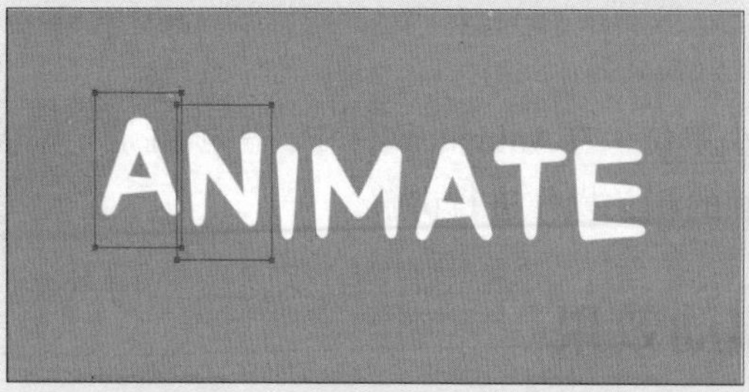

图 4-7

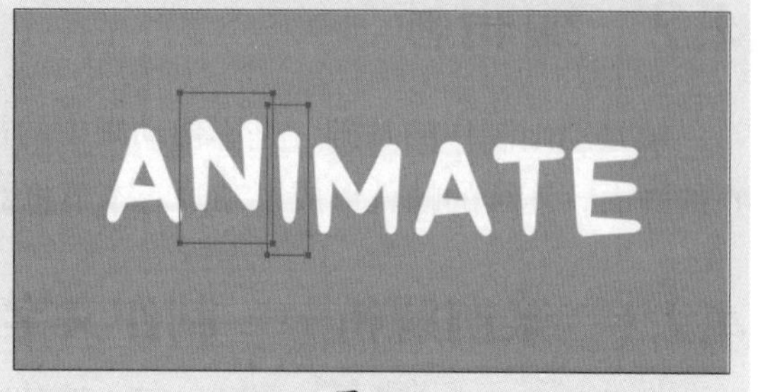

图 4-8

步骤 07 选中“时间轴”面板中的第5帧，按F6键插入关键帧，选中第1个字母“A”和第2个字母“N”，按Shift+↓组合键向下移动其位置，选中第3个字母“I”和第4个字母“M”，按Shift+↑组合键向上移动其位置，效果如图4-9所示。

步骤 08 选中“时间轴”面板中的第6帧，按F6键插入关键帧，选中第2个字母N和第3个字母“I”，按Shift+↓组合键向下移动其位置，选中第4个字母“M”和第5个字母“A”，按Shift+↑组合键向上移动其位置，效果如图4-10所示。

图 4-9

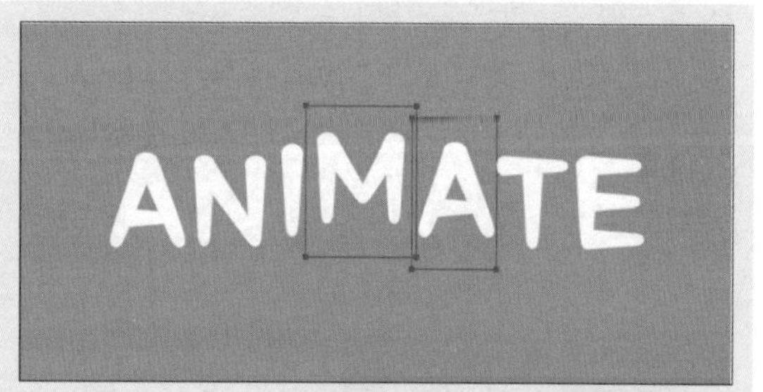

图 4-10

步骤 09 选中“时间轴”面板中的第7帧，按F6键插入关键帧，选中第3个字母“I”和第4个字母“M”，按Shift+↓组合键向下移动其位置，选中第5个字母“A”和第6个字母“T”，按Shift+↑组合键向上移动其位置，效果如图4-11所示。

步骤 10 选中“时间轴”面板中的第8帧，按F6键插入关键帧，选中第4个字母“M”和第5个字母“A”，按Shift+↓组合键向下移动其位置，选中第6个字母“T”和第7个字母“E”，按Shift+↑组合键向上移动其位置，效果如图4-12所示。

图 4-11

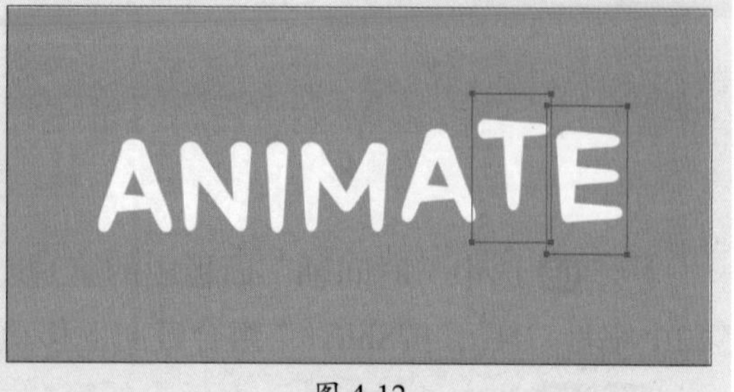

图 4-12

步骤 11 选中“时间轴”面板中的第9帧，按F6键插入关键帧，选中第5个字母“A”和第6个字母“T”，按Shift+↓组合键向下移动其位置，选中第7个字母“E”，按Shift+↑组合键向上移动其位置，效果如图4-13所示。

步骤 12 选中“时间轴”面板中的第10帧，按F6键插入关键帧，选中第6个字母“T”和第7个字母“E”，按Shift+↓组合键向下移动其位置，效果如图4-14所示。

图 4-13

图 4-14

步骤 13 选中“时间轴”面板中的第11帧，按F6键插入关键帧，选中第7个字母“E”，按Shift+↓组合键向下移动其位置，效果如图4-15所示。

步骤 14 按Ctrl+Enter组合键测试，效果如图4-16所示。

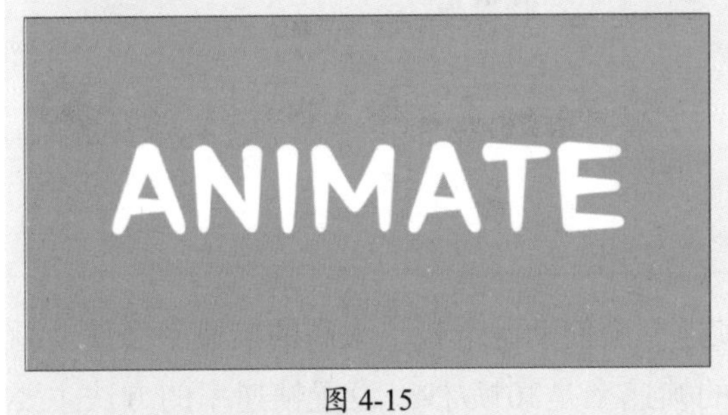

图 4-15

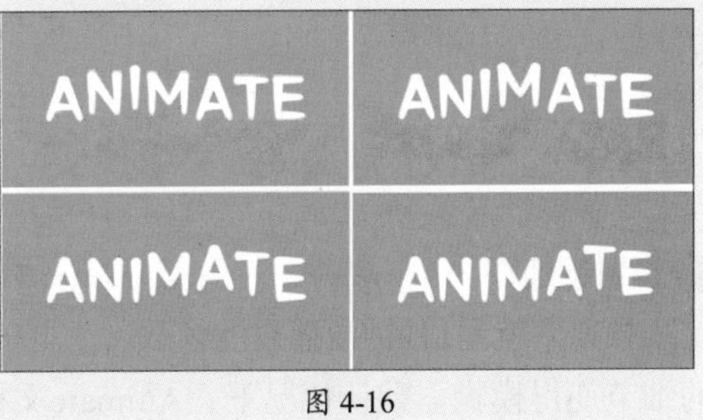

图 4-16

至此，完成文字跳动效果的制作。

4.2.2 认识帧——了解帧的基础知识

Animate制作动画离不开帧。下面将对帧的类型、显示状态等进行说明。

1. 帧的类型

Animate软件中的帧主要分为普通帧、关键帧和空白关键帧3种类型，如图4-17所示。

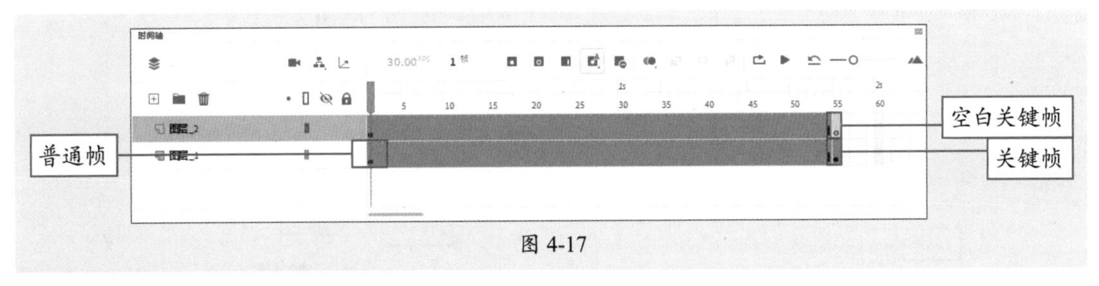

图 4-17

这3种帧的作用分别如下。

- **关键帧：** 关键帧是指在动画播放过程中，呈现关键性动作或内容变化的帧。关键帧定义了动画的变化环节。在时间轴中，关键帧以一个实心的小黑点来表示。

- **普通帧：**普通帧一般位于关键帧后面，其作用是延长关键帧中动画的播放时间，一个关键帧后的普通帧越多，该关键帧的播放时间越长。普通帧以灰色方格来表示。
- **空白关键帧：**这类关键帧在时间轴中以一个空心圆表示，该关键帧中没有任何内容。若在其中添加内容，将转变为关键帧。

2. 设置帧的显示状态

单击“时间轴”面板右上角的“菜单”按钮，在弹出的菜单中执行相应的命令，即可改变帧的显示状态。图4-18所示为弹出的菜单。

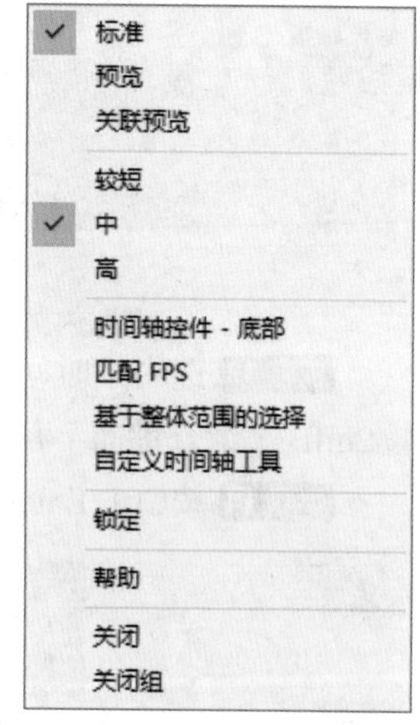

图 4-18

该菜单中部分常用选项的作用如下。

- **较短、中、高：**用于设置时间轴中的图层高度。
- **预览：**以缩略图的形式显示每帧的状态。
- **关联预览：**显示对象在各帧中的位置，有利于观察对象在整个动画过程中的位置变化。

3. 设置帧速率

帧速率就是1秒钟内播放的帧数。太低的帧速率会使动画卡顿，太高的帧速率会使动画的细节变得模糊。默认情况下，Animate文档的帧速率是30帧/秒。设置帧速率的方法主要有以下三种。

- 新建文档时在“新建文档”对话框中设置。
- 在“文档设置”对话框的“帧频”文本框中进行设置，如图4-19所示。
- 在“属性”面板中的FPS文本框中设置，如图4-20所示。

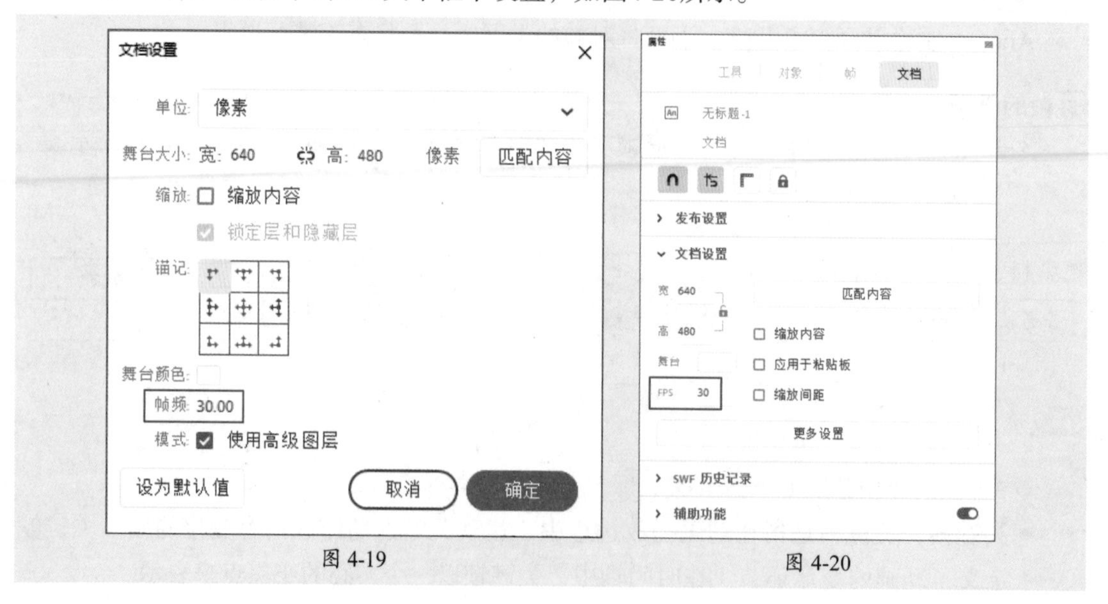

图 4-19　　图 4-20

4.2.3 选择帧——选取需要的帧

选中帧后才可以对其进行编辑。常用的选择帧的方法包括以下4种。

- 若要选中单个帧，只需在时间轴上单击要选中的帧即可，如图4-21所示。选中的帧呈蓝色高亮显示。

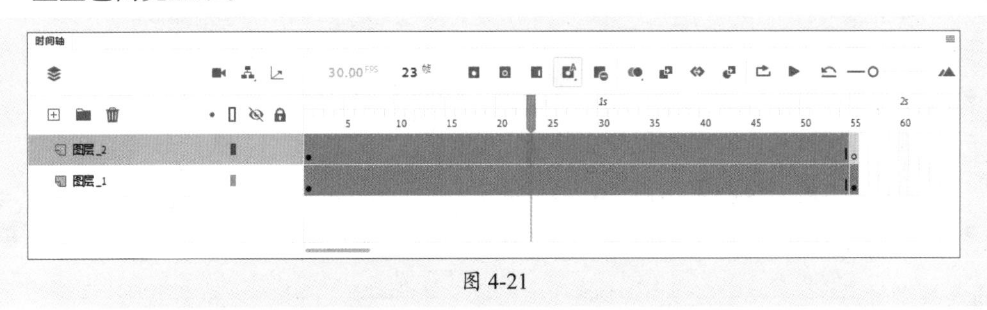

图 4-21

- 若要选择连续的多个帧，可以直接按住鼠标左键拖动，或先选择第一帧，然后按住Shift键单击最后一帧即可，如图4-22所示。

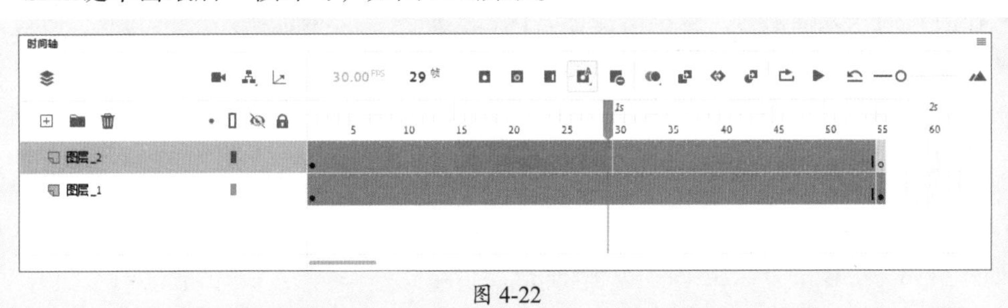

图 4-22

- 若要选择不连续的多个帧，按住Ctrl键依次单击要选择的帧即可，如图4-23所示。

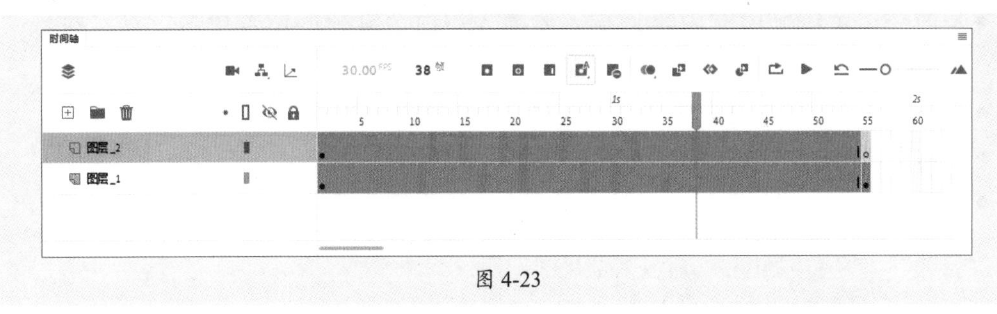

图 4-23

- 若要选择所有的帧，只需选择某一帧后右击鼠标，在弹出的快捷菜单中执行“选择所有帧”命令即可，如图4-24所示。

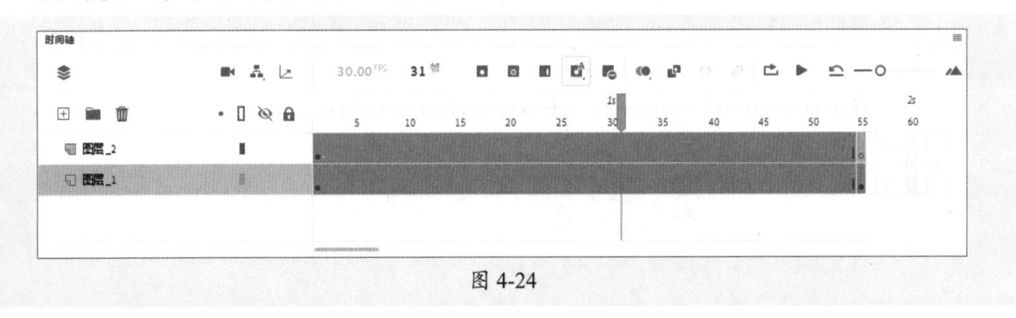

图 4-24

4.2.4 插入帧——在时间轴中插入帧

制作动画时，用户可以根据需要插入不同类型的帧。下面将对普通帧、关键帧以及空白关键帧的插入方法进行说明。

1. 插入普通帧

插入普通帧的方法主要有以下4种。

- 在需要插入帧的位置右击鼠标，在弹出的快捷菜单中执行“插入帧”命令。
- 在需要插入帧的位置单击鼠标，执行“插入”|“时间轴”|“帧”命令。
- 在需要插入帧的位置单击鼠标，按F5键。
- 在需要插入帧的位置单击鼠标，然后单击“时间轴”面板中的“插入帧”按钮。

2. 插入关键帧

插入关键帧的方法主要有以下4种。

- 在需要插入关键帧的位置右击鼠标，在弹出的快捷菜单中执行“插入关键帧”命令。
- 在需要插入关键帧的位置单击鼠标，执行“插入”|“时间轴”|“关键帧”命令。
- 在需要插入关键帧的位置单击鼠标，按F6键。
- 在需要插入关键帧的位置单击鼠标，然后单击“时间轴”面板中的“插入关键帧”按钮。

3. 插入空白关键帧

插入空白关键帧的方法主要有以下5种。

- 在需要插入空白关键帧的位置右击鼠标，在弹出的快捷菜单中执行“插入空白关键帧”命令。
- 若前一个关键帧中有内容，在需要插入空白关键帧的位置单击鼠标，执行“插入”|“时间轴”|“空白关键帧”命令。
- 若前一个关键帧中没有内容，直接插入关键帧即可得到空白关键帧。
- 在需要插入空白关键帧的位置单击鼠标，按F7键。
- 在需要插入空白关键帧的位置单击鼠标，然后单击“时间轴”面板中的“插入空白关键帧”按钮。

4.2.5 移动帧——调整帧的位置

移动帧可以重新调整时间轴上帧的顺序。选中要移动的帧，按住鼠标左键拖动至目标位置即可，如图4-25、图4-26所示。

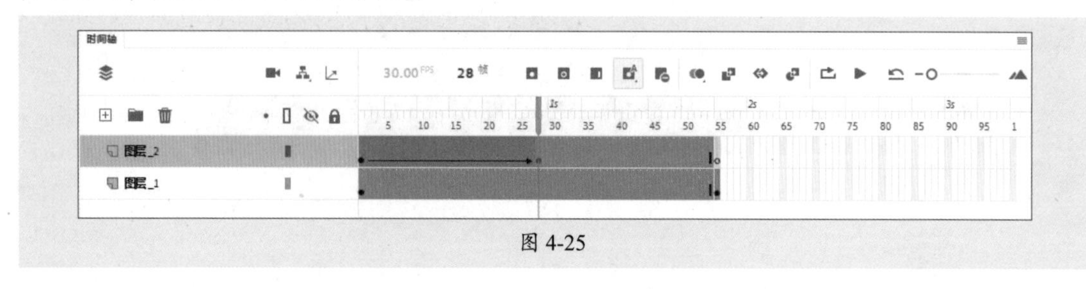

图 4-25

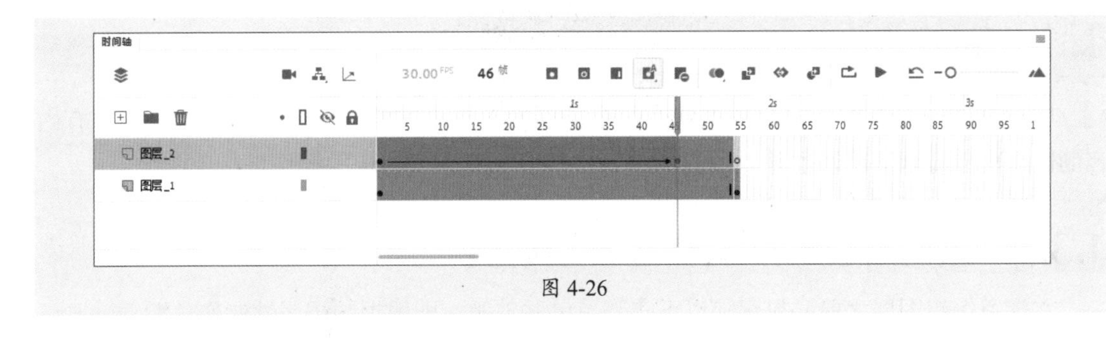

图 4-26

4.2.6 复制帧——复制选定的帧

复制粘贴帧可以得到内容完全相同的帧，常用的复制粘贴帧的方法有以下两种。

- 选中要复制的帧，按住Alt键拖曳至目标位置。
- 选中要复制的帧，右击鼠标，在弹出的快捷菜单中执行“复制帧”命令，移动鼠标至目标位置，右击鼠标，在弹出的快捷菜单中执行“粘贴帧”命令。

4.2.7 删除和清除帧——删除不需要的帧

删除和清除帧都可用于处理文档中不需要的帧。区别在于删除帧可以将帧删除；而清除帧只清除帧中的内容，将选中的帧转换为空白帧，不删除帧。

1. 删除帧

选中要删除的帧，右击鼠标，在弹出的快捷菜单中执行“删除帧”命令或按Shift+F5组合键，即可将帧删除。

2. 清除帧

选中要清除的帧，右击鼠标，在弹出的快捷菜单中执行“清除帧”命令，即可清除帧中的内容。

操作提示

选中关键帧后右击鼠标，在弹出的快捷菜单中执行“清除关键帧”命令或按Shift+F6组合键，可将选中的关键帧转化为普通帧。

4.2.8 转换帧——转换关键帧或空白关键帧

在Animate中，用户可以根据需要将帧转换为关键帧或空白关键帧。转换方法如下。

- **转换为关键帧：** 选中要转换为关键帧的帧，右击鼠标，在弹出的快捷菜单中执行“转换为关键帧”命令或按F6键，即可将选中的帧转换为关键帧。
- **转换为空白关键帧：** “转换为空白关键帧”命令可以将当前帧转换为空白关键帧，并删除该帧以后的帧中的内容。选中需要转换为空白关键帧的帧，右击鼠标，在弹出的快捷菜单中执行“转换为空白关键帧”命令或按F7键，即可将选中的帧转换为空白关键帧。

4.3 编辑图层

图层类似于堆叠在一起的玻璃片，每个图层上具有不同的内容，透过上层图层没有内容的区域可以看到下层图层相同位置的内容。本节将对图层的相关操作进行说明。

4.3.1 案例解析——制作鱼游动动画

在学习编辑图层之前，先跟随以下步骤了解并熟悉，即根据图层属性制作鱼游动动画。

步骤 01 打开本章素材文件，双击修改“图层_1”的名称为“海底”，如图4-27所示。

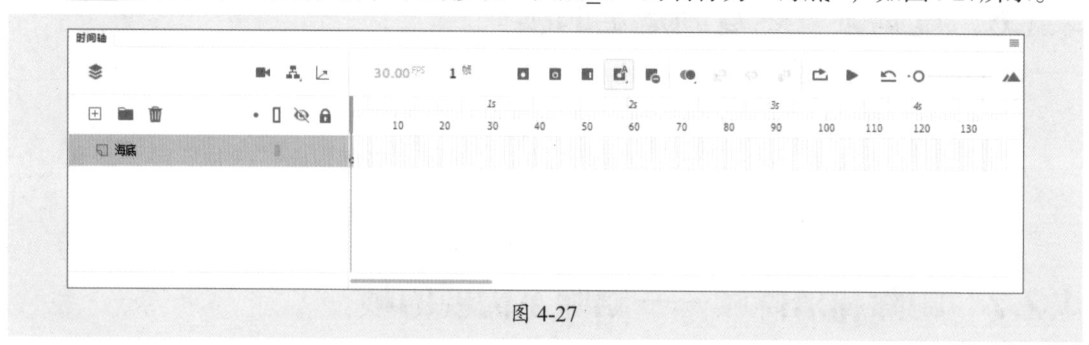

图 4-27

步骤 02 将“库”面板中的“海底.jpg”素材拖曳至舞台中，如图4-28所示。

步骤 03 单击“时间轴”面板中的“新建图层”按钮⊞，新建图层并修改其名称为“鱼”，将“库”面板中的“鱼”影片剪辑元件拖曳至舞台中合适的位置，并调整大小，如图4-29所示。

图 4-28

图 4-29

步骤 04 新建“游动路线”图层，使用铅笔工具在舞台中绘制线条，如图4-30所示。

步骤 05 选中“游动路线”图层，右击鼠标，在弹出的快捷菜单中执行“属性”命令，打开“图层属性”对话框，设置“类型”为“引导层”，如图4-31所示。

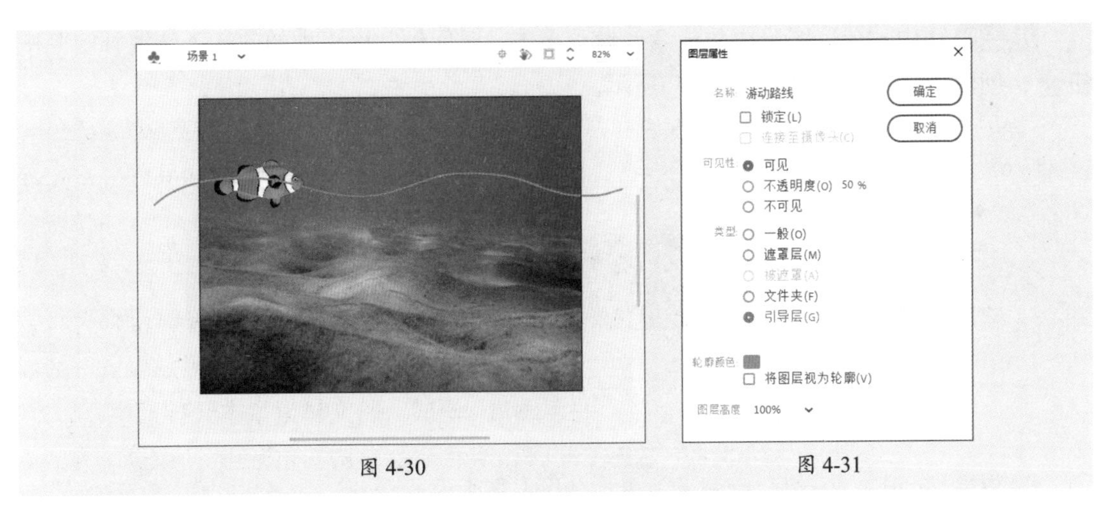

图 4-30　　图 4-31

步骤 06 完成后单击“确定”按钮，将“游动路线”图层更改为引导层，并拖曳“鱼”图层至“游动路线”图层下方，将其更改为被引导层，如图4-32所示。

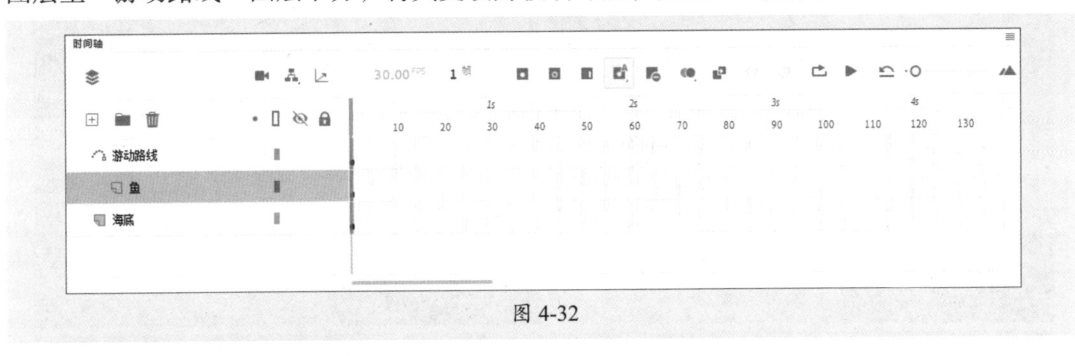

图 4-32

步骤 07 在第1帧处修改舞台中鱼的位置，使其中心点位于引导层线条起点处，如图4-33所示。

步骤 08 在“游动路线”图层和“海底”图层的第150帧，按F5键插入帧，在“鱼”图层的第150帧，按F6键插入关键帧，移动舞台中的鱼至引导层线条终点处，如图4-34所示。

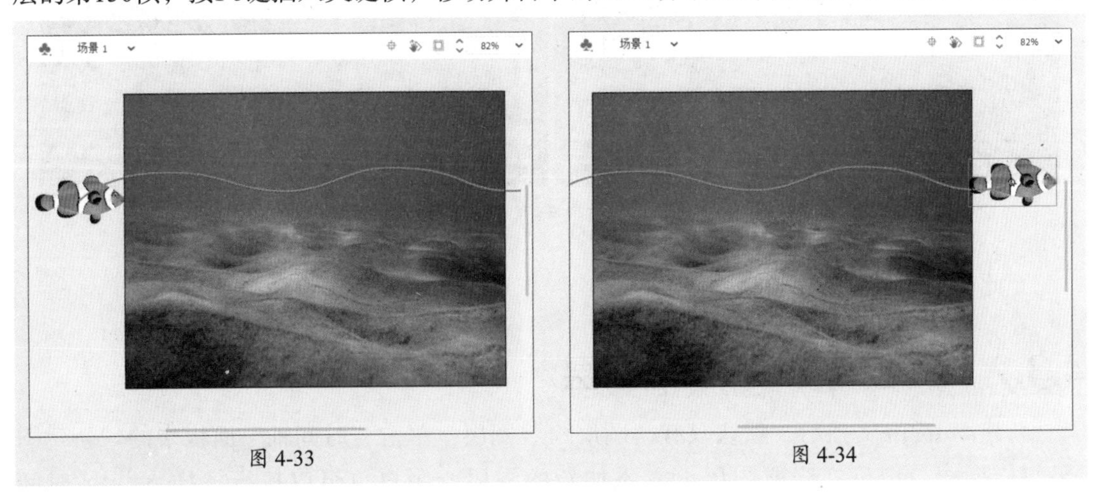

图 4-33　　图 4-34

步骤 09 选中“鱼”图层中的任意一帧，单击“时间轴”面板中的“插入传统补间”按钮，创建传统补间动画，如图4-35所示。

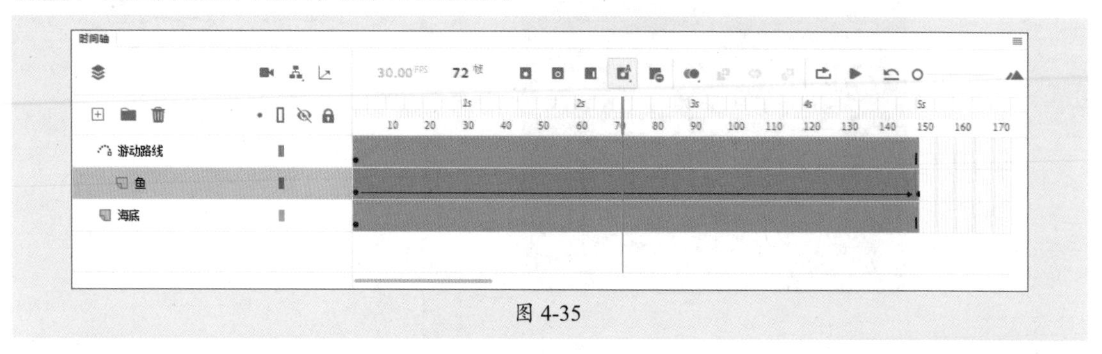

图 4-35

步骤 10 按Ctrl+Enter组合键测试效果，如图4-36所示。

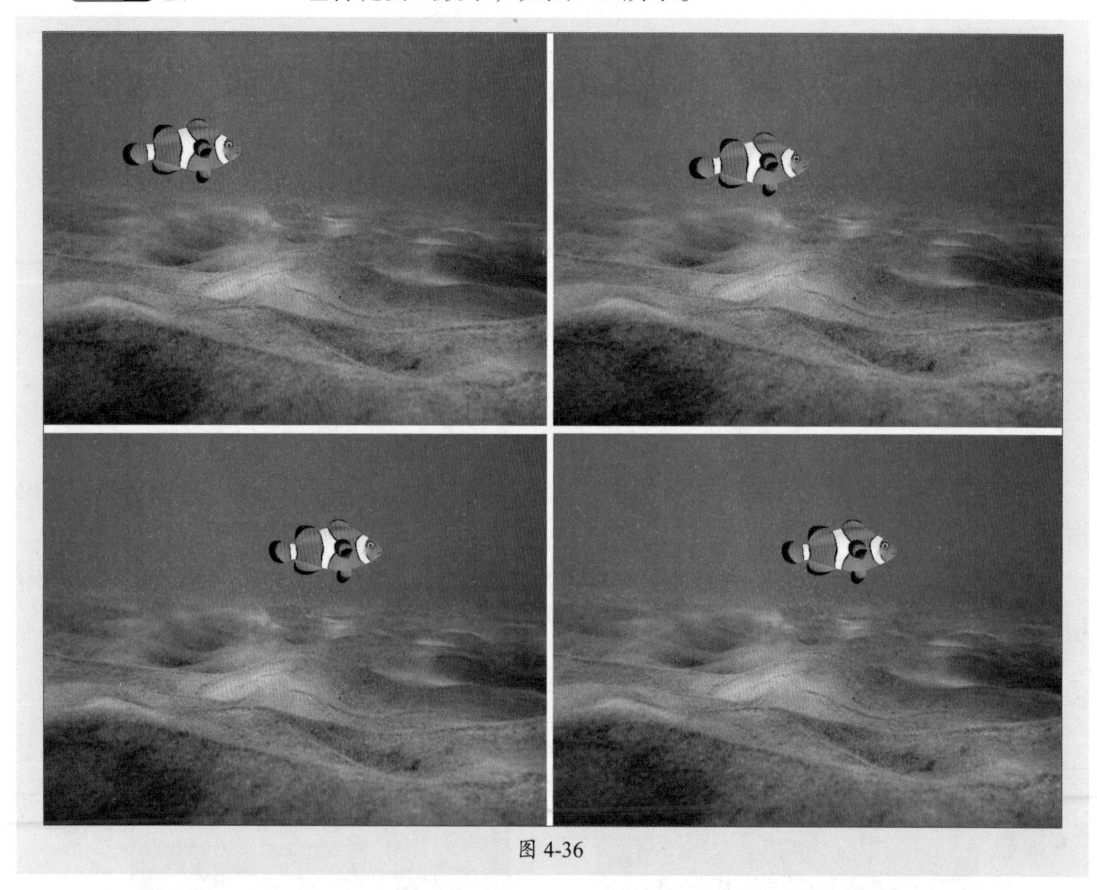

图 4-36

至此，完成鱼游动动画的制作。

4.3.2 创建图层——新建图层

新建Animate文档后，默认只有“图层_1”图层。单击“时间轴”面板中的“新建图层”按钮，即可在当前图层上方添加新的图层。用户也可以执行“插入”|“时间轴”|“图层”命令创建新图层。默认情况下，新创建的图层将按照图层_1、图层_2、图层_3的顺序命名，如图4-37所示。

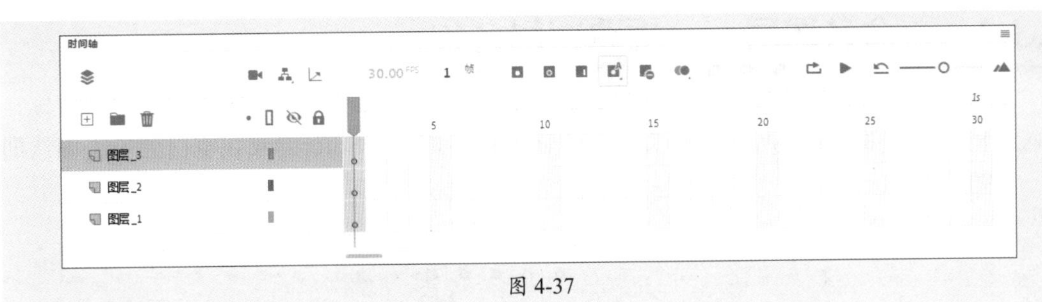

图 4-37

操作提示

选中时间轴中的图层，右击鼠标，在弹出的快捷菜单中执行“插入图层”命令，将在选中图层的上方新建图层。

4.3.3 选择图层——选取单个或多个图层

选中图层后才可对其进行编辑。下面将对单个图层和多个图层的选择方法进行介绍。

1. 选择单个图层

选择单个图层有以下3种方法。

- 在“时间轴”面板中单击图层名称，即可将其选择。
- 选择“时间轴”面板中的帧，即可选择该帧所对应的图层。
- 在舞台上单击要选择图层中所含的对象，即可选择该图层。

2. 选择多个图层

按住Shift键在要选中的第一个图层和最后一个图层上单击，即可选中这两个图层之间的所有图层，如图4-38所示；按住Ctrl键单击要选中的图层，可以选择多个不相邻的图层，如图4-39所示。

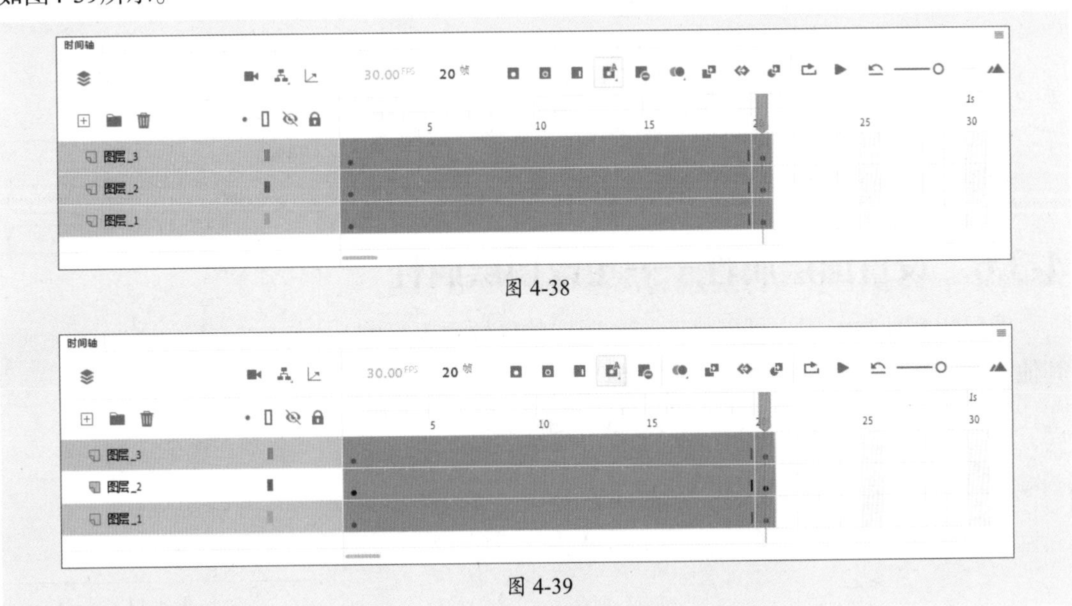

图 4-38

图 4-39

4.3.4 重命名图层——更改图层名称

重命名图层可以使图层更具辨识度，方便管理。双击“时间轴”面板中的图层名称，进入编辑状态，如图4-40所示。在文本框中输入新名称，按Enter键或在空白处单击确认即可，如图4-41所示。

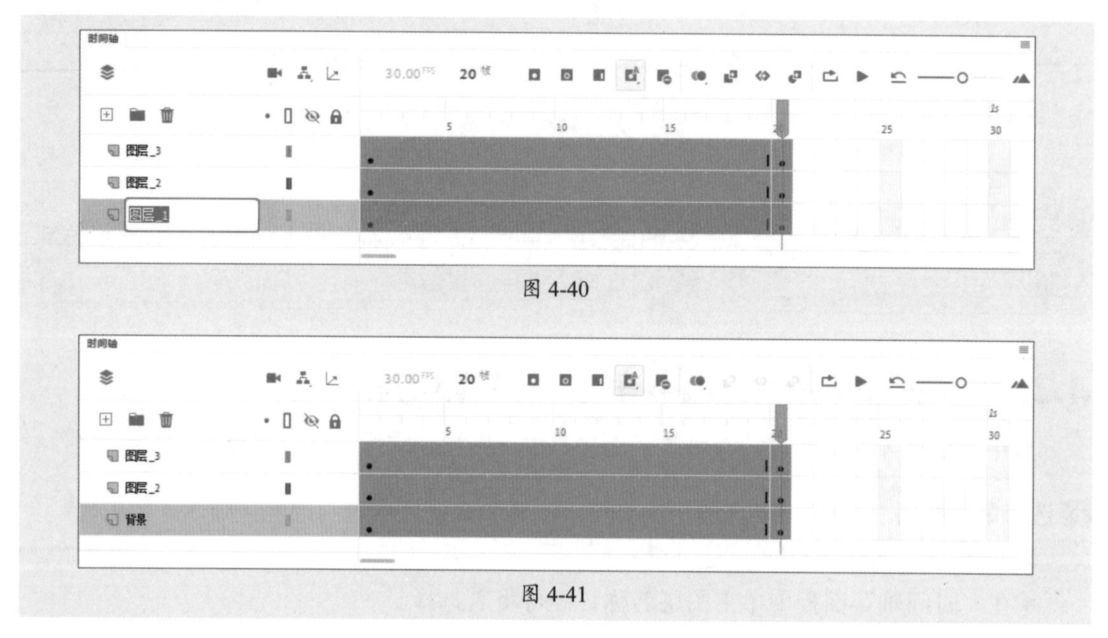

图 4-40

图 4-41

> **操作提示**
>
> 选中图层后右击鼠标，在弹出的快捷菜单中执行“属性”命令，打开“图层属性”对话框，在该对话框中同样可以修改图层名称。

4.3.5 删除图层——删除不需要的图层

对于不需要的图层，可以将其删除。Animate中常用的删除图层的方法有以下3种。

- 选中图层后右击鼠标，在弹出的快捷菜单中执行“删除图层”命令。
- 选中图层后单击“时间轴”面板中的“删除”按钮🗑。
- 将要删除的素材拖曳至“删除”按钮🗑上。

4.3.6 设置图层属性——更改图层属性

图层相互独立，用户可以修改一个图层的属性而不影响其他图层。选中图层后右击鼠标，在弹出的快捷菜单中执行“属性”命令，打开“图层属性”对话框，如图4-42所示。

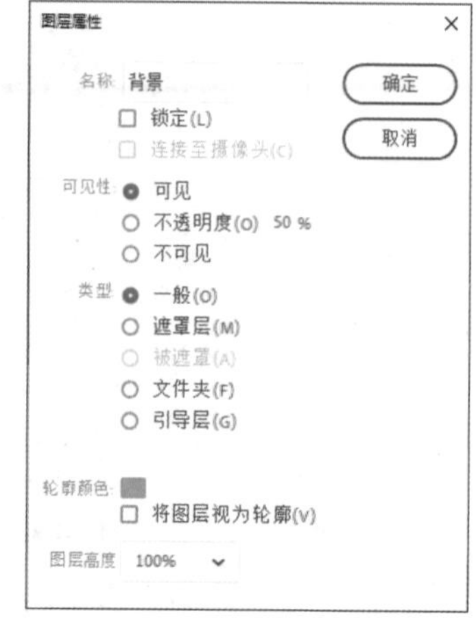

图 4-42

“图层属性”对话框中部分选项的作用如下。

- **名称：**用于设置图层的名称。
- **锁定：**选中该复选框将锁定图层；若取消选中该复选框，则可以解锁图层。
- **可见性：**用于设置图层是否可见。若选择“可见”选项，则显示图层；若选择“不可见”选项，则隐藏图层；若选择“不透明度”选项，则可以设置图层的不透明度。默认选择“可见”选项。
- **类型：**用于设置图层类型，包括“一般”“遮罩层”“被遮罩”“文件夹”和“引导层”5种。若选择“一般”选项，则默认为普通图层；若选择“遮罩层”选项，则会将该图层创建为遮罩图层；若选择“被遮罩”选项，则该图层与上面的遮罩层建立链接关系，成为被遮罩层，该选项只有在选择遮罩层下面一层时才可用；若选择“文件夹”选项，则会将图层转化为图层文件夹；若选择“引导层”选项，则会将当前图层设为引导层。默认为“一般”选项。
- **轮廓颜色：**用于设置图层轮廓颜色。
- **将图层视为轮廓：**选中该复选框后图层中的对象将以线框模式显示。
- **图层高度：**用于设置图层的高度。

4.3.7 设置图层状态——隐藏、锁定、轮廓化图层

“时间轴”面板可以控制图层的隐藏、显示、锁定等。下面将对此进行说明。

1. 突出显示图层

突出显示图层可以使图层以轮廓颜色突出显示，便于用户标注重点图层。单击“时间轴”面板中图层名称右侧的“突出显示图层”按钮，即可使该图层以轮廓颜色显示，如图4-43所示。再次单击可取消突出显示。

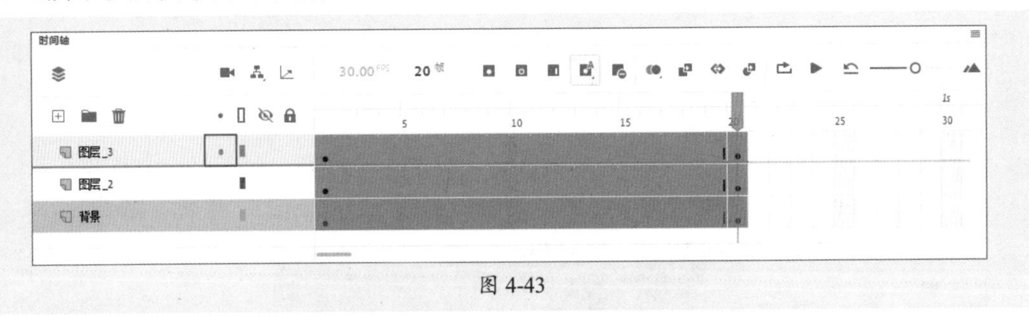

图 4-43

操作提示

单击“突出显示图层”按钮，可将所有图层突出显示，再次单击可恢复默认效果。每个图层突出显示的颜色与其轮廓颜色一致。

2. 显示图层的轮廓

当某个图层中的对象被另外一个图层中的对象所遮盖时，可以使上层图层处于轮廓显示状态，以便对当前图层进行编辑。图层处于轮廓显示状态时，舞台中的对象只显示其外

轮廓。单击图层中的“轮廓显示”按钮▮，即可使该图层中的对象以轮廓方式显示，如图4-44所示。再次单击该按钮，可恢复图层中对象的正常显示，如图4-45所示。

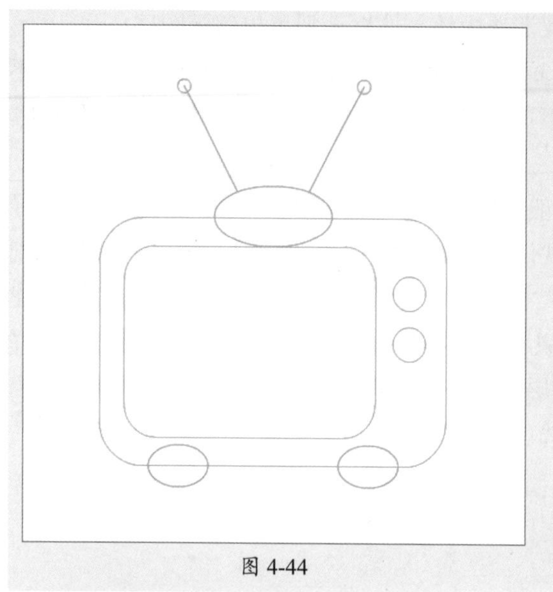

图 4-44

图 4-45

操作提示

单击“将所有图层显示为轮廓”按钮▯，可将所有图层上的对象显示为轮廓，再次单击可恢复显示。每个对象的轮廓颜色和其所在图层右侧的“将对象显示为轮廓”▮图标的颜色一致。

3. 显示与隐藏图层

用户可以根据需要控制图层的隐藏与显示，隐藏状态下的图层不可见也不能被编辑，完成编辑后可以再将隐藏的图层显示出来。单击图层名称右侧隐藏栏中的图标即可隐藏图层，隐藏的图层上将标记一个图标，如图4-46所示。再次单击隐藏栏中标记的图标，将显示图层。

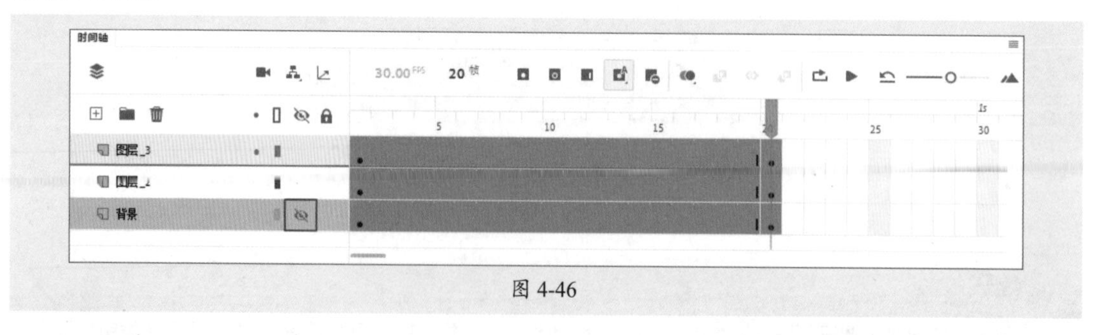

图 4-46

操作提示

单击“显示或隐藏所有图层”按钮，可以将所有的图层隐藏，再次单击则显示所有图层。

4. 锁定与解锁图层

图层被锁定后不能对其进行编辑，但可在舞台中显示。单击图层名称右侧锁定栏中的

🔒图标即可锁定图层，锁定的图层上将标记一个🔒图标，如图4-47所示。再次单击锁定栏中标记的图标将解锁图层。

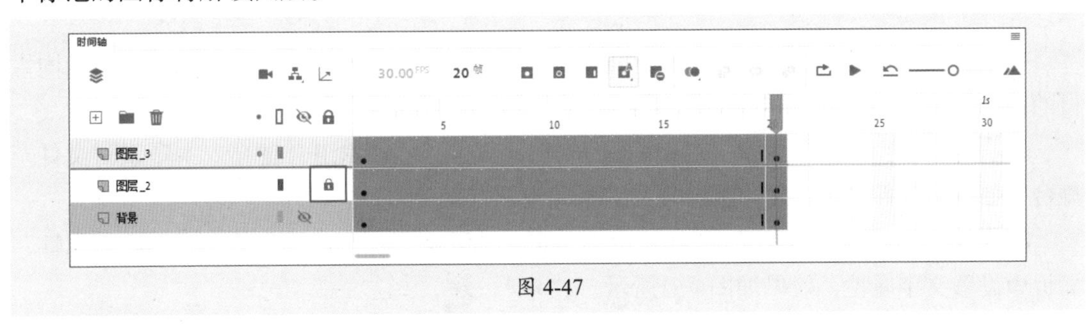

图 4-47

操作提示

单击“锁定或解除锁定所有图层”按钮🔒，可对所有图层进行锁定与解锁的操作。

4.3.8 调整图层顺序——更改图层排列顺序

图层顺序影响舞台中对象的显示。用户可以根据需要调整图层顺序，以满足制作需要。选择需要移动的图层，按住鼠标左键拖动至合适的位置后释放鼠标，即可将图层移动到新的位置，如图4-48、图4-49所示。

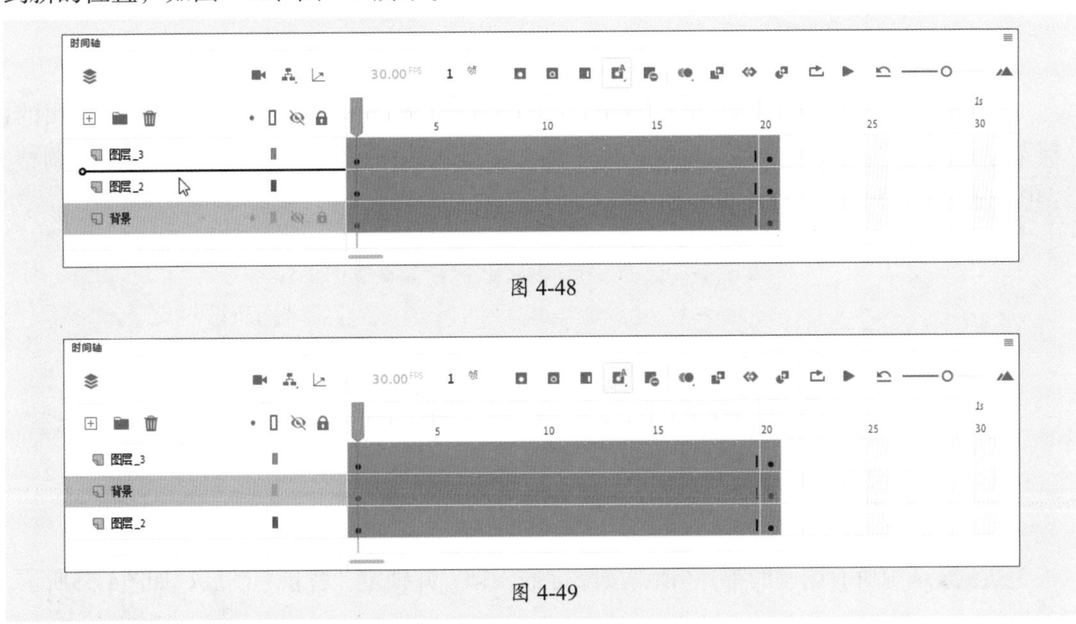

图 4-48

图 4-49

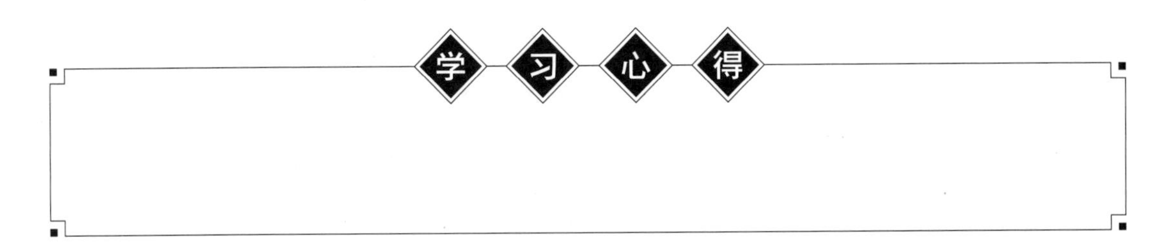

课堂实战 制作文字弹出动画

本章课堂实战练习制作文字弹出动画。综合练习本章的知识点，以熟练掌握和巩固素材的操作。下面将介绍具体的操作步骤。

步骤 01 新建一个640像素×480像素的空白文档，按Ctrl+R组合键导入本章素材文件至舞台，如图4-50所示。修改“图层_1”的名称为“背景”。

步骤 02 使用“文字工具” T 在舞台中单击，输入文字，选中输入的文字，在“属性”面板中设置文字属性，效果如图4-51所示。

图 4-50

图 4-51

步骤 03 选中输入的文字，按Ctrl+B组合键将其分离。在舞台中右击鼠标，在弹出的快捷菜单中执行“分散到图层”命令，将单个文字分散到图层，在“时间轴”面板中调整文字图层位于“背景”图层上方，如图4-52所示。

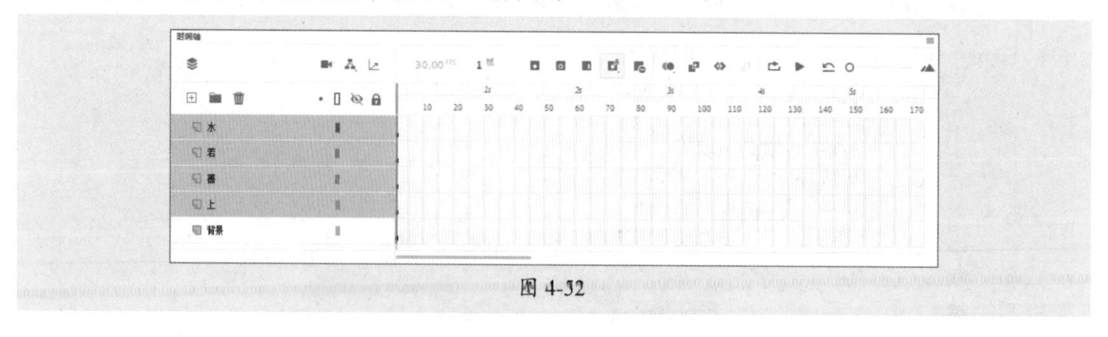

图 4-52

步骤 04 选中所有图层的第150帧，按F5键插入帧，并锁定“背景”图层，如图4-53所示。

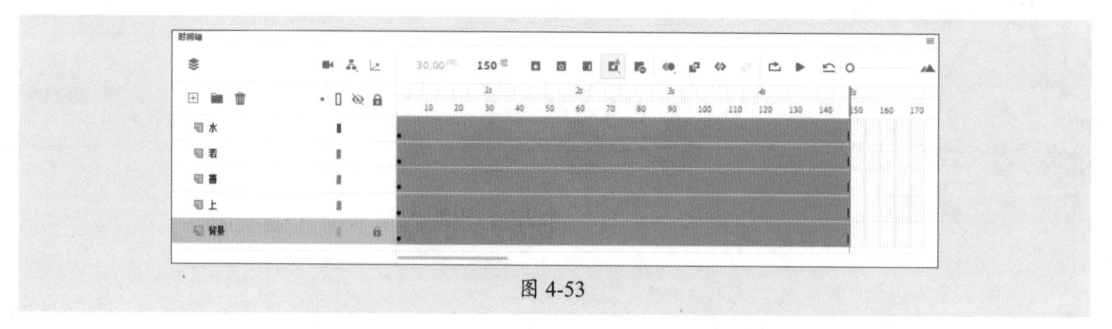

图 4-53

步骤 05 移动播放头至第1帧，选中舞台中的“上”字，按F8键打开“转换为元件”对话框，将“上”字转换为图形元件，如图4-54所示。

步骤 06 使用相同的方法将另外三个文字转换为图形元件，分别如图4-55、图4-56、图4-57所示。

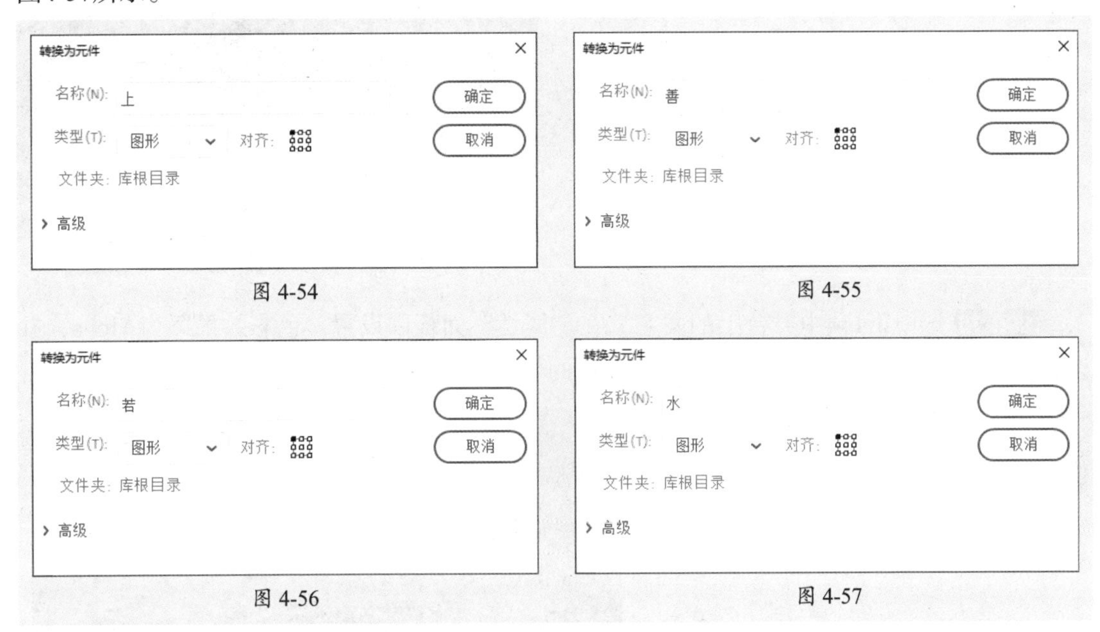

图 4-54

图 4-55

图 4-56

图 4-57

步骤 07 在文字图层的第25帧和第30帧按F6键插入关键帧，如图4-58所示。

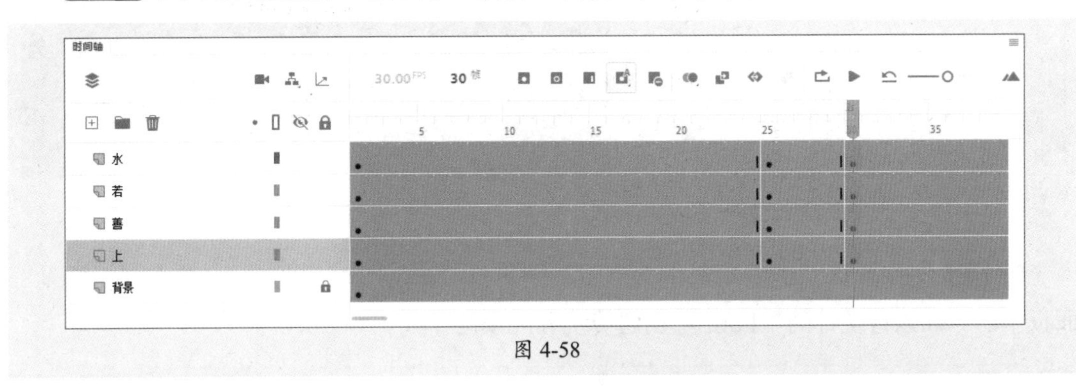

图 4-58

步骤 08 移动播放头至第25帧，选中舞台中的文字，使用“任意变形工具”放大文字，如图4-59所示。

图 4-59

步骤 09 移动播放头至第1帧，选中舞台中的文字，使用“任意变形工具”缩小文字，如图4-60所示。

图 4-60

步骤 10 选中第1帧中舞台上的文字，在“属性”面板中设置“色彩效果”为Alpha，并设置数值为0%，如图4-61所示。此时舞台中的效果如图4-62所示。

图 4-61

图 4-62

步骤 11 按住鼠标左键拖动选中文字图层中第1～25帧之间的任意帧，单击“时间轴”面板中的“插入传统补间”按钮创建传统补间动画，如图4-63所示。

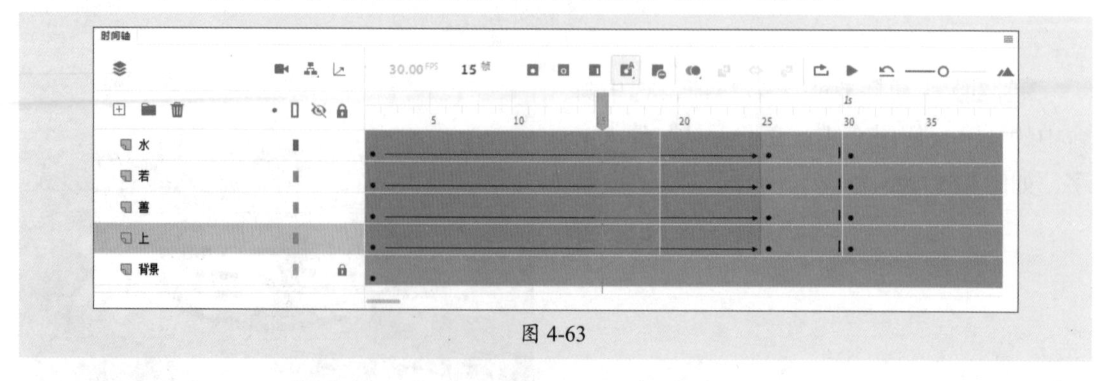

图 4-63

步骤 12 使用相同的方法在文字图层的第25～30帧之间创建传统补间动画，如图4-64所示。

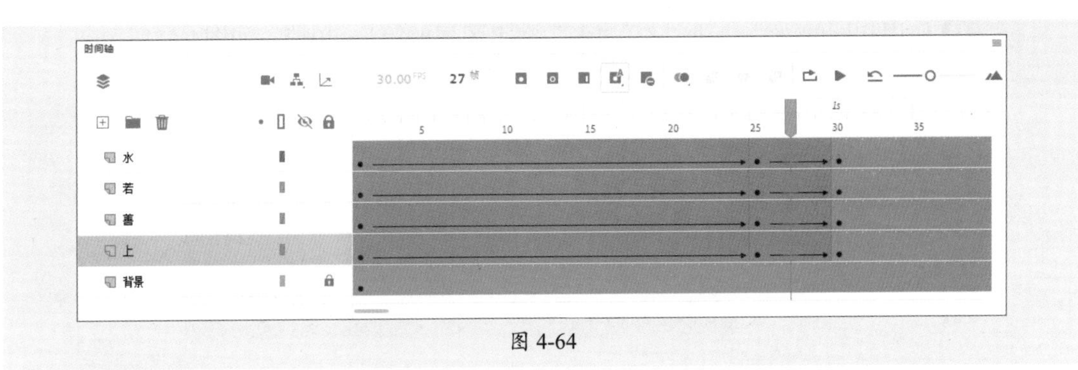

图 4-64

步骤 13 按Enter键在舞台中预览效果，如图4-65所示。

图 4-65

步骤 14 选中“善”文字图层的第1～30帧，按住鼠标左键向右拖动，如图4-66所示。

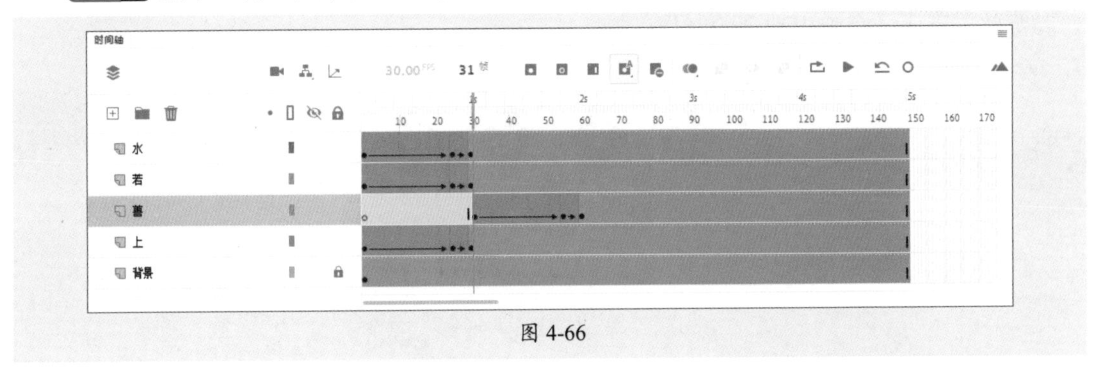

图 4-66

步骤 15 使用相同的方法移动“若”“水”文字图层的第1～30帧，如图4-67所示。

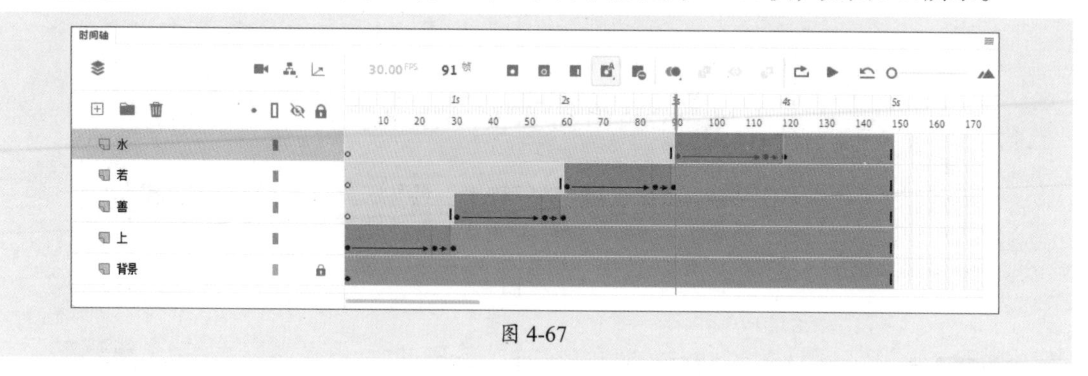

图 4-67

步骤 16 按Enter键在舞台中预览效果，如图4-68所示。

图 4-68

至此，完成文字弹出动画的制作。

课后练习 制作热气球飘动效果

下面将综合本章学习的知识制作热气球飘动效果，如图4-69所示。

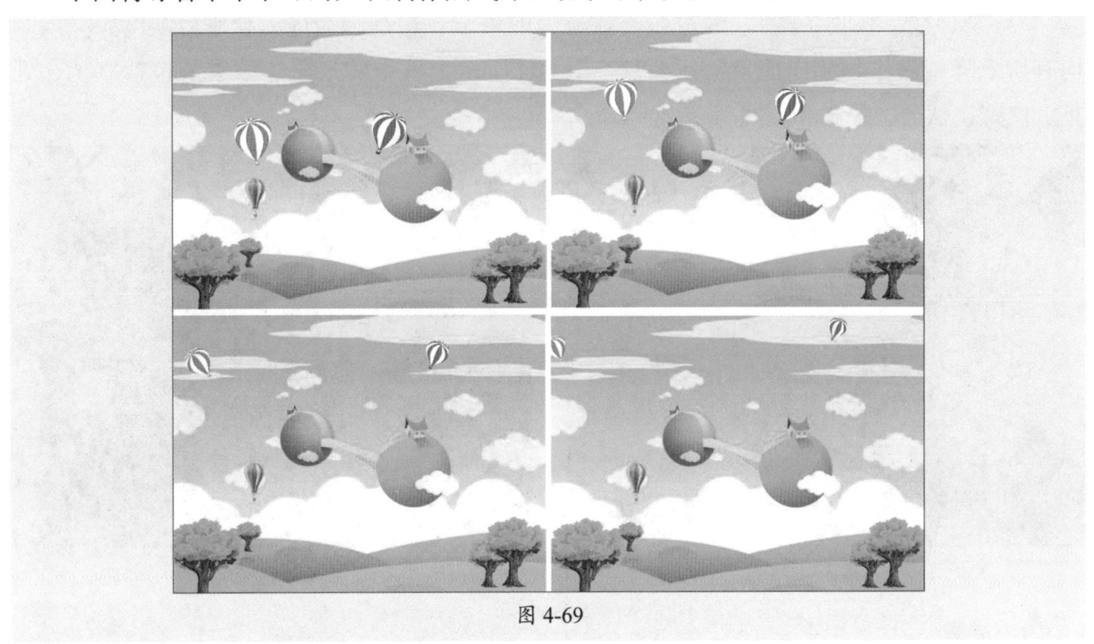

图 4-69

1. 技术要点

- 新建文档，导入本章素材文件至库。
- 修改图层名称，添加背景素材至舞台。
- 新建图层，添加热气球素材，通过关键帧制作热气球上升缩小效果。

2. 分步演示

本实例的分步演示效果如图4-70所示。

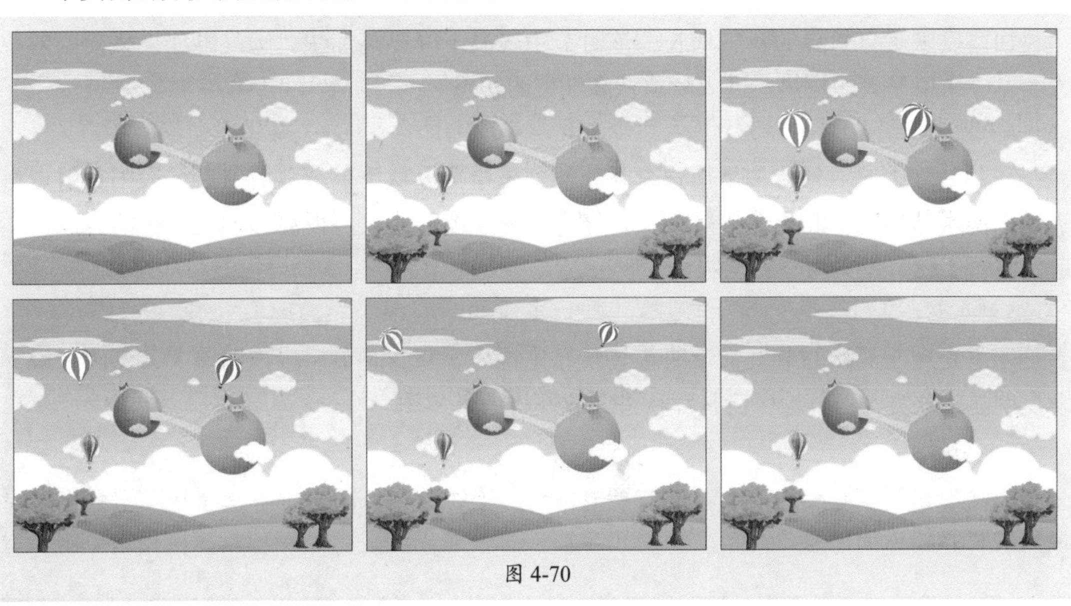

图 4-70

拓展赏析

二十四节气之秋季节气

“寒来暑往，秋收冬藏”。秋季是丰收喜悦的季节，这是因为进入秋季后湿度、降雨等均有所下降，农作物趋向成熟。图4-71、图4-72所示为秋季的景象。该季节包括立秋、处暑、白露、秋分、寒露和霜降等节气。

图 4-71

图 4-72

1）立秋

立秋节气标志着秋季的开始，立秋时节后阳气渐收，阴气渐长，万物开始从生长趋向成熟。立秋仍处于三伏天中，温度仅次于大暑小暑，该时节天气仍高温酷热，降水、湿度则处于转折点，逐渐下降或减少。

2）处暑

处暑通出暑，代表炎热天气到了末尾、离开酷暑的意思。处暑后气温逐渐下降，开始由炎热向凉爽过渡，降雨及雷暴活动也有所减少。

3）白露

白露反映着自然界的寒气增长，该时节中气温下降逐渐加快，天气渐凉，昼夜温差拉大，基本结束暑天的闷热，进入秋季秋高气爽的状态。

4）秋分

秋分名称中的“分”一是指昼夜平分，二是指平分秋季。秋分时节后，太阳直射点由赤道向南半球移动，北半球昼短夜长，气温下降速度加快，昼夜温差加大。中国自2018年起，将每年秋分设立为“中国农民丰收节”。

5）寒露

寒露是属于深秋的节气，反映着气候变化特征。寒露时节后昼夜温差大，少雨干燥，秋燥明显，北方大部分地区已从深秋进入或即将进入冬季。

6）霜降

霜降是秋季最后一个节气，此后季节由秋向冬转变，气温骤降，是一年之中昼夜温差最大的时节。

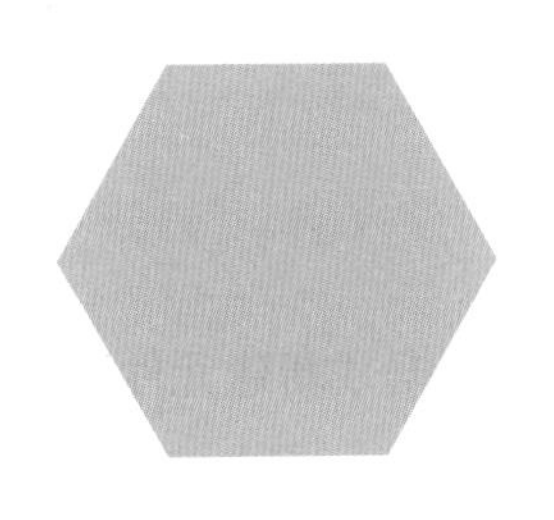

第5章

元件、库与实例

内容导读

元件和实例是Animate动画制作中非常重要的元素，库中则存放着Animate中所用的所有资源。本章将对元件的类型、创建与编辑，“库”面板、库项目的应用与编辑，实例的创建与编辑等进行讲解。

思维导图

- 元件、库与实例
  - 元件的创建与编辑
    - 元件的类型——了解不同类型的元件
    - 创建元件——新建或转换为元件
    - 编辑元件——调整元件
  - 认识库
    - 认识“库”面板——存储素材资源
    - 重命名库项目——修改库项目名称
    - 创建文件夹——整理归纳库资源
    - 共享库资源——多个文件共用库资源
  - 实例的创建与编辑
    - 创建实例——应用元件
    - 复制实例——重复利用已有实例
    - 设置实例色彩——实例色彩调整
    - 转换实例类型——更改实例类型
    - 分离实例——断开实例与元件的链接

5.1 元件的创建与编辑

元件是构成Animate动画的基本元素，Animate动画一般由多个元件组成，这些元件在文档中可以重复多次利用，极大地提高了动画的制作效率。本节将对元件的创建与编辑进行介绍。

5.1.1 案例解析——制作按钮特效

在学习元件的创建与编辑之前，可以先跟随以下步骤了解并熟悉，即根据“新建元件”命令制作按钮特效。

步骤 01 新建一个550像素 × 400像素、帧频率为12的空白文档，在“属性”面板中设置舞台颜色为#EFFFFF。按住Shift键使用“椭圆工具”绘制一个仅有填充的正圆，如图5-1所示。

步骤 02 执行“窗口” | “颜色”命令，打开“颜色”面板，设置渐变，如图5-2所示。

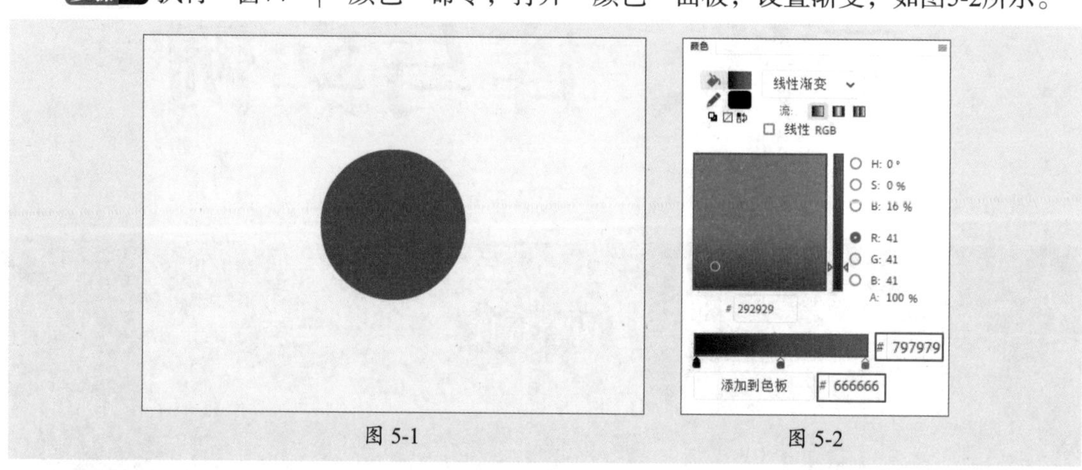

图 5-1　　图 5-2

步骤 03 选中舞台中的正圆，按Ctrl+C组合键复制，按Ctrl+Shift+V组合键原位粘贴，使用“任意变形工具”缩小正圆，并设置渐变填充，如图5-3所示。

步骤 04 使用相同的方法复制正圆，缩小后进行调整，效果如图5-4所示。

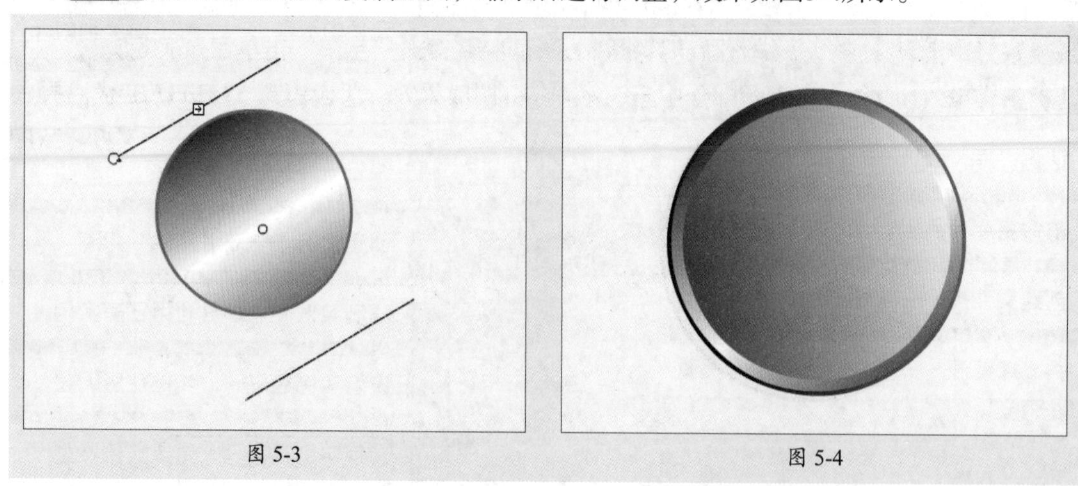

图 5-3　　图 5-4

步骤 05 继续绘制正圆，设置橙色的径向渐变，效果如图5-5所示。

步骤 06 在绘制好的图形上使用“矩形工具”绘制一个白色矩形，如图5-6所示。

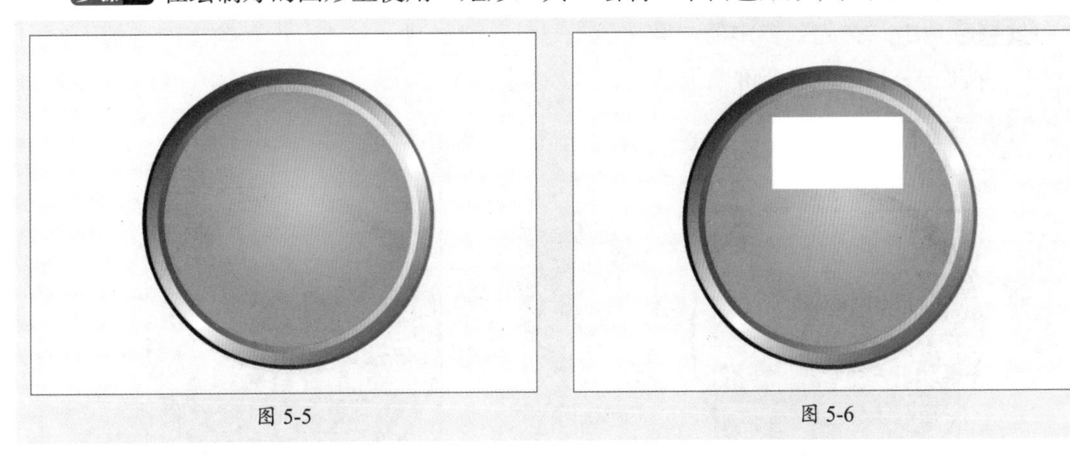

图 5-5　　图 5-6

步骤 07 使用“选择工具”调整矩形，并设置白色至透明的渐变，效果如图5-7所示。

步骤 08 使用“矩形工具”绘制两个矩形，设置填充为#FF6600，如图5-8所示。

图 5-7　　图 5-8

步骤 09 选中绘制好的图形，按F8键打开“转换为元件”对话框，新建按钮元件，如图5-9所示。

步骤 10 双击转换后的元件进入编辑模式，在“指针经过”帧按F6键插入关键帧，选择按钮橙色部分放大，如图5-10所示。

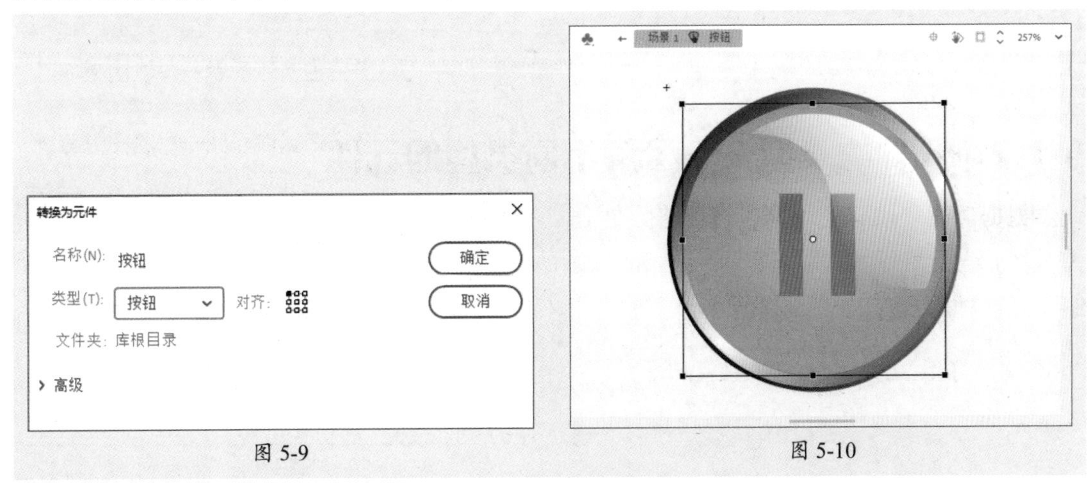

图 5-9　　图 5-10

步骤 11 在“按下”帧按F6键插入关键帧，缩小橙色部分，如图5-11所示。

步骤 12 选中“弹起”帧中的内容按Ctrl+C组合键复制，在“点击”帧按F7键插入空白关键帧，按Ctrl+Shift+V组合键原位粘贴，效果如图5-12所示。

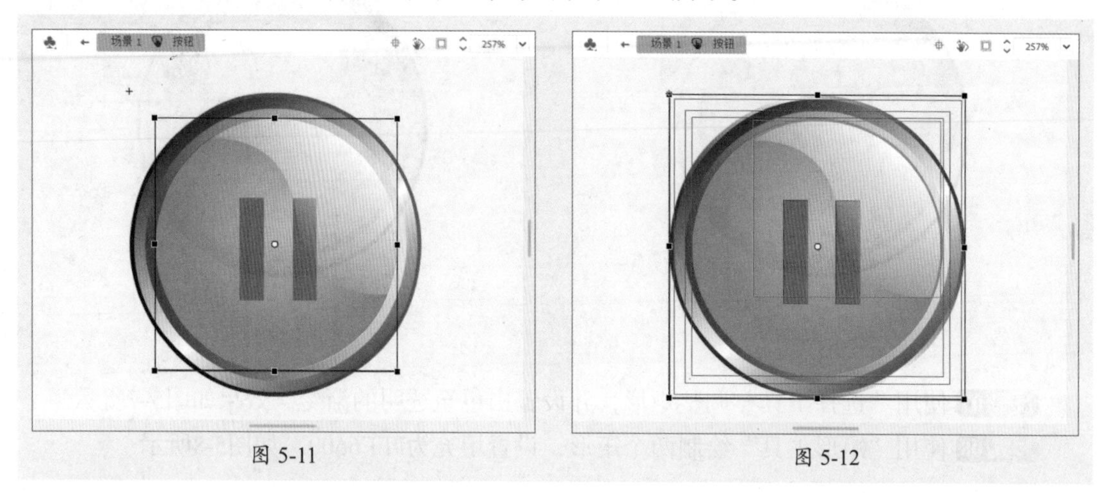

图 5-11　　图 5-12

步骤 13 至此，完成按钮特效的制作。按Ctrl+Enter组合键测试效果，如图5-13所示。

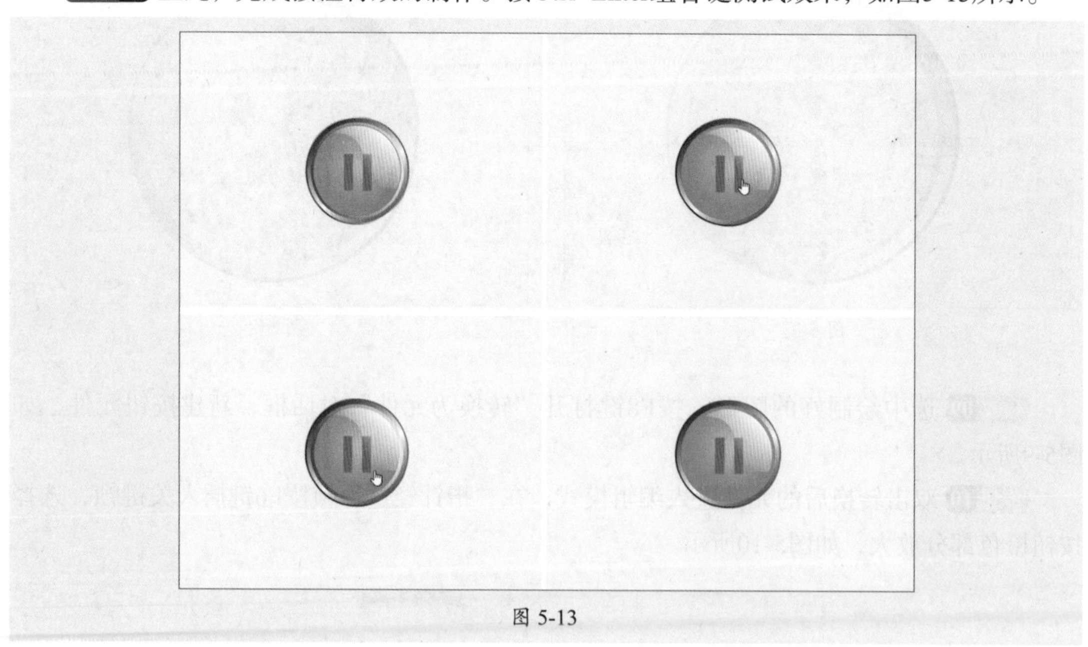

图 5-13

5.1.2　元件的类型——了解不同类型的元件

根据功能和内容的不同，可以将元件分为“图形”元件、“影片剪辑”元件和“按钮”元件3种类型，如图5-14所示。

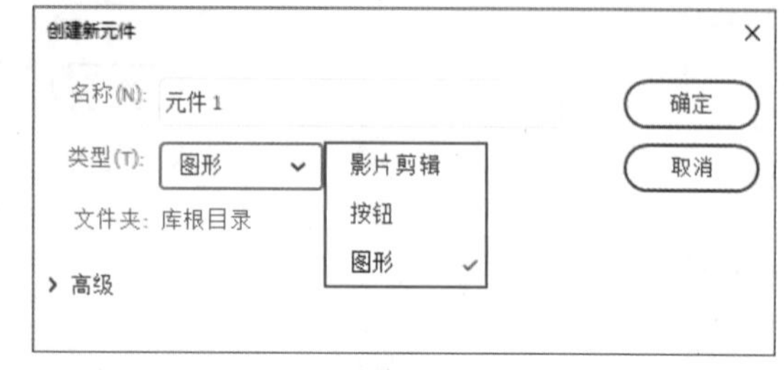

图 5-14

1. 图形元件

“图形”元件用于制作动画中的静态图形，是制作动画的基本元素之一，也可以是“影片剪辑”元件或场景的一个组成部分，但是没有交互性，不能添加声音，也不能为“图形”元件的实例添加脚本动作。“图形”元件应用到场景中时，会受到帧序列和交互设置的影响，“图形”元件与主时间轴同步运行。

2. 影片剪辑元件

使用“影片剪辑”元件可以创建可重复使用的动画片段。该种类型的元件拥有独立的时间轴，能独立于主动画进行播放。影片剪辑是主动画的一个组成部分，可以将影片剪辑看作是主时间轴内的嵌套时间轴，包含交互式控件、声音以及其他影片剪辑实例。

3. 按钮元件

“按钮”元件是一种特殊的元件，具有一定的交互性，主要用于创建动画的交互控制按钮。“按钮”元件具有“弹起”“指针经过”“按下”“点击”4个不同状态的帧，如图5-15所示。用户可以在按钮的不同状态帧上创建不同的内容，既可以是静止图形，也可以是影片剪辑，而且可以给按钮添加时间的交互动作，使按钮具有交互功能。

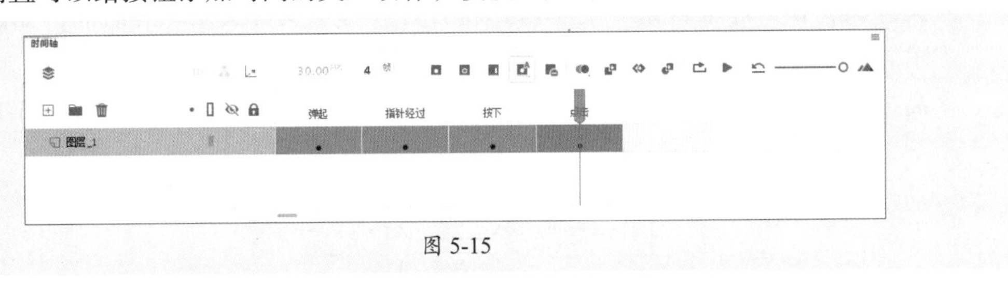

图 5-15

“按钮”元件对应时间轴上各帧的含义分别如下。

- **弹起：** 表示鼠标没有经过按钮时的状态。
- **指针经过：** 表示鼠标经过按钮时的状态。
- **按下：** 表示鼠标单击按钮时的状态。
- **点击：** 用来定义可以响应鼠标事件的最大区域。如果这一帧没有图形，鼠标的响应区域则由指针经过和弹起两帧的图形来定义。

5.1.3 创建元件——新建或转换为元件

Animate中常用两种方式创建元件：创建空白元件或将舞台上的对象转换为元件。下面将对这两种方式进行介绍。

1. 转换为元件

选中舞台中的对象，执行“修改”|“转换为元件”命令或按F8键，即可打开“转换为元件”对话框，如图5-16所示。在该对话框中设置参数后单击“确定”按钮，即可将选中对象转换为设置的元件。

用户也可以选中舞台中的对象后右击鼠标，在弹出的快捷菜单中执行“转换为元件”命令，打开“转换为元件”对话框进行设置。

2. 新建空白元件

执行“插入”|“新建元件”命令或按Ctrl+F8组合键，打开“创建新元件”对话框，在该对话框中设置参数，如图5-17所示。完成后单击“确定”按钮，进入元件编辑模式添加对象即可。

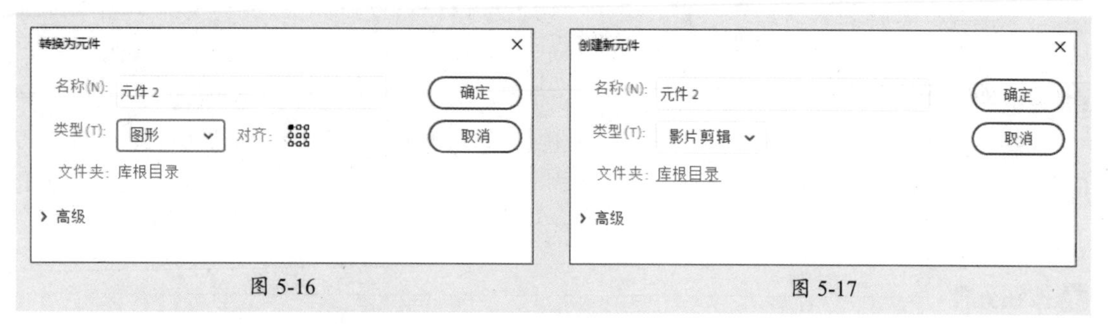

图 5-16　　图 5-17

“创建新元件”对话框中部分常用选项的作用如下。

- **名称：** 用于设置元件的名称。
- **类型：** 用于设置元件的类型，包括“图形”“按钮”和“影片剪辑”3个选项。
- **文件夹：** 在“库根目录”上单击，将打开“移至文件夹...”对话框，如图5-18所示。在该对话框中可以设置元件放置的位置。
- **高级：** 单击该链接，可将该面板展开，对元件进行更进一步的设置，如图5-19所示。

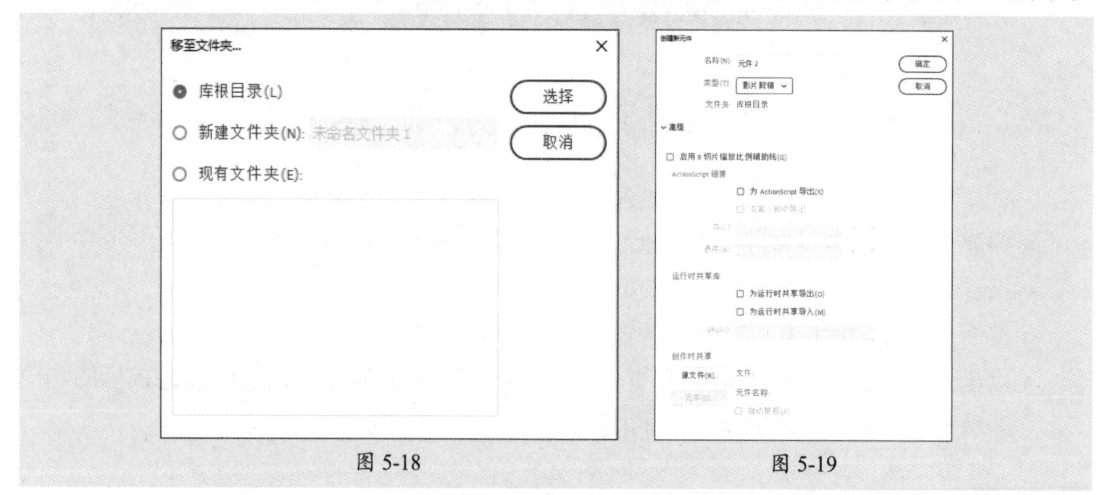

图 5-18　　图 5-19

通过“库”面板同样可以实现创建空白元件的操作，具体方法如下。

- 在“库”面板的空白处右击鼠标，在弹出的快捷菜单中执行“新建元件”命令。
- 单击“库”面板右上角的“菜单”按钮☰，在弹出的下拉菜单中选择“新建元件”命令。
- 单击“库”面板底部的“新建元件”按钮■。

5.1.4 编辑元件——调整元件

编辑元件时，舞台中该对象的所有实例都会随之变化。用户可以通过在当前位置、在新窗口中、在元件的编辑模式下对元件进行编辑。

1. 在当前位置编辑元件

在当前位置编辑元件的方法有以下3种。

- 在舞台上双击要进入编辑状态元件的一个实例。
- 在舞台上选择元件的一个实例，右击鼠标，在弹出的快捷菜单中执行“在当前位置编辑”命令。
- 在舞台上选择要进入编辑状态元件的一个实例，执行“编辑”|“在当前位置编辑”命令。

在当前位置编辑元件时，其他对象以灰色方式显示，从而将它们和正在编辑的元件区别开来，如图5-20所示。正在编辑的元件的名称显示在舞台顶部的编辑栏内，位于当前场景名称的右侧，如图5-21所示。

图 5-20

图 5-21

2. 在新窗口中编辑元件

若舞台中对象较多、颜色比较复杂，用户可以选择在新窗口中编辑元件。选择在舞台中要进行编辑的元件，右击鼠标，在弹出的快捷菜单中执行“在新窗口中编辑”命令，即可打开新窗口编辑元件，如图5-22、图5-23所示。

图 5-22

图 5-23

操作提示

直接单击标题栏的关闭按钮即可退出在新窗口中编辑元件模式并返回到文档编辑模式。

3. 在元件的编辑模式下编辑元件

在元件的编辑模式下编辑元件的方法包括以下4种。

- 在“库”面板中双击要编辑元件名称左侧的图标。
- 按Ctrl+E组合键。
- 选择需要进入编辑模式的元件所对应的实例，右击鼠标，在弹出的快捷菜单中执行“编辑元件”命令。
- 选择需要进入编辑模式的元件所对应的实例，执行“编辑”|“编辑元件”命令。

使用该编辑模式，可将窗口从舞台视图更改为只显示该元件的单独视图来编辑它，如图5-24、图5-25所示。

图 5-24　　图 5-25

5.2 认识库

“库”面板中存放着导入或制作的所有资源，使用时直接调用即可。本节将对库的相关操作进行介绍。

5.2.1 认识“库”面板——存储素材资源

“库”面板存储和组织着在Animate中创建的各种元件和导入的素材资源。执行“窗口”|“库”命令或按Ctrl+L组合键，即可打开“库”面板，如图5-26所示。“库”面板中将记录每一个库项目的基本信息，如名称、使用次数、修改日期、类型等。

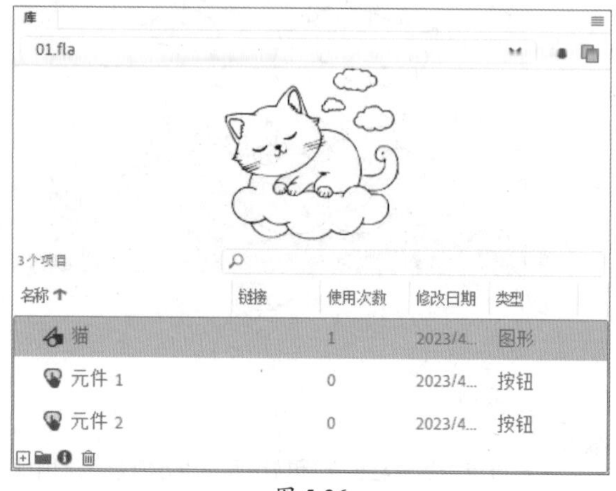

图 5-26

“库”面板中各组成部分的作用如下。

- **预览窗口**：用于显示所选对象的内容。
- **菜单**☰：单击该按钮，弹出“库”面板中的下拉菜单。
- **新建库面板**⧉：单击该按钮，可以新建库面板。
- **新建元件**⊞：单击该按钮，即可打开“创建新元件”对话框新建元件。
- **新建文件夹**：用于新建文件夹。
- **属性**❶：用于打开相应的“元件属性”对话框。
- **删除**🗑：用于删除库项目。

5.2.2 重命名库项目——修改库项目名称

重命名库项目可以方便用户更好地区分管理。常用的重命名方法包括以下3种。

- 双击项目名称。
- 单击“库”面板右上角的“菜单”按钮☰，在弹出的下拉菜单中执行“重命名”命令，如图5-27所示。
- 选择项目后右击鼠标，在弹出的快捷菜单中执行“重命名”命令，如图5-28所示。

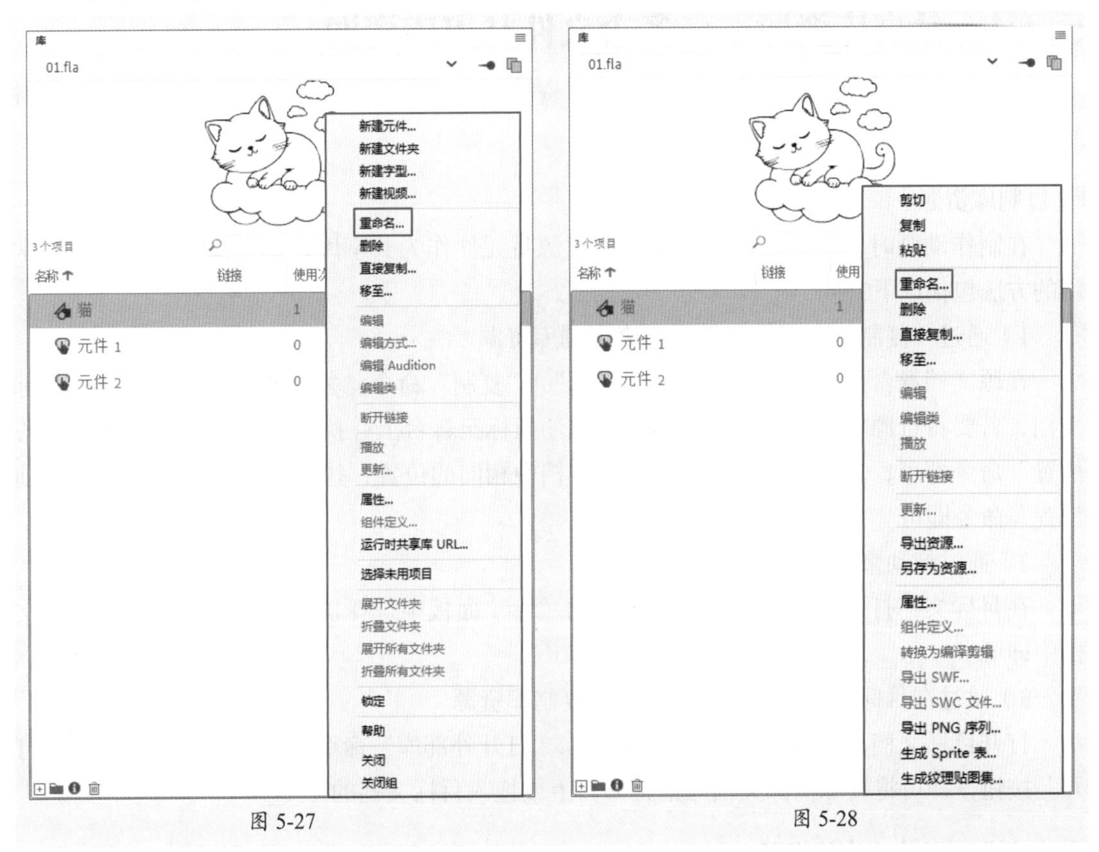

图 5-27　　图 5-28

使用以上任意一种方法进入编辑状态后，在文本框中输入新名称，按Enter键或在其他空白处单击，即可完成项目的重命名操作。

5.2.3 创建文件夹——整理归纳库资源

当库项目较多时，可以利用库文件夹对其进行分类整理，使“库”面板中的内容更加整洁。单击“库”面板中的“新建文件夹”按钮，即可在“库”面板中新建一个文件夹，如图5-29所示。选择库项目，按住鼠标左键拖曳至库文件夹中，即可将该项目移动至文件夹中，展开库文件夹可以看到这些库项目。

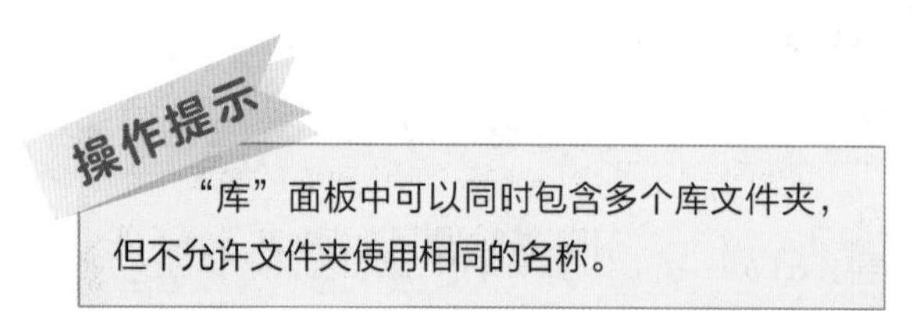

图 5-29

5.2.4 共享库资源——多个文件共用库资源

共享库资源可以使多个文档共用一个库资源，提高库资源的利用率，从而节省制作时间。下面将对此进行介绍。

1. 复制库资源

在制作动画时，用户可以通过复制库资源将元件作为共享库资源在文档之间共享，常用的方法包括以下3种。

1）通过“复制”和“粘贴”命令来复制库资源

在源文档舞台上选择资源，执行“编辑”|“复制”命令，复制选中对象。切换至目标文档，若要将资源粘贴到舞台中心位置，移动鼠标至舞台上并执行“编辑”|“粘贴到中心位置”命令即可；若要将资源放置在与源文档中相同的位置，执行“编辑”|“粘贴到当前位置”命令即可。

2）通过拖动来复制库资源

在目标文档打开的情况下，在源文档的“库”面板中选择该资源，并将其拖入目标文档中即可。

3）通过在目标文档中打开源文档库来复制库资源

打开目标文档，执行“文件”|“导入”|“打开外部库”命令，选择源文档并单击“打开”按钮，即可将资源从源文档库拖到舞台上或拖入目标文档的库中。

2. 在创作时共享库中的资源

对于创作期间的共享资源，可以用本地网络上任何其他可用元件来更新或替换正在创作的文档中的任何元件。在创建文档时更新目标文档中的元件，目标文档中的元件保留了原始名称和属性，但其内容会被更新或替换为所选元件的内容，选定元件使用的所有资源也会复制到目标文档中。

选择“库”面板中的元件，在菜单中执行“属性”命令，弹出“元件属性”对话框，展开“高级”选项组，如图5-30所示。在“创作时共享”区域中单击“源文件”按钮，选择要替换的Flash文档后选择元件，如图5-31所示。完成后单击“确定”按钮返回至“元件属性”对话框，选中“自动更新”复选框，单击“确定”按钮。

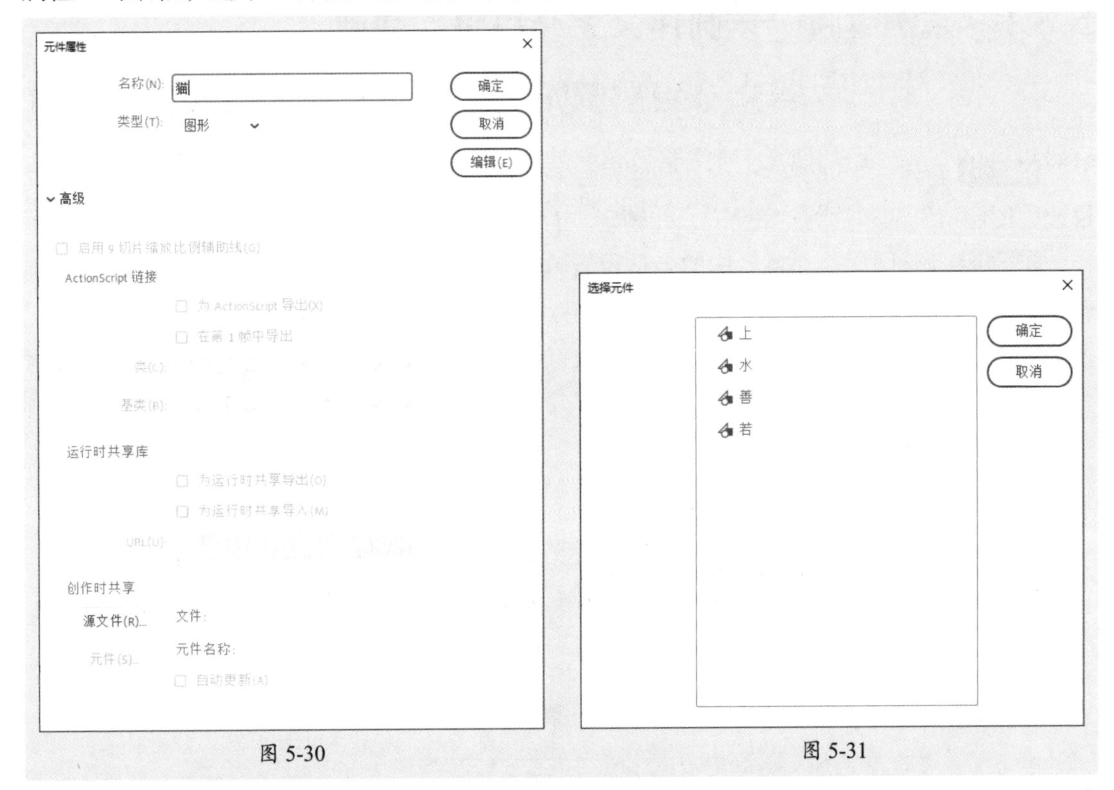

图 5-30　　　　图 5-31

3. 解决库资源之间的冲突

如果将一个库资源导入或复制到已经含有同名的不同资源的文档中，在弹出的“解决库冲突”对话框中可以选择是否用新项目替换现有项目，如图5-32所示。

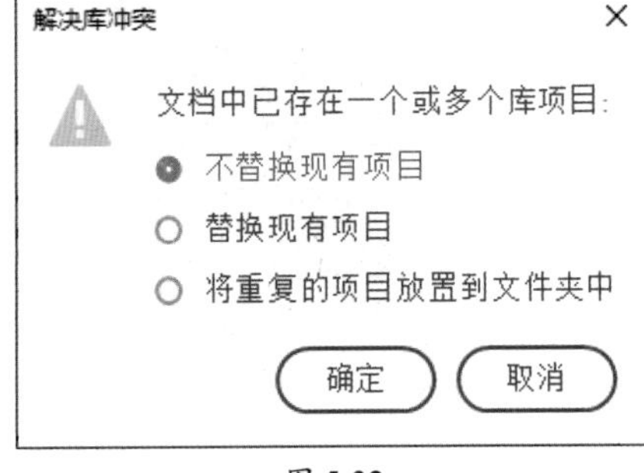

图 5-32

“解决库冲突”对话框中各选项的作用如下。

- **不替换现有项目：** 选择该选项可以保留目标文档中的现有资源。
- **替换现有项目：** 选择该选项可以用同名的新项目替换现有资源及其实例。
- **将重复的项目放置到文件夹中：** 选择该选项可以保留目标文档中的现有资源，同名的新项目将被放置在重复项目文件夹中。

5.3 实例的创建与编辑

实例就是在舞台中使用的元件，是元件的具体应用。本节将对实例的创建与编辑进行说明。

5.3.1 案例解析——制作文字交错出现动画

在学习实例的创建与编辑之前，先跟随以下步骤了解并熟悉，即根据实例色彩效果创建文字交错出现动画。

步骤 01 新建一个960像素×480像素的空白文档，导入本章素材文件，如图5-33所示。修改“图层_1”的名称为“背景”，并锁定“背景”图层。

步骤 02 新建图层，在舞台中的合适位置输入文字，在“属性”面板中设置文字属性，效果如图5-34所示。

图 5-33

图 5-34

步骤 03 选中输入的文字，按Ctrl+B组合键将其分离，如图5-35所示。

图 5-35

步骤 04 选中第一个文字，按F8键打开“转换为元件”对话框，将其转换为图形元件，如图5-36所示。

图 5-36

步骤 05 使用相同的方法将其他文字转换为图形元件，如图5-37所示。

步骤 06 选中舞台中的所有图形元件，右击鼠标，在弹出的快捷菜单中执行“分散到图层”命令将其分散到图层，如图5-38所示。

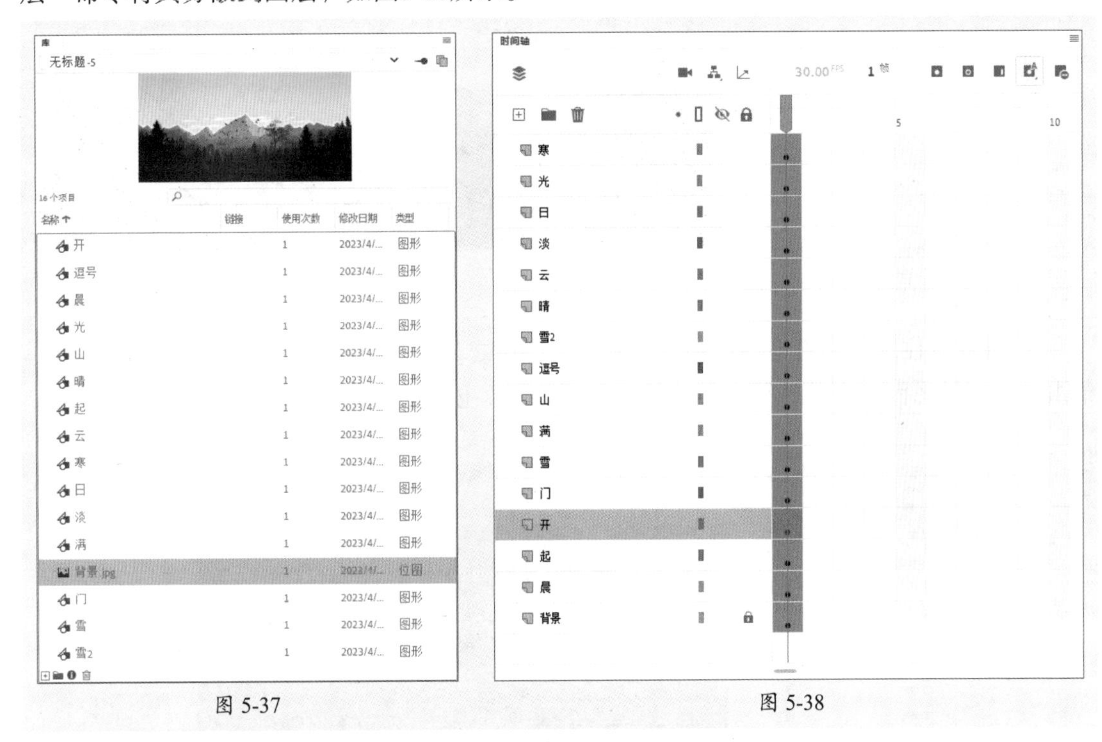

图 5-37　　　　图 5-38

步骤 07 在所有图层的第100帧，按F5键插入普通帧，在除“背景”图层之外的所有图层的第30帧，按F6键插入关键帧，如图5-39所示。

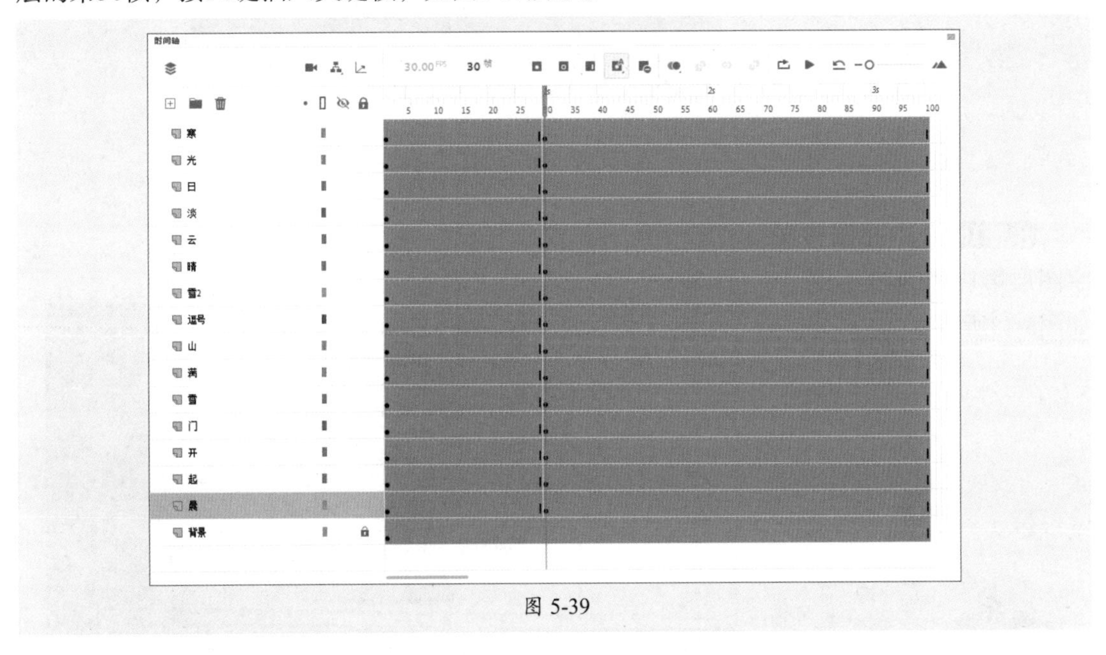

图 5-39

步骤 08 移动播放头至第1帧处，选中舞台中的所有对象，在“属性”面板中设置“色彩效果”为Alpha，并设置数值为0%，如图5-40所示。此时舞台中的效果如图5-41所示。

图 5-40

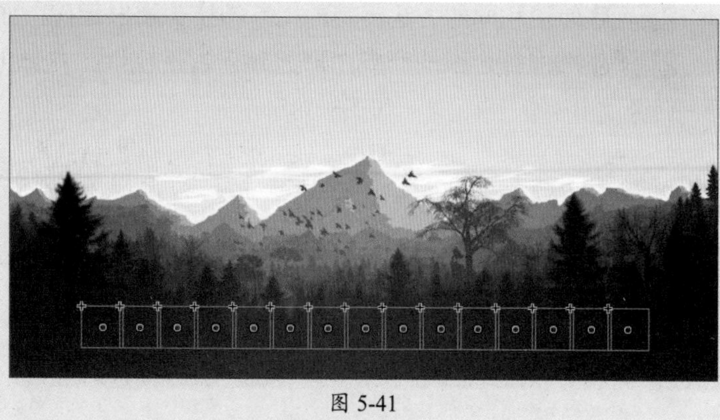

图 5-41

步骤 09 按住鼠标左键拖动选中除“背景”图层之外的图层的第1～30帧之间的任意帧，单击“时间轴”面板中的“插入传统补间”按钮，创建传统补间动画，如图5-42所示。

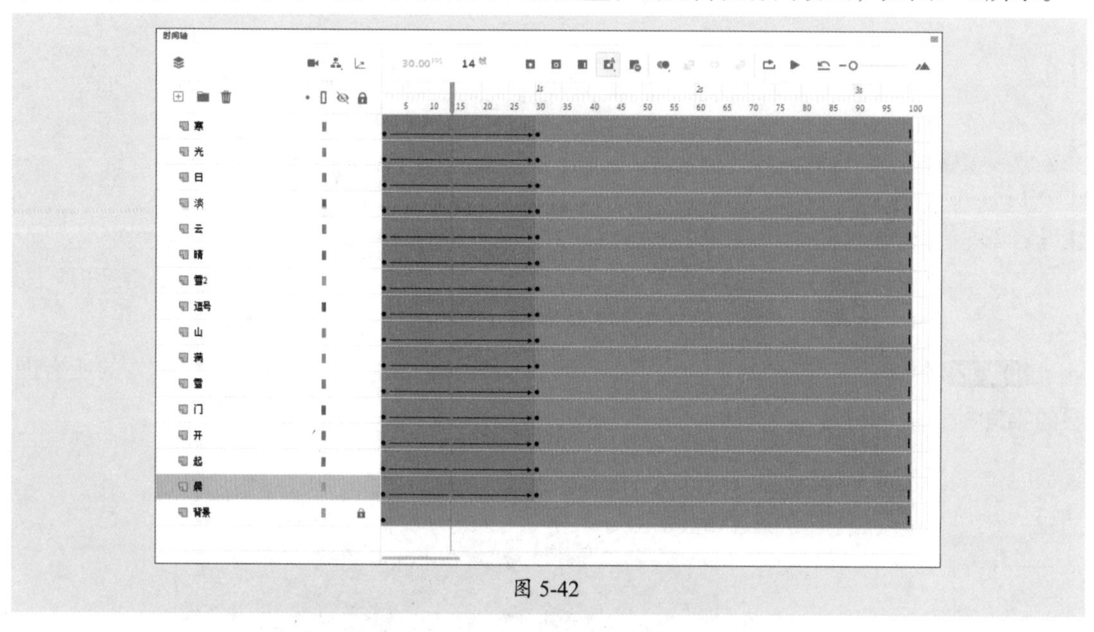

图 5-42

步骤 10 选中并调整文字图层第1～30帧的位置，如图5-43所示。

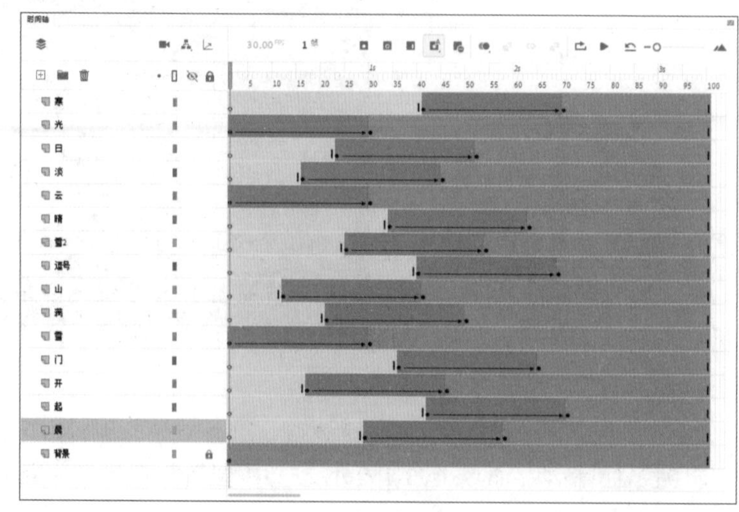

图 5-43

操作提示

随意错开播放即可。

步骤 11 至此，完成文字交错出现动画的制作。按Ctrl+Enter组合键测试效果，如图5-44所示。

图 5-44

5.3.2 创建实例——应用元件

选择“库”面板中的元件，按住鼠标左键拖曳至舞台中即可创建实例，如图5-45、图5-46所示。修改舞台中的实例时，不会影响其他实例。

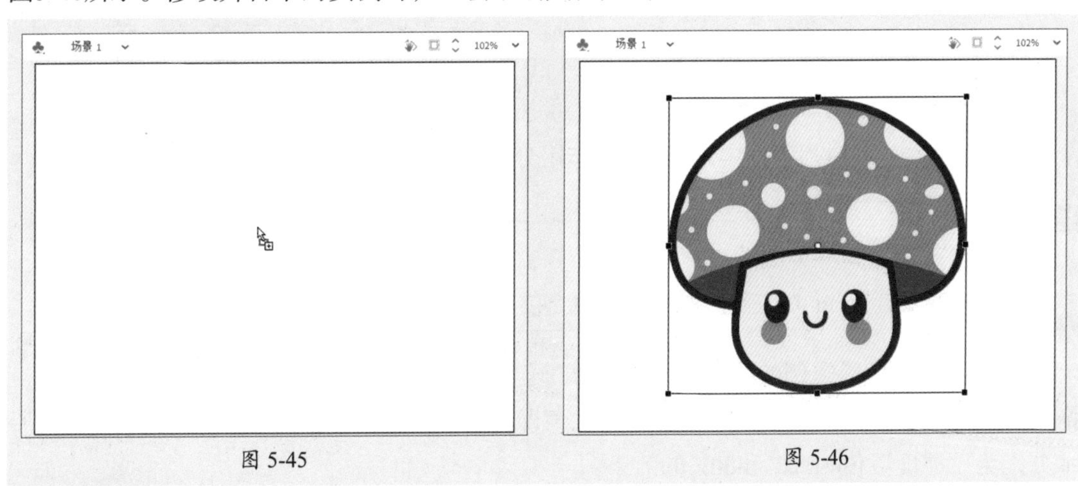

图 5-45　　图 5-46

> **操作提示**
>
> 使用多帧的影片剪辑元件创建实例时，在舞台中设置一个关键帧即可；而使用多帧的图形元件创建实例时则需要设置与该元件完全相同的帧数，动画才能完整地播放。

5.3.3 复制实例——重复利用已有实例

制作动画时，可以复制舞台中设置好的实例来节省操作时间。选择要复制的实例，按住Alt键拖动实例至目标位置时，释放鼠标即可复制选中的实例对象，如图5-47、图5-48所示。

图 5-47

图 5-48

5.3.4 设置实例色彩——实例色彩调整

选中实例后在“属性”面板的“色彩效果”选项区域的“颜色样式”下拉列表框中选择相应的选项，可以设置实例的Alpha值、色调、亮度等，如图5-49所示。

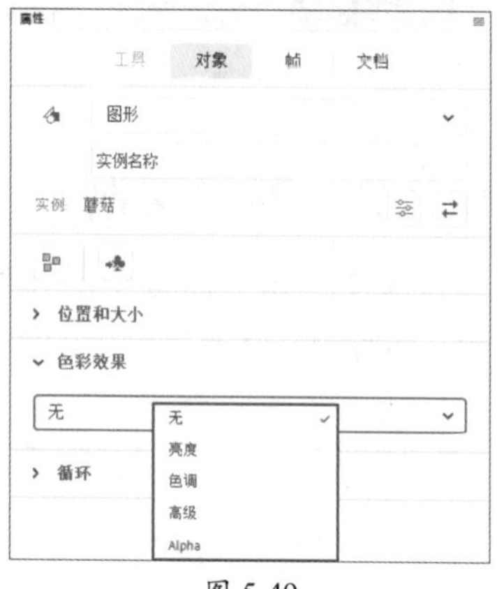

图 5-49

“颜色样式”下拉列表框中5个选项的作用分别如下。

1. 无

选择该选项，不设置颜色效果。

2. 亮度

该选项用于设置实例的明暗对比度，调节范围为-100%～100%。选择“亮度”选项，拖动右侧的滑块，或在文本框中直接输入数值即可设置对象的亮度属性。图5-50、图5-51所示分别为“亮度”值为20%和60%的效果。

图 5-50

图 5-51

3. 色调

该选项用于设置实例的颜色，如图5-52所示。单击“颜色”色块，从“颜色”面板中选择一种颜色，或在文本框中输入红、绿和蓝色的值，都可以改变实例的色调。用户可以使用“属性”面板中的色调滑块设置色调百分比。调整色调后效果如图5-53所示。

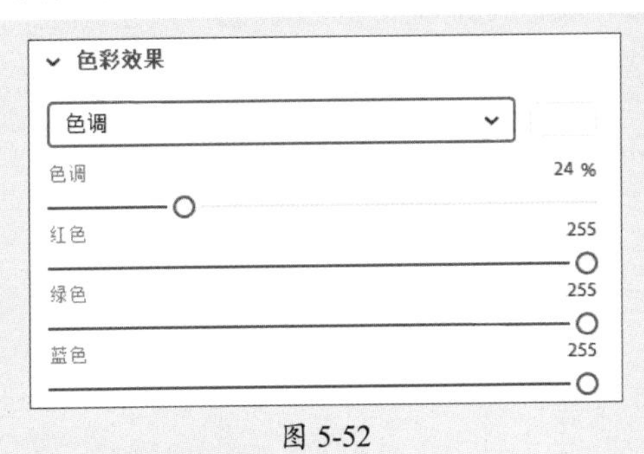

图 5-52

图 5-53

4. 高级

该选项用于设置实例的红、绿、蓝和透明度的值，如图5-54所示。选择“高级”选项，左侧的控件可以使用户按指定的百分比降低颜色或透明度的值；右侧的控件可以使用户按常数值降低或增大颜色或透明度的值。调整“高级”选项后的效果如图5-55所示。

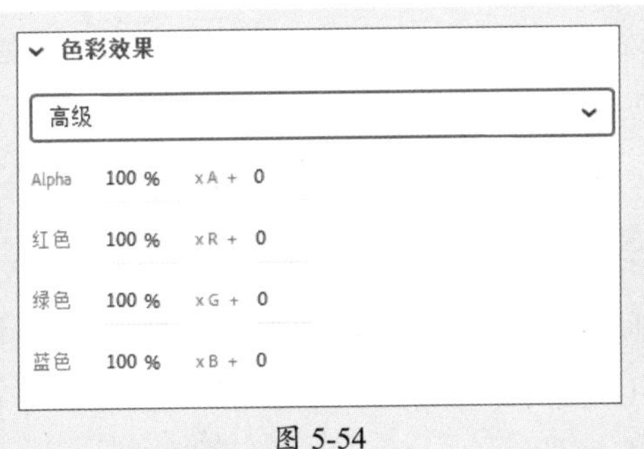

图 5-54

图 5-55

5. Alpha

该选项用于设置实例的透明度，调节范围为0%～100%。选择Alpha选项并拖动滑块，或者在数值框中输入一个值即可调整Alpha值。图5-56、图5-57所示分别为Alpha值为80%和20%的效果。

图 5-56

图 5-57

5.3.5 转换实例类型——更改实例类型

转换实例类型可以重新定义它在Animate中的行为。选中舞台中的实例对象，在“属性”面板中单击“实例行为”下拉按钮，在弹出的下拉列表框中选择实例类型即可进行转换，如图5-58所示。改变实例的类型后，“属性”面板中的参数也将发生相应的变化。

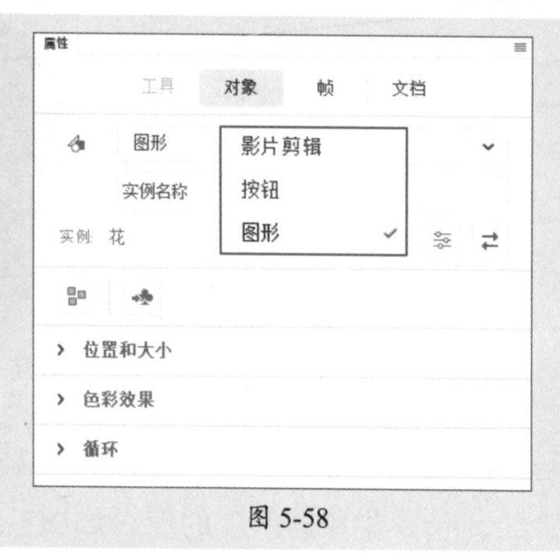

图 5-58

> **操作提示**
>
> 当一个图形实例包含独立于主时间轴播放的动画时，可以将该图形实例重新定义为影片剪辑实例，以使其可以独立于主时间轴进行播放。

5.3.6 分离实例——断开实例与元件的链接

分离实例可以断开实例与元件之间的链接，并将实例放入未组合形状和线条的集合中。选中要分离的实例，执行“修改”|“分离”命令或按Ctrl+B组合键即可将实例分离，分离实例前后的对比效果如图5-59、图5-60所示。

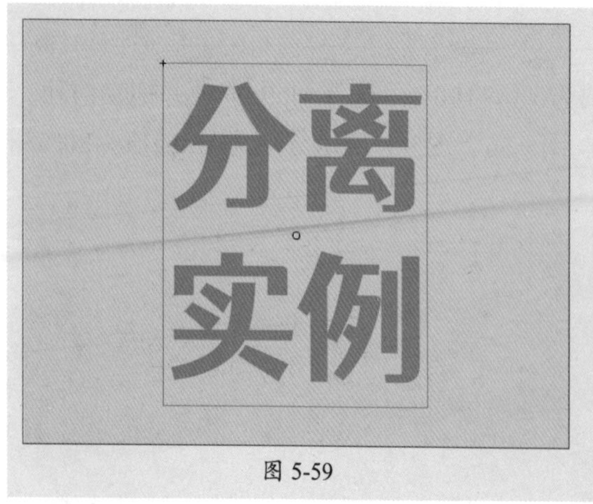

图 5-59

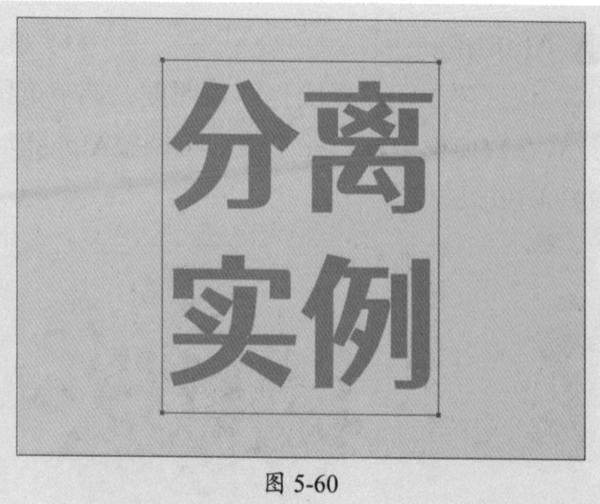

图 5-60

> **操作提示**
>
> 分离实例仅分离该实例自身，而不影响其他元件。

课堂实战 制作下雪动画效果

本章课堂实战练习制作下雪效果。综合练习本章的知识点，以熟练掌握和巩固素材的操作。下面将介绍具体操作步骤。

步骤01 新建一个550像素×400像素的空白文档，执行“文件”|“导入”|“导入到库”命令，导入本章素材文件，如图5-61所示。

步骤02 修改“图层_1”的名称为“背景”，从“库”面板中拖曳“背景.png”素材至舞台中，如图5-62所示。在“背景”图层第100帧，按F5键插入帧，并锁定“背景”图层。

图 5-61

图 5-62

步骤03 在“背景”图层上方新建“雪花1”图层，从“库”面板中拖曳“雪花1”至舞台中，并调整至合适大小，如图5-63所示。

步骤04 选中舞台中的雪花，按F8键打开“转换为元件”对话框，创建图形元件，如图5-64所示。

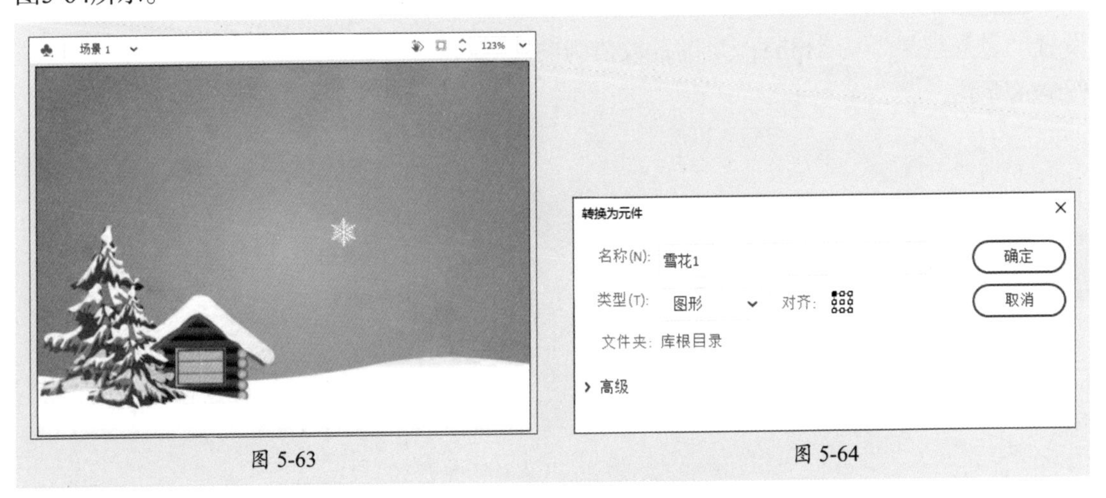

图 5-63

图 5-64

步骤 05 选中新创建的图形元件，双击进入其编辑模式，按F8键再次创建图形元件，如图5-65所示。

步骤 06 在第20帧按F6键插入关键帧，调整位置与大小，并进行旋转，效果如图5-66所示。

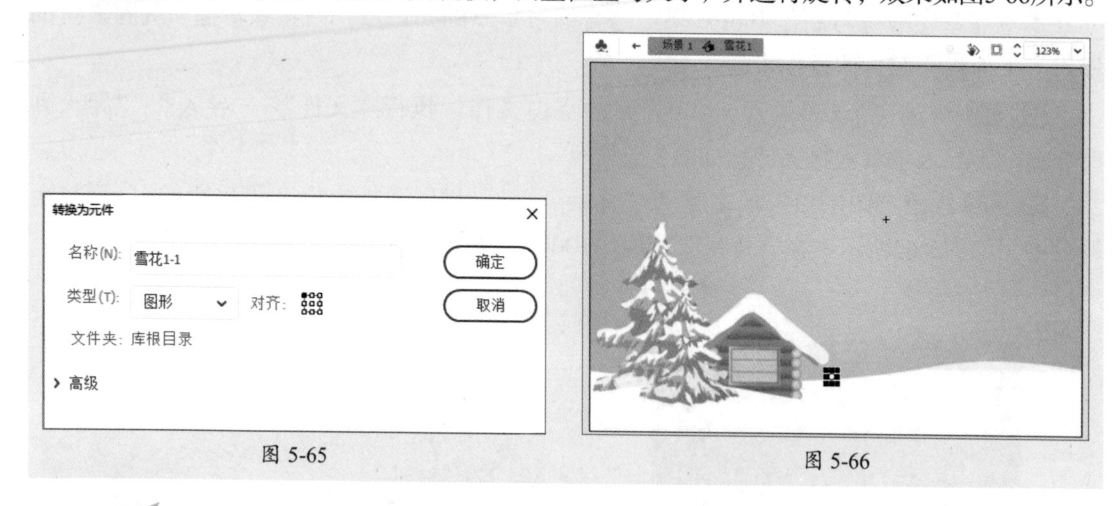

图 5-65　　图 5-66

操作提示

注意此时操作是在“雪花1”图形元件的编辑模式下进行的。

步骤 07 选中第1～20帧之间的任意帧，单击“时间轴”面板中的“插入传统补间”按钮，创建传统补间动画，如图5-67所示。

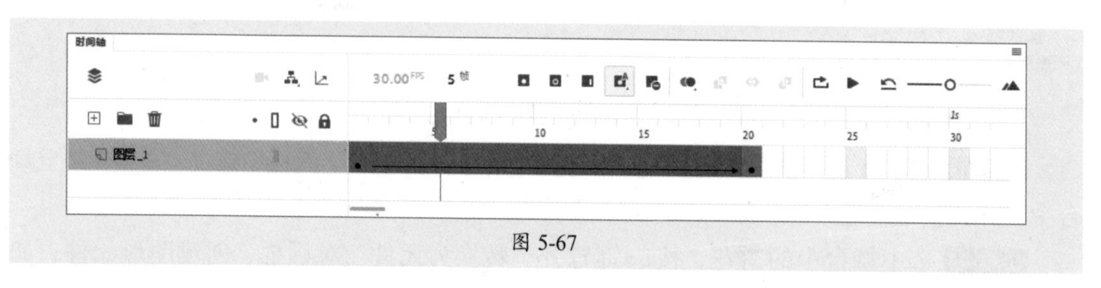

图 5-67

步骤 08 选中第20帧的对象，在“属性”面板中设置“色彩效果”为Alpha，并设置数值为0%，如图5-68所示。

图 5-68

步骤 09 切换至场景1，选中舞台中的雪花，按F8键将其转换为“雪花1-2”图形元件，双击进入其编辑模式，如图5-69所示。在第20帧按F5键插入帧。

图 5-69

操作提示

注意此时操作是在“雪花1-2”图形元件的编辑模式下进行的。

步骤 10 选中舞台中的雪花，按住Alt键拖动复制，如图5-70所示。按Enter键预览效果，如图5-71所示。

图 5-70

图 5-71

步骤 11 全选舞台中的对象，右击鼠标，在弹出的快捷菜单中执行“分散到图层”命令，将雪花分散到图层，如图5-72所示。

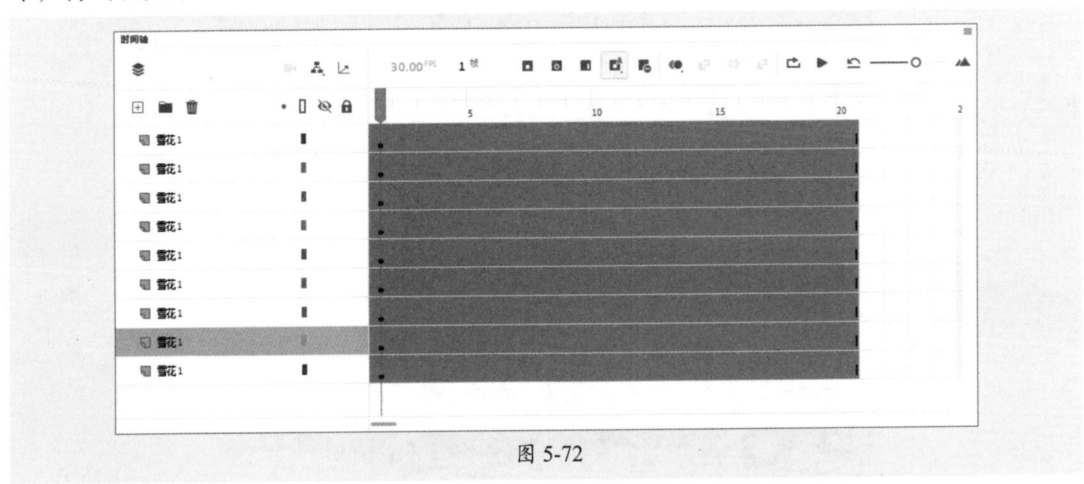
图 5-72

步骤 12 调整图层长度与起始时间，制作错峰飘落效果的雪花，如图5-73所示。

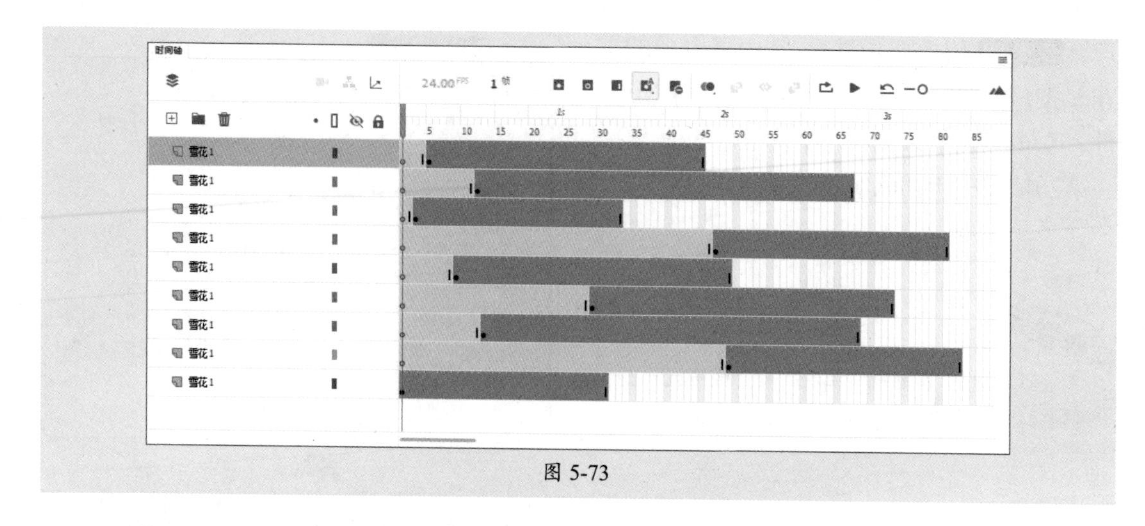

图 5-73

步骤 13 切换至场景1，选中舞台中的雪花，按住Alt键拖动复制，如图5-74所示。

步骤 14 使用相同的方法制作另外两种雪花的飘落效果，如图5-75所示。

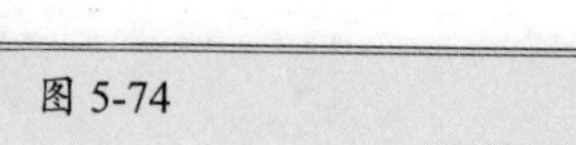
图 5-74

图 5-75

步骤 15 至此，完成下雪动画效果的制作。按Ctrl+Enter组合键测试效果，如图5-76所示。

图 5-76

课后练习 制作呼吸灯动画效果

下面将综合本章学习的知识制作呼吸灯动画效果，如图5-77所示。

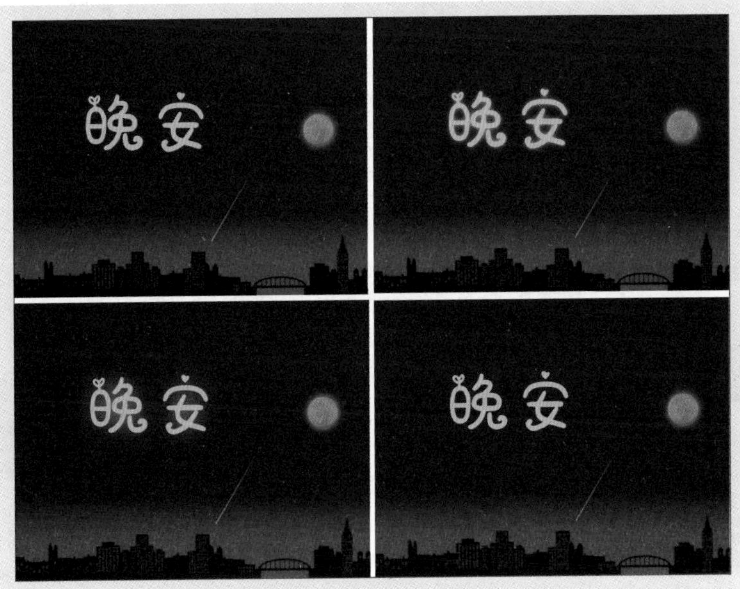

图 5-77

1. 技术要点

- 新建空白文档，导入素材作为背景，锁定背景图层。
- 新建文字图层，输入文字，分离后创建影片剪辑元件并分散到图层。
- 添加“发光”滤镜效果，创建传统补间动画。

2. 分步演示

本实例的分步演示效果如图5-78所示。

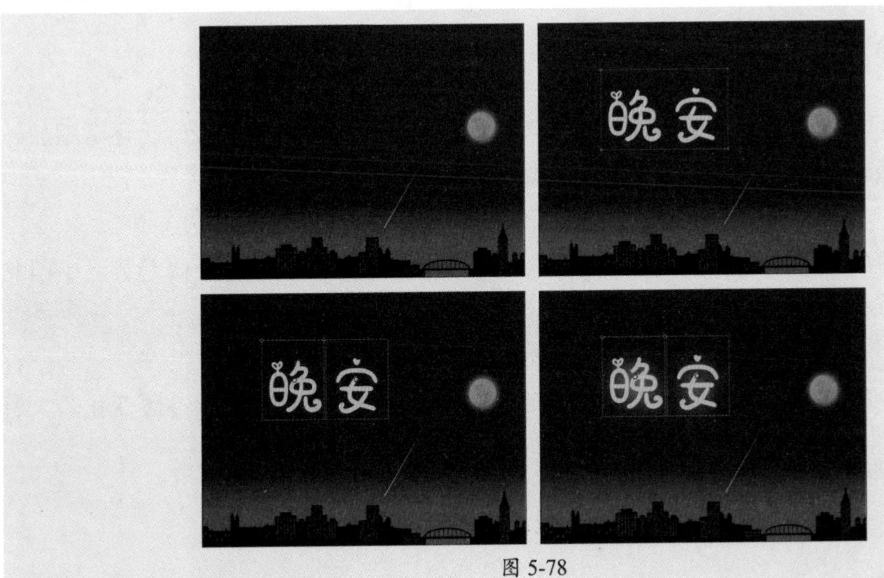

图 5-78

拓展赏析

二十四节气之冬季节气

“秋成粟满仓，冬藏雪盈尺”。冬季生气闭蓄，结束了一年的繁忙后，万物进入了休养、收藏的状态。图5-79、图5-80所示为冬季的景象。该季节包括立冬、小雪、大雪、冬至、小寒和大寒等节气。

图 5-79

图 5-80

1）立冬

立冬标志着冬季的开始，日照时间缩短，气温逐渐下降，气候也由秋季干燥少雨向冬季阴雨寒冻转变。

2）小雪

小雪反映着气温与降水的变化趋势，小雪节气后，天气渐冷，降水量渐增，寒潮和强冷空气活动频繁。

3）大雪

大雪与小雪一样反映着气温与降水的变化趋势，代表仲冬时节的开始。此节气后气温下降明显，降水量也逐渐增加。

4）冬至

冬至是北半球各地昼最短、夜最长的一天，这一天后北半球各地白昼时长逐渐增加，但气温仍呈下降趋势，冬至之后中国各地气候将进入最冷的阶段。

5）小寒

小寒反映着气温冷暖变化，气温寒冷，但还未至极点，气温仍处于下降趋势。中国北方地区小寒时节将比大寒更冷。

6）大寒

大寒是二十四节气中的最后一个节气，该节气和小寒一样反映着气温冷暖变化。大寒处于三九、四九时段，是一年中最寒冷的时节。

文本的创建与编辑

内容导读

文本是动画中非常常见的元素，可以清晰地展现动画制作者的思想理念。本章将对静态文本、动态文本等文本类型，文本属性、段落格式、分离变形文本等编辑文本的操作，滤镜的作用与编辑进行讲解。

思维导图

- 文本的创建与编辑
  - 编辑文本
    - 设置文字属性——设置文本显示
    - 设置段落格式——设置段落效果
    - 创建文本链接——创建链接
    - 分离文本——将文本分离为字符或填充
    - 变形文本——变换文本
  - 文本类型
    - 静态文本——普通文本
    - 动态文本——动态更新
    - 输入文本——测试时可输入文本
  - 应用滤镜
    - 认识滤镜——认识预设滤镜
    - 编辑滤镜——滤镜的编辑操作

6.1 文本类型

文本在动画中可以起到揭示内涵、展示思想的作用。Animate中的文本包括静态文本、动态文本和输入文本3种类型，下面将对这3种文本类型进行说明。

6.1.1 案例解析——创建静态文本

在学习文本类型之前，可以先跟随以下步骤了解并熟悉，即通过“文本工具”T创建静态文本。

步骤 01 新建一个640像素×480像素大小的空白文档，导入本章素材文件，如图6-1所示。修改“图层_1”的名称为“背景”，并锁定该图层。

步骤 02 新建图层并修改名称为“文本”。选择“文本工具”T，在“属性”面板中设置参数，如图6-2所示。

图 6-1　　图 6-2

步骤 03 在舞台中的合适位置单击并输入文字，按Enter键换行，效果如图6-3所示。

至此，完成静态文本的创建。

图 6-3

6.1.2 静态文本——普通文本

静态文本是大量信息的传播载体，在动画运行期间不可以编辑修改。该类型文本主要用于文字的输入与编排，起到解释说明的作用。选择工具箱中的“文本工具”T或按T键切换至文本工具，在“属性”面板的“实例行为”下拉列表框中选择“静态文本”选项，如图6-4所示。

图 6-4

在Animate中创建静态文本包括文本标签和文本框两种方式，这两种方式的最大区别在于有无自动换行。下面将对静态文本的创建进行介绍。

1. 文本标签

选择工具箱中的“文本工具”T或按T键切换至文本工具，在“属性”面板中设置文本类型为静态文本，在舞台上单击鼠标，即可看到一个右上角显示圆形手柄的文字输入框，在该输入框中输入文字，文本框会随着文字的添加自动扩展，而不会自动换行，如图6-5所示。按Enter键可进行换行。

2. 文本框

选择“文本工具”T，在舞台区域中按住鼠标左键拖动绘制出一个虚线文本框，调整文本框的宽度，释放鼠标后将得到一个文本框，此时可以看到文本框的右上角显示方形手柄。这说明文本框已经限定了宽度，当输入的文字超过限制宽度时，将自动换行，如图6-6所示。

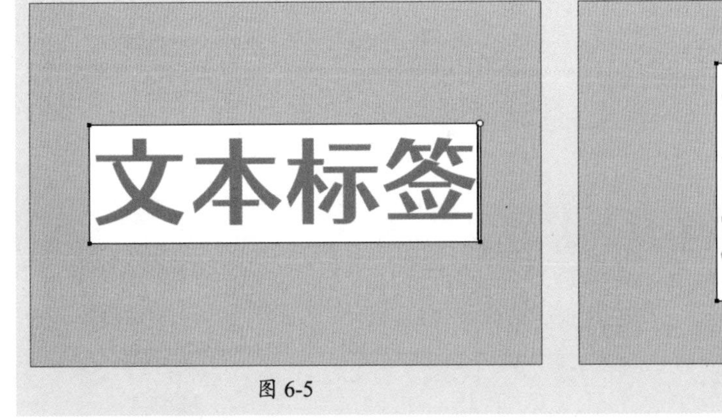

图 6-5

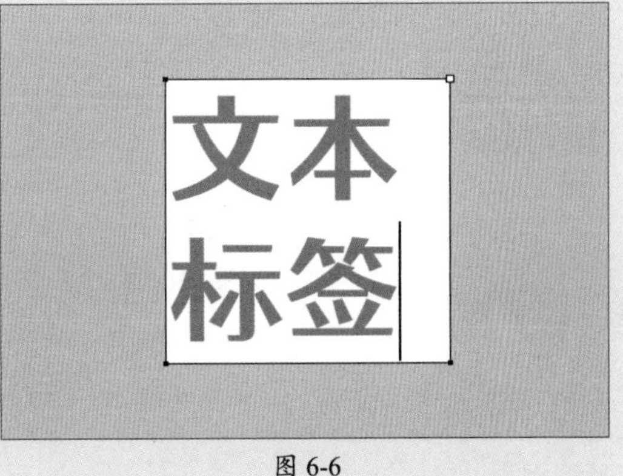

图 6-6

通过拖动鼠标可以随意调整文本框的宽度，如果需要对文本框的尺寸进行精确的调整，可以在“属性”面板中输入文本框的宽度与高度值。

操作提示

双击文本框右上角的方形手柄，可将文本框转换为文本标签。

6.1.3 动态文本——动态更新

动态文本在动画运行的过程中可以通过ActionScript脚本进行编辑修改。动态文本可以显示外部文件的文本，主要应用于数据的更新。制作动态文本区域后，接着创建一个外部文件，并通过脚本语言使外部文件链接到动态文本框中。若需要修改文本框中的内容，则只需更改外部文件中的内容。

在“属性”面板的“实例行为”下拉列表框中选择“动态文本”选项，切换至动态文本输入状态，如图6-7所示。其中部分选项的作用如下。

- **将文本呈现为HTML**：在“字符”选项区域中单击该按钮，可设置当前的文本框内容为HTML内容，这样一些简单的HTML标记就可以被Flash播放器识别并进行渲染。
- **在文本周围显示边框**：在“字符”选项区域中单击该按钮，可显示文本框的边框和背景。
- **行为**：当文本包含的文本内容多于一行时，使用“段落”选项区域中的“行为”下拉列表框可以设置单行、多行或多行不换行显示。

图 6-7

6.1.4 输入文本——测试时可输入文本

输入文本可以实现交互式操作，在生成Animate影片时浏览者可以在创建的文本框中输入文本，以达到某种信息交换或收集的目的。在“属性”面板的“实例行为”下拉列表框中选择“输入文本”选项，切换至输入文本状态，如图6-8所示。

图 6-8

在输入文本类型中，对文本各种属性的设置主要是为浏览者的输入服务的。即当浏览者输入文字时，会按照在“属性”面板中对文字颜色、字体和字号等参数的设置来显示输入的文字。

6.2 编辑文本

创建文本后用户可以在“属性”面板中设置文字属性、段落格式等调整文本显示，还可以将文本分离为填充进行操作。本节将对此进行介绍。

6.2.1 案例解析——制作文字演变动画

在学习编辑文本之前，可以先跟随以下步骤了解并熟悉，即根据分离文本制作文字演变动画。

步骤 01 新建一个480像素×480像素的空白文档，修改“图层_1”的名称为“文字”。使用“文本工具”在舞台中单击输入文字，如图6-9所示。

步骤 02 选中输入的文字，在“属性”面板的“字符”选项区域中设置参数，如图6-10所示。

图 6-9

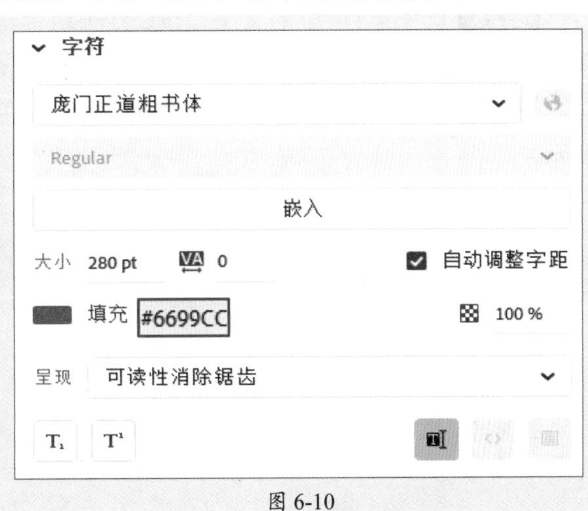

图 6-10

步骤 03 此时舞台中的文字效果如图6-11所示。

步骤 04 在“文字”图层的第50帧，按F6键插入关键帧，选中舞台中的文字，在“属性”面板的“字符”选项区域中修改文字参数，如图6-12所示。

图 6-11

图 6-12

步骤 05 按Ctrl+B组合键分离文字，效果如图6-13所示。

步骤 06 使用“选择工具”选中文字部分，按Delete键删除，确保第1帧和第50帧中的文字形状大体对应，如图6-14所示。

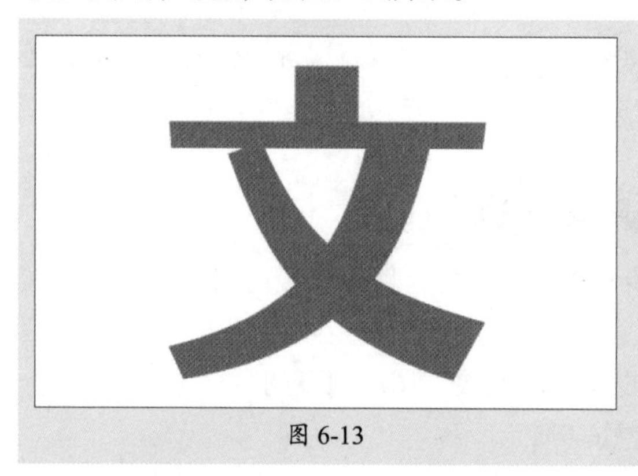

图 6-13

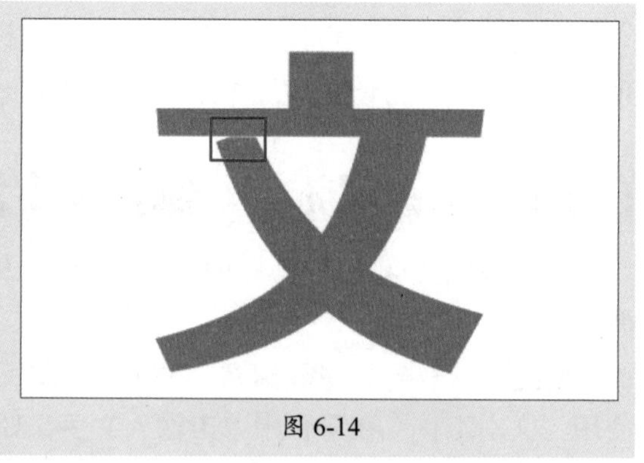

图 6-14

步骤 07 选中第1帧中的文字，按Ctrl+B组合键分离。选中第1～50帧之间的任意一帧，单击“时间轴”面板中的“插入形状补间”按钮，插入形状补间动画，如图6-15所示。

步骤 08 选中第1帧，按Ctrl+Shift+H组合键添加形状提示，将其移动至边缘处，如图6-16所示。

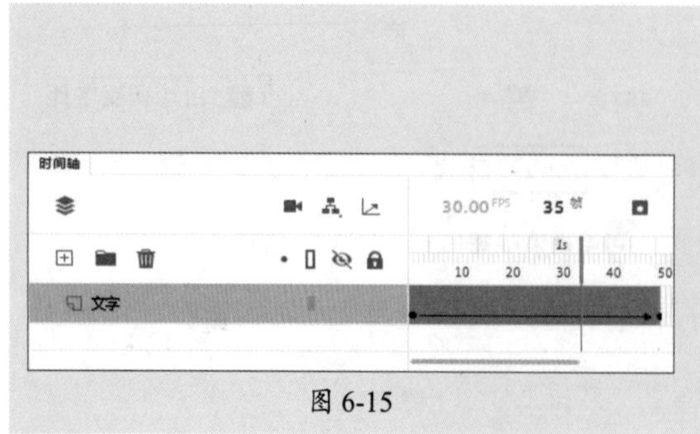

图 6-15

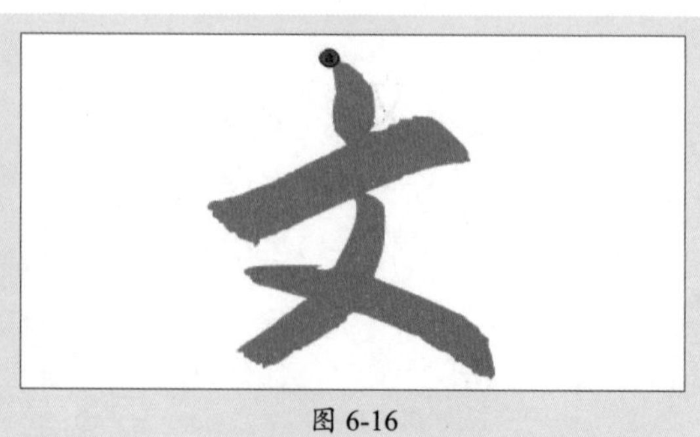

图 6-16

步骤 09 选中第50帧，移动形状提示位置至第1帧对应处，此时形状提示变为绿色，如图6-17所示。

> **操作提示**
>
> 形状提示对应成功后，第1帧中的形状提示将变为黄色，第25帧中的形状提示将变为绿色。

步骤 10 使用相同的方法，继续添加形状提示使文字演变更加规范，如图6-18所示。

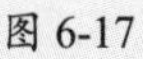

图 6-17

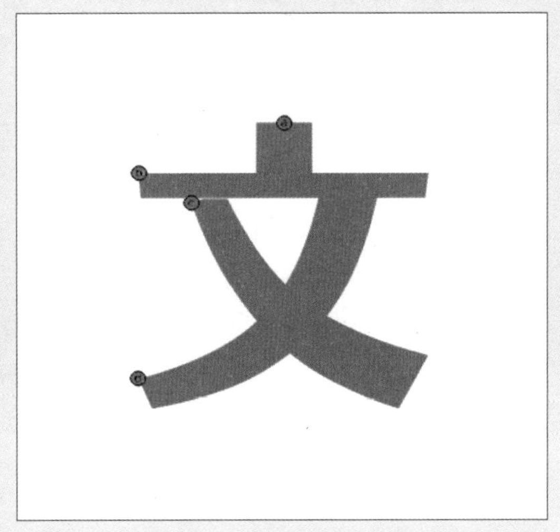

图 6-18

步骤 11 在第80帧按F5键插入普通帧。至此完成文字演变动画的制作，按Ctrl+Enter组合键预览效果，如图6-19所示。

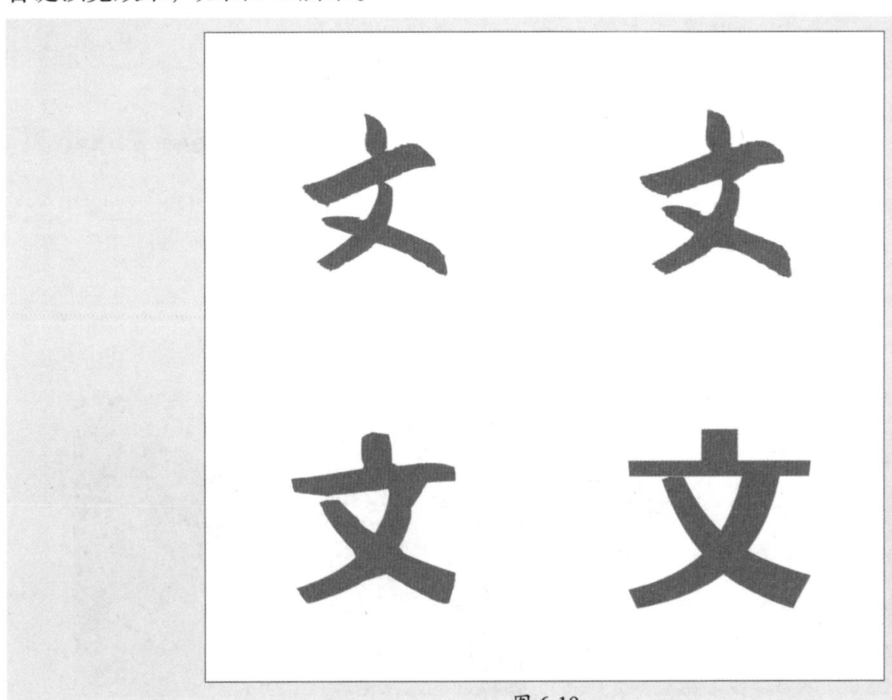

图 6-19

6.2.2 设置文字属性——设置文本显示

选中输入的文本，在“属性”面板的“字符”选项区域中即可设置字符属性，如图6-20所示。该区域中部分常用选项的作用如下。

图 6-20

- **字体：**用于设置文本字体。
- **字体样式：**用于设置字体样式，包括不同字重、粗体、斜体等。部分字体可用。
- **大小：**用于设置文本大小。
- **字符间距**：用于设置字符之间的距离，单击后可直接输入数值来改变文字间距，数值越大，间距越大。
- **填充：**用于设置文本颜色。
- **自动调整字距：**用于在特定字符之间加大或缩小距离。选中“自动调整字距”复选框，将使用字体中的字距微调信息；取消选中“自动调整字距”复选框，将忽略字体中的字距微调信息，不应用字距调整。
- **呈现：**该下拉列表框中包括“使用设备字体”“位图文本（无消除锯齿）”“动画消除锯齿”“可读性消除锯齿”以及“自定义消除锯齿”5个选项，选择不同的选项可以看到不同的字体呈现方法。

6.2.3 设置段落格式——设置段落效果

“属性”面板的“段落”选项区域中的选项可以设置文本段落的缩进、行距、边距等属性，如图6-21所示。该区域中部分常用选项的作用如下。

- **对齐**：用于设置文本的对齐方式，包括“左对齐”、“居中对齐”、“右对齐”和“两端对齐”4种类型，用户可以根据需要选择合适的对齐方式。
- **缩进**：用于设置段落首行缩进的大小。
- **行距**：用于设置段落中相邻行之间的距离。
- **左边距/右边距**：用于设置段落左右边距的大小。
- **行为：**用于设置段落单行、多行或者多行不换行。

段落
0 像素 2 点
0 像素 0 像素
行为 多行

图 6-21

图6-22、图6-23所示分别为选择“左对齐”和“居中对齐”的效果。

图 6-22

图 6-23

6.2.4 创建文本链接——创建链接

文本链接可以将文本链接至指定的文件或网页，测试影片时单击即可进行跳转。选中文本，在“属性”面板的“选项”区域的“链接”文本框中输入链接的地址，如图6-24所示。按Ctrl+Enter组合键测试影片，当鼠标指针经过链接的文本时，鼠标指针将变成手形，如图6-25所示。单击即可打开链接的内容。

图 6-24　　图 6-25

6.2.5 分离文本——将文本分离为字符或填充

Animate中的文本可以分离成单个文本或填充对象进行编辑。选中文本，执行“修改”|“分离”命令或按Ctrl+B组合键，即可将文本分离成单个文本，如图6-26、图6-27所示。再次执行该命令可将单个文本分离成填充对象。

图 6-26

图 6-27

操作提示

将文本分离为填充对象后就不再具备文本的属性。

6.2.6 变形文本——变换文本

文本对象可以像Animate中的其他对象一样使用“任意变形工具”或“变形”命令进行变形操作。下面将对此进行介绍。

1. 缩放文本

选中文本，选择“任意变形工具”，移动鼠标至控制点处，按住鼠标左键拖动即可缩放选中的文本，如图6-28、图6-29所示。

图 6-28

图 6-29

操作提示

按住Shift键拖动可等比例缩放。

2. 旋转与倾斜

选中文本，选择“任意变形工具”，移动鼠标至任意一个角点上，当鼠标指针变为↻形状时，按住鼠标左键拖动即可旋转文本，如图6-30所示。将鼠标指针移动至任意一边上，当鼠标指针变为⇆或⇅形状时，按住鼠标左键拖动即可在垂直或水平方向倾斜选中的对象，如图6-31所示。

图 6-30

图 6-31

3. 翻转文本

选中文本，执行“修改”|“变形”|“水平翻转”（或“垂直翻转”）命令，即可实现文本对象的翻转操作。图6-32、图6-33所示分别为水平翻转和垂直翻转的效果。

图 6-32

图 6-33

操作提示

用户也可以选中文本对象后执行“修改”|“变形”命令，或右击鼠标，在弹出的快捷菜单中执行“变形”命令，执行其子菜单中的命令变形文本对象。

6.3 应用滤镜

使用滤镜可以制作出更加丰富的效果。在Animate软件中，用户可以为文字、按钮元件及影片剪辑元件添加滤镜效果。本节将对滤镜进行讲解。

6.3.1 案例解析——制作镂空文字

在学习应用滤镜之前，可以跟随以下步骤了解并熟悉，即根据滤镜制作镂空文字效果。

步骤 01 新建一个640像素×480像素大小的空白文档，导入本章素材文件，如图6-34所示。修改“图层_1”的名称为“背景”，并锁定图层。

步骤 02 新建“文字”图层，使用“文本工具”在舞台中的合适位置单击，输入文字，如图6-35所示。

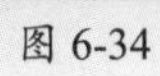

图 6-34

图 6-35

步骤 03 选中文字，在“属性”面板的“滤镜”选项区域中单击“添加滤镜”按钮[+]，在弹出的下拉菜单中执行“投影”命令，添加“投影”滤镜，并设置参数，如图6-36所示。

步骤 04 此时舞台中的文字效果如图6-37所示。

图 6-36

图 6-37

至此，完成镂空文字的制作。

6.3.2 认识滤镜——认识预设滤镜

Animate中包括投影、模糊、发光、斜角、渐变发光、渐变斜角和调整颜色7种滤镜，添加并设置后效果如图6-38所示。下面对这7种滤镜进行介绍。

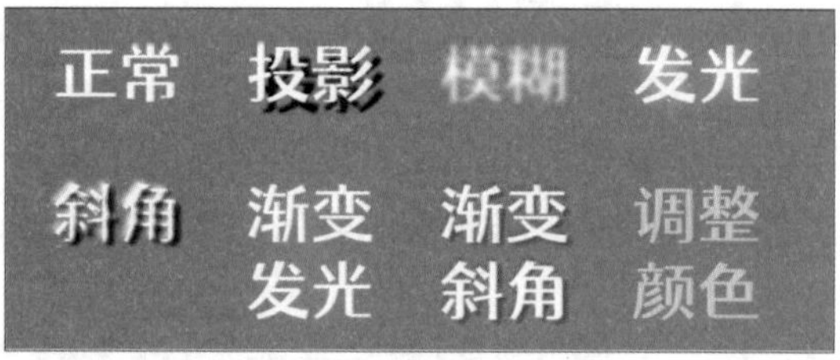

图 6-38

1. 投影

“投影”滤镜可以模拟投影效果，使对象更具立体感。选中要添加滤镜的对象，在“属性”面板的“滤镜”选项区域中单击“添加滤镜”按钮，在弹出的下拉菜单中执行“投影”命令，即可添加“投影”滤镜效果，添加后可在该区域中对“投影”滤镜进行设置，如图6-39所示。

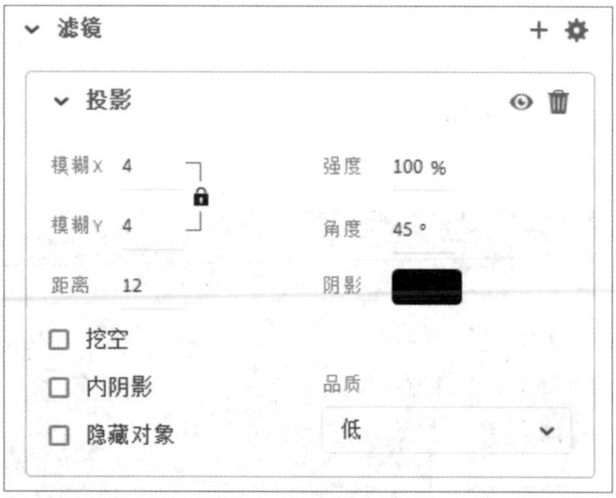

图 6-39

“投影”选项区域中各选项的作用如下。

- **模糊X和模糊Y：** 用于设置投影的宽度和高度。
- **强度：** 用于设置阴影暗度。数值越大，阴影越暗。
- **角度：** 用于设置阴影角度。
- **距离：** 用于设置阴影与对象之间的距离。
- **阴影：** 用于设置阴影颜色。
- **挖空：** 选中该复选框将从视觉上隐藏源对象，并在挖空图像上只显示投影。

- **内阴影：** 选中该复选框将在对象边界内应用阴影。
- **隐藏对象：** 选中该复选框将隐藏对象，只显示其阴影。
- **品质：** 用于设置投影质量级别。设置为“高”则近似于高斯模糊。设置为“低”可以实现最佳的播放性能。

2. 模糊

“模糊”滤镜可以柔化对象的边缘和细节。在“滤镜”选项区域中单击“添加滤镜”按钮[+]，在弹出的下拉菜单中执行“模糊”命令即可。

3. 发光

“发光”滤镜可以为对象的整个边缘应用颜色，使对象的边缘产生光线投射效果。在Animate软件中既可以使对象的内部发光，也可以使对象的外部发光。图6-40所示为“发光”滤镜的选项面板。

4. 斜角

“斜角”滤镜可以使对象看起来凸出于背景表面，制作出立体的浮雕效果。在“斜角”选项区域中，用户可以对模糊、强度、角度、距离、阴影、类型以及品质等参数进行设置，如图6-41所示。

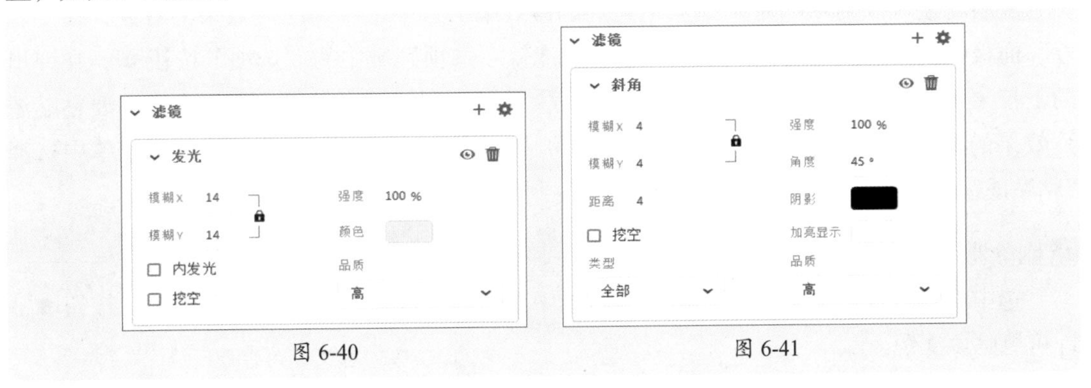

图 6-40　　图 6-41

5. 渐变发光

“渐变发光”滤镜可以在对象表面产生带渐变颜色的发光效果。渐变发光要求渐变开始处颜色的Alpha值为0，用户可以改变其颜色，但是不能移动其位置。渐变发光和发光的主要区别在于发光的颜色，渐变发光滤镜效果可以添加渐变颜色。

6. 渐变斜角

“渐变斜角”滤镜效果与“斜角”滤镜效果相似，可以使编辑对象表面产生一种凸起效果。但是“斜角”滤镜只能够更改其阴影色和加亮色两种颜色，而“渐变斜角”滤镜可以添加渐变色，如图6-42所示。渐变斜角中间颜色的Alpha值为0，用户可以改变其颜色，但是不能移动其位置。

7. 调整颜色

“调整颜色”滤镜可以改变对象的颜色属性，包括对象的亮度、对比度、饱和度和色相属性，如图6-43所示。

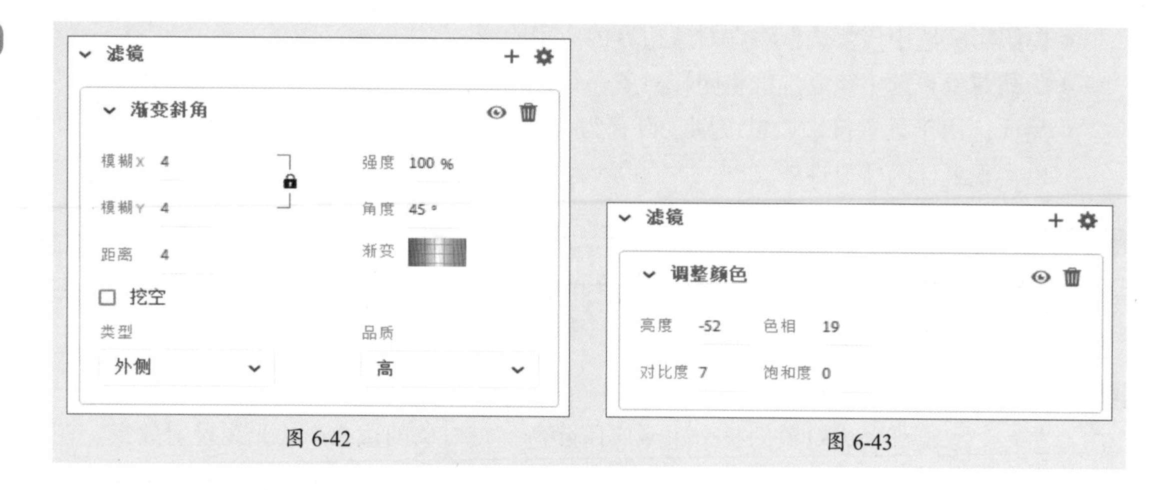

图 6-42　　图 6-43

6.3.3 编辑滤镜——滤镜的编辑操作

添加滤镜后，用户可以根据需要复制、删除滤镜，还可以自定义滤镜。下面将对此进行介绍。

1. 复制滤镜

复制滤镜可以为不同对象添加相同的滤镜效果。选中已添加滤镜效果的对象，在“属性”面板中选中要复制的滤镜效果，单击“滤镜”选项区域中的“选项”按钮，在弹出的下拉菜单中执行“复制选定的滤镜”命令，即可复制滤镜参数；在舞台中选中要粘贴滤镜效果的对象，单击“滤镜”选项区域中的“选项”按钮，在弹出的下拉菜单中选择“粘贴滤镜”命令，即可为选中的对象添加复制的滤镜效果。

2. 删除滤镜

选中添加滤镜的对象，在“属性”面板中单击相应滤镜右侧的“删除滤镜”按钮，即可删除该滤镜。

操作提示

若只想隐藏滤镜效果，可在“属性”面板中单击相应滤镜右侧的“启用或禁用滤镜”按钮启用或隐藏该滤镜效果。

3. 自定义滤镜

Animate支持用户将常用的滤镜效果存为预设，以便制作动画时使用。选中“属性”面板的“滤镜”选项区域中的滤镜效果，单击“滤镜”选项区域中的“选项”按钮，在弹出的下拉菜单中执行“另存为预设”命令，打开“将预设另存为”对话框，设置预设名称，如图6-44所示。完成后单击“确定”按钮，即可将选中的滤镜效果另存为预设。使用时单击“滤镜”选项区域中的“选项”按钮，在弹出的下拉菜单中执行滤镜命令即可，如图6-45所示。

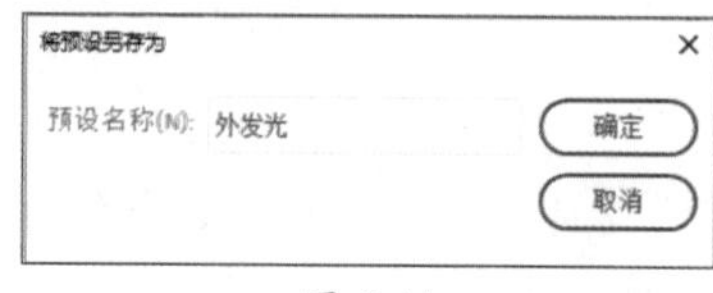

图 6-44

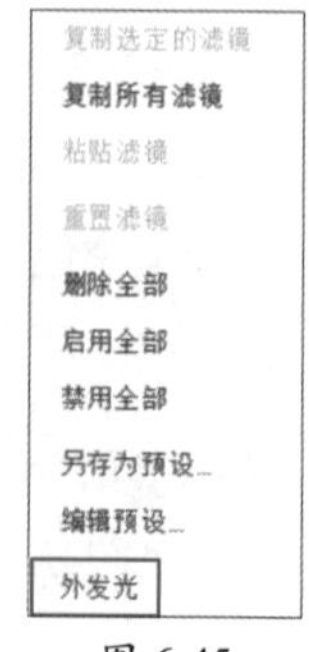

图 6-45

课堂实战 制作诗词课件

本章课堂实战练习制作诗词课件。综合练习本章的知识点，以熟练掌握和巩固素材的操作。下面介绍具体的操作步骤。

步骤01 执行“文件”|“打开”命令，打开本章素材文件，并将其另存。从“库”面板中拖曳“冬”图形元件至舞台中合适位置，如图6-46所示。

步骤02 在第2帧按F7键插入空白关键帧，拖曳“冬夜”图形元件至舞台中合适位置，如图6-47所示。修改“图层_1”的名称为“背景”，锁定图层。

图 6-46

图 6-47

步骤03 在“背景”图层的上方新建“文字”图层，选中第1帧，使用“文本工具”在舞台中的合适位置单击，输入文字，按Enter键换行，在“属性”面板中设置参数，如图6-48所示。调整后舞台中的效果如图6-49所示。

图 6-48

图 6-49

步骤 04 双击舞台中的文字进入编辑模式，选中作者及朝代，在“属性”面板中设置参数，如图6-50所示。选中标题，在“段落”选项区域中设置“行距”为-8点，调整后效果如图6-51所示。

字符
仓耳渔阳体
W01
嵌入
大小 10 pt　0　自动调整字距
填充　100 %
呈现　可读性消除锯齿

图 6-50

图 6-51

步骤 05 在“文字”图层的第2帧按F7键插入空白关键帧，使用相同的方法输入文字并设置参数，效果如图6-52所示。

步骤 06 在“文字”图层的上方新建“切换”图层，选中图层第1帧，将“库”面板中的“右.png”拖曳至舞台中合适位置，如图6-53所示。

图 6-52

图 6-53

步骤 07 选中“右.png”，按F8键将其转换为按钮元件，并在“属性”面板中设置其实例名称为bt，如图6-54所示。

步骤 08 在“切换”图层的第2帧按F7键插入空白关键帧，导入“左.png”并将其转换为按钮元件，在“属性”面板中设置其实例名称为bt2，如图6-55所示。

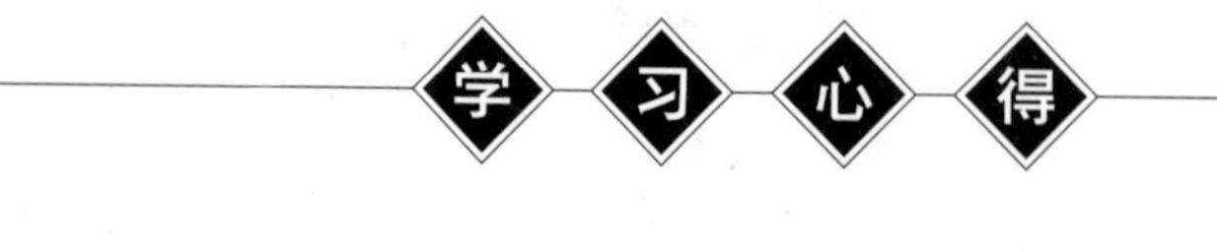

图 6-54

图 6-55

步骤 09 在“切换”图层的上方新建“动作”图层，在第1帧处右击鼠标，在弹出的快捷菜单中执行“动作”命令，打开“动作”面板输入代码，如图6-56所示。

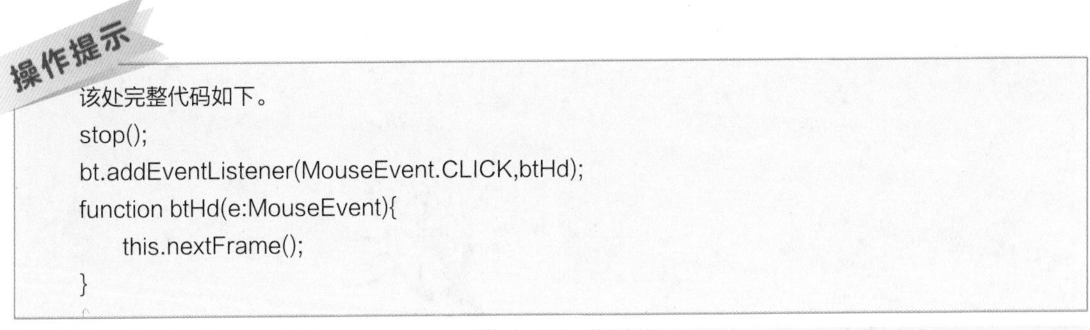

操作提示

该处完整代码如下。

```
stop();
bt.addEventListener(MouseEvent.CLICK,btHd);
function btHd(e:MouseEvent){
    this.nextFrame();
}
```

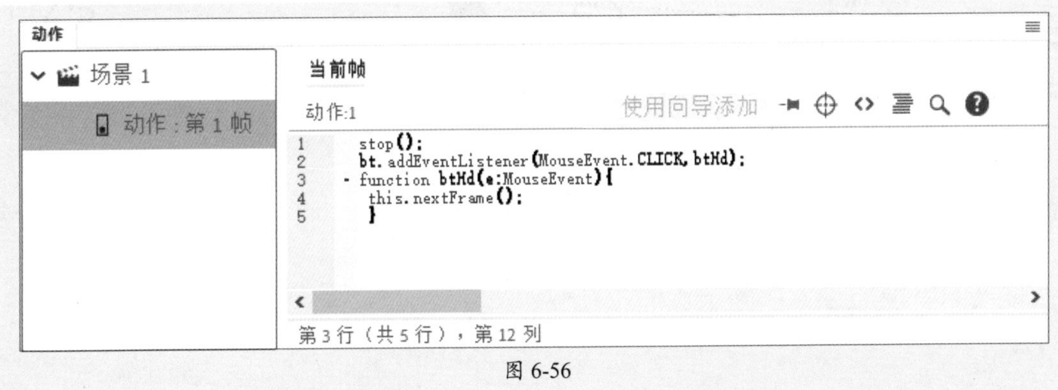

图 6-56

步骤 10 在“动作”图层的第2帧按F7键插入空白关键帧，使用相同的方法在第2帧添加代码，如图6-57所示。

操作提示

该处完整代码如下：

```
stop();
bt2.addEventListener(MouseEvent.CLICK,a1ClickHandler);
function a1ClickHandler(event:MouseEvent)
{
    gotoAndPlay(1);
}
```

图 6-57

步骤 11 至此，完成诗词课件的制作。按Ctrl+Enter组合键测试预览，单击按钮元件即可切换课件，效果如图6-58所示。

图 6-58

学习心得

课后练习 制作手写文字效果

下面将综合本章学习的知识制作手写文字效果，如图6-59所示。

图 6-59

1. 技术要点

- 新建文档并导入素材，设置舞台颜色。
- 新建文字图层，输入文字并分离为填充，将分离后的文字转换为影片剪辑元件。
- 在元件编辑模式中逐帧删除文字内容，在最后一帧处添加停止代码。

2. 分步演示

本实例的分步演示效果如图6-60所示。

图 6-60

拓展赏析

中国非遗之皮影戏

皮影戏距今已有一千多年的历史，是中国最早出现的戏曲剧种之一。皮影戏又称“灯影戏”“影子戏”，是一种以皮制或纸制的彩色影偶形象，伴随音乐和演唱进行表演的戏剧形式，如图6-61所示。表演时皮影表演者在幕后通过木杆操纵影偶，搭配灯光、唱腔、打击乐、弦乐等，创造出完整的戏曲演出效果。

图 6-61

我国疆域辽阔，受不同地方的风俗特色、流行曲调的影响，皮影戏演化出了不同的流派，其中较为常见的有四川皮影、湖北皮影、湖南皮影、北京皮影、唐山皮影、山东皮影、山西皮影、青海皮影、宁夏皮影、陕西皮影、川北皮影、陇东皮影等。这些流派在音乐唱腔、表现上具有独特的风格，但制作程序大体相同，通常要经过选皮、制皮、画稿、过稿、镂刻、敷彩、发汗熨平、缀结合成8道工序，颜色则以红、黄、青、绿、黑5种颜色为主。

中国皮影戏源远流长，糅合了当地的文化历史、民俗信仰等信息，是中华民族不可缺少的文化遗产。2011年皮影戏被列入人类非物质文化遗产代表作名录，作为中国非物质文化遗产中的一颗明珠，闪耀在世界文化之林。

第7章

常见动画的制作

内容导读

动画制作是Animate软件最基本、最重要的功能。本章将对逐帧动画的特点与制作，传统补间动画、补间动画、形状补间动画及动画预设，引导动画的原理与创建，遮罩动画的原理与创建，事件、动作及脚本等交互动画制作知识进行讲解。

思维导图

- 常见动画的制作
  - 逐帧动画
  - 补间动画
    - 传统补间动画——常用动画
    - 补间动画——运动路径调整
    - 形状补间动画——形状变化动画
    - 使用动画预设——常用动画预设
  - 引导动画
    - 引导动画原理——引导动画简介
    - 创建引导动画——制作引导动画
  - 遮罩动画
    - 遮罩动画原理——遮罩动画简介
    - 创建遮罩动画——制作遮罩动画
  - 交互动画
    - 事件与动作——创建交互式动画
    - 脚本的编写与调试——常见脚本及调试方式

7.1 逐帧动画

逐帧动画是一种常见的动画形式，其原理是通过在时间轴的每帧上逐帧绘制不同的内容，当快速播放时，由于人的眼睛产生视觉暂留，就会感觉画面动了起来。本节将对逐帧动画的特点和制作方法进行讲解。

1. 逐帧动画的特点

逐帧动画适合制作每一帧都在变化且相邻关键帧中对象变化不大的复杂动画，具有以下5个特点。

- 逐帧动画会占用较大的内存，因此文件很大。
- 逐帧动画由许多单个的关键帧组合而成，每个关键帧均可独立编辑，且相邻关键帧中的对象变化不大。
- 逐帧动画具有非常大的灵活性，几乎可以表达任何形式的动画。
- 逐帧动画分解的帧越多，动作就会越流畅；适合于制作特别复杂及细节的动画。
- 逐帧动画中的每一帧都是关键帧，每个帧的内容都要进行手动编辑，工作量很大，这也是传统动画的制作方式。

2. 制作逐帧动画

在时间轴的每一帧中绘制内容即可制作逐帧动画，常用的制作逐帧动画的方法有以下4种。

- **绘图工具绘制：** 在Animate软件中使用绘图工具逐帧绘制场景中的内容创建逐帧动画。
- **文字逐帧动画：** 使用文字作为帧中的元件，实现文字跳跃、旋转等特效。
- **导入序列图像：** 在不同帧导入JPEG、PNG等格式的图像或直接将GIF格式的动画导入至舞台生成动画。
- **指令控制：** 在“时间轴”面板中逐帧写入动作脚本语句生成元件的变化。

7.2 补间动画

补间动画是一种使用元件创建的动画，可以实现大部分动画效果。Animate中包括传统补间动画、补间动画和形状补间动画3种类型的补间动画。下面将对这3种补间动画进行讲解。

7.2.1 案例解析——制作爱心跳动动画

在学习补间动画之前，可以跟随以下步骤了解并熟悉，即通过补间动画制作爱心跳动动画。

步骤 01 新建一个480像素×480像素大小的空白文档，设置舞台颜色为#FFE6DD。按Ctrl+R组合键导入本章素材文件并调整合适大小，如图7-1所示。

步骤02 选中导入的素材文件，按F8键将其转换为“爱心”图形元件，如图7-2所示。

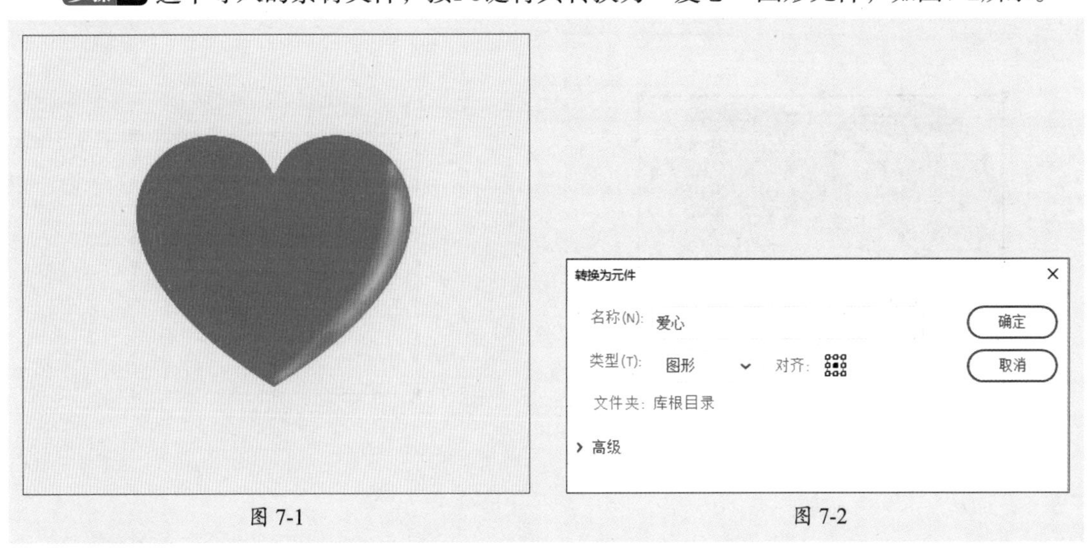

图 7-1　　图 7-2

步骤03 在“图层_1”图层的第80帧按F5键插入帧，选中第1～80帧之间的任意一帧，右击鼠标，在弹出的快捷菜单中执行“创建补间动画”命令，创建补间动画，如图7-3所示。

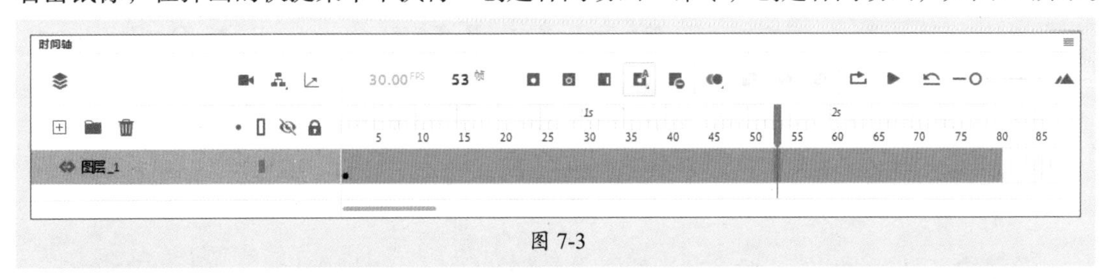

图 7-3

步骤04 选中图层的第20帧，按住Shift键使用“任意变形工具”在舞台中放大对象，如图7-4所示。

步骤05 选中图层的第40帧，按住Shift键使用“任意变形工具”在舞台中缩小对象，如图7-5所示。

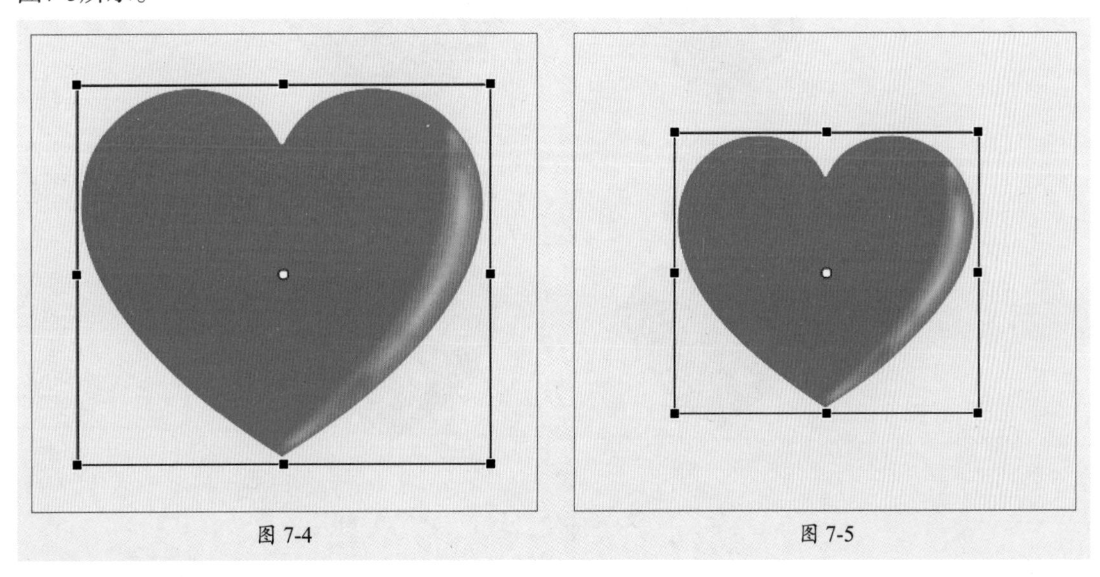

图 7-4　　图 7-5

步骤06 使用同样的方法，在第60帧和第80帧调整对象的大小，如图7-6和图7-7所示。

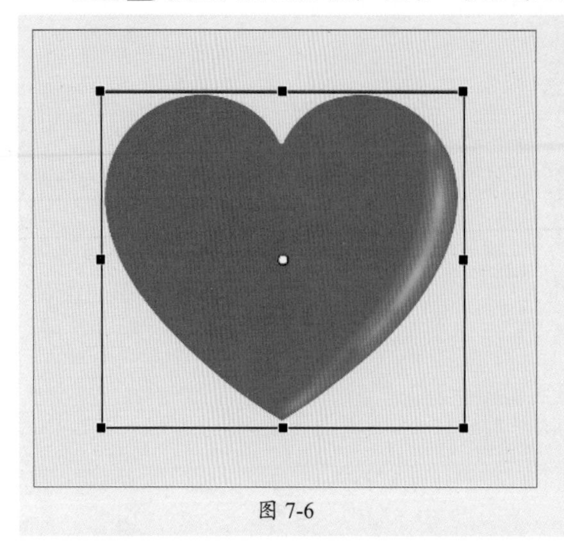

图 7-6

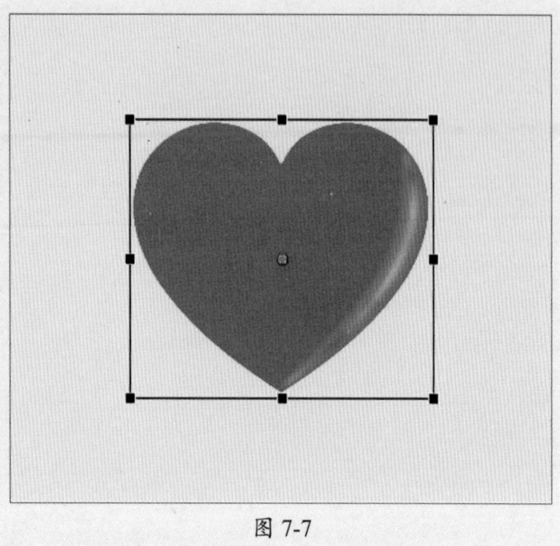

图 7-7

步骤07 调整后“时间轴”面板的相应位置将出现属性关键帧，如图7-8所示。

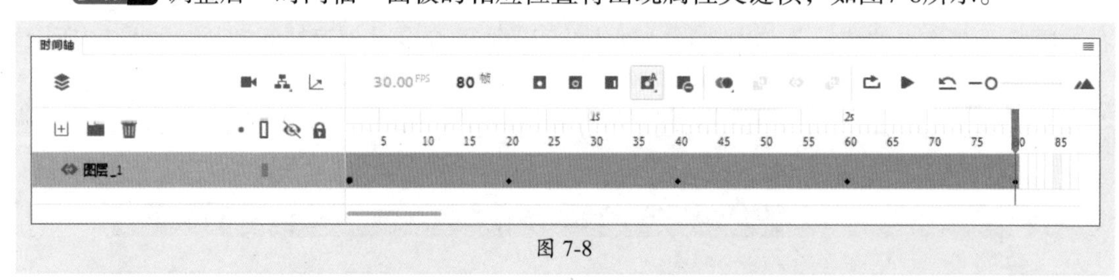

图 7-8

步骤08 至此，完成爱心跳动动画的制作。按Ctrl+Enter组合键测试，效果如图7-9所示。

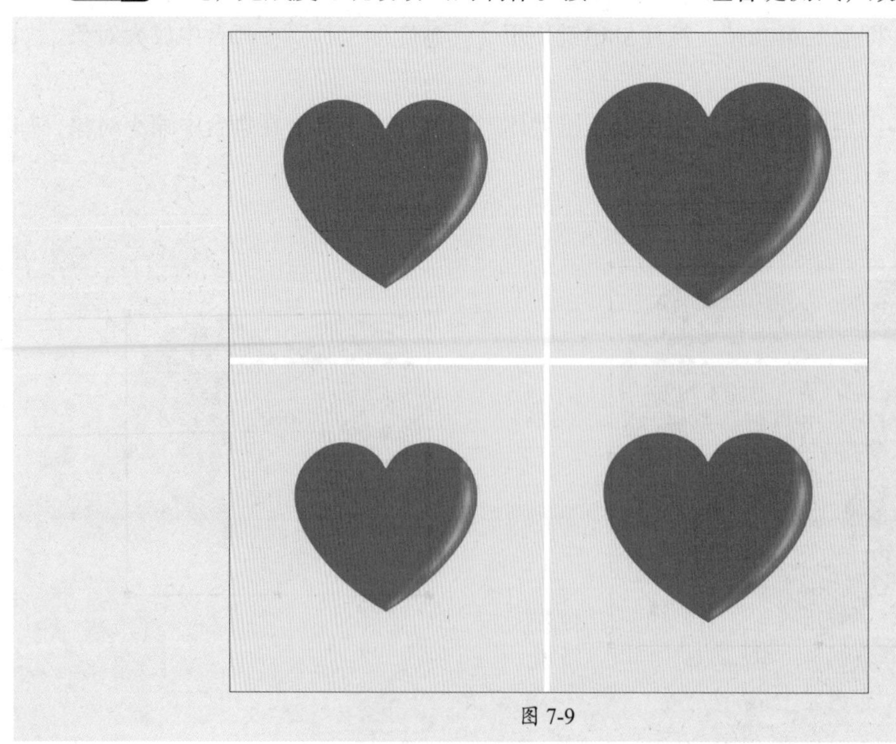

图 7-9

7.2.2 传统补间动画——常用动画

传统补间动画是指在一个关键帧中定义一个元件的实例、组合对象或文字块的大小、颜色、位置、透明度等属性，然后在另一个关键帧中改变这些属性，Animate根据二者之间的帧的值创建的动画。

选中两个关键帧之间的任意一帧并右击鼠标，在弹出的快捷菜单中执行“创建传统补间”命令或单击“时间轴”面板中的“插入传统补间”按钮，即可创建传统补间动画，此时两个关键帧之间变为淡紫色，在起始帧和结束帧之间有一个长箭头，如图7-10所示。

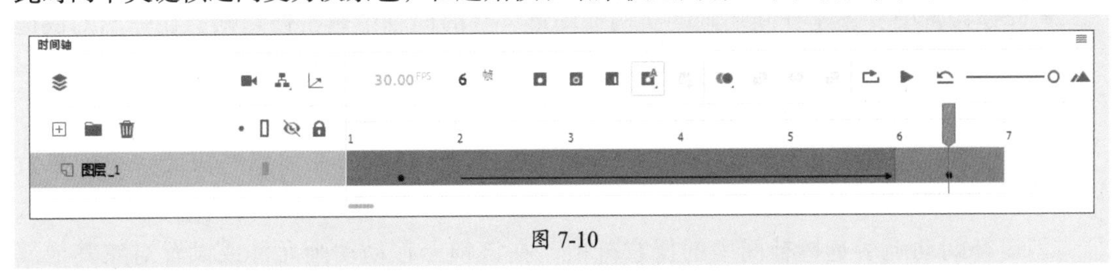

图 7-10

操作提示

若前后两个关键帧中的对象不是元件时，Animate会打开“将所选的内容转换为元件以进行补间”对话框将帧内容转换为元件。

选中传统补间动画之间的帧，在“属性”面板的“补间”选项区域中可以设置补间属性，如图7-11所示。

该选项区域中部分常用选项的作用如下。

- **缓动强度：** 缓动强度为“效果”选项右侧的数值部分，用于设置变形运动的加速或减速。0表示变形为匀速运动，负数表示变形为加速运动，正数表示变形为减速运动。
- **效果：** 单击该按钮，将打开预设的“缓动效果”面板，如图7-12所示。双击预设的缓动效果即可应用。

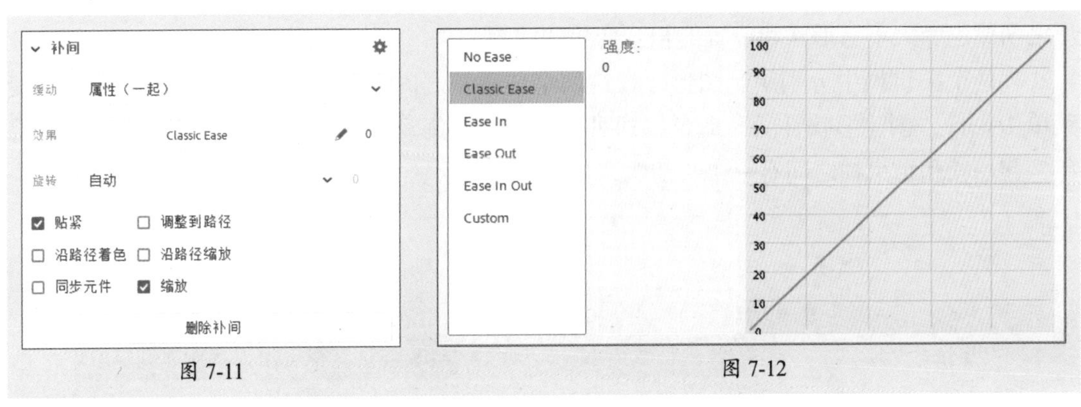

图 7-11　　图 7-12

- **旋转：** 用于设置对象渐变过程中是否旋转以及旋转的方向和次数。
- **贴紧：** 选中该复选框，能够使动画自动吸附到路径上移动。
- **同步元件：** 选中该复选框，使图形元件的实例动画和主时间轴同步。

- **调整到路径：** 用于引导层动画，选中该复选框，可以使对象紧贴路径来移动。
- **缩放：** 选中该复选框，可以改变对象的大小。

7.2.3 补间动画——运动路径调整

补间动画可以通过为第一帧和最后一帧之间的某个对象属性指定不同的值来创建动画运动，常用于制作由于对象的连续运动或变形构成的动画。与传统补间和形状补间相比，补间动画会自动构建运动路径。创建补间动画的方法有以下3种。

- 选择舞台中要创建补间动画的实例或图形，在时间轴中右击任意帧，在弹出的快捷菜单中选择“创建补间动画”命令。
- 选择舞台中要创建补间动画的实例或图形，执行“插入”|“创建补间动画”命令。
- 选择舞台中要创建补间动画的实例或图形，右击对象，在弹出的快捷菜单中执行“创建补间动画”命令。

创建补间动画后选择补间中的任意一帧，在该帧上移动动画元件或设置对象其他属性，Animate会自动构建运动路径，以便为第一帧和下一个关键帧之间的各个帧设置动画。图7-13所示为添加补间动画后的“时间轴”面板，其中黑色菱形表示最后一个帧和任何其他属性关键帧。

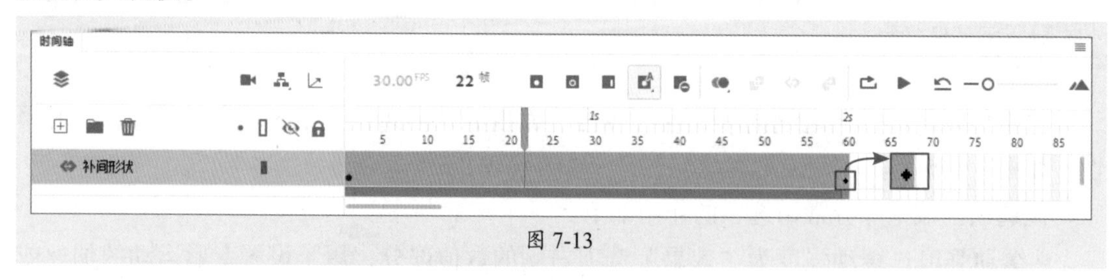

图 7-13

7.2.4 形状补间动画——形状变化动画

形状补间动画可以在两个具有不同矢量形状的帧之间创建中间形状，从而实现两个图形之间颜色、大小、形状和位置的相互变化的动画。

在两个关键帧中分别绘制图形，在这两个关键帧之间的帧上右击鼠标，在弹出的快捷菜单中执行“创建形状补间”命令，即可创建形状补间动画，此时两个关键帧之间变为棕色，起始帧和结束帧之间有一个长箭头，如图7-14所示。

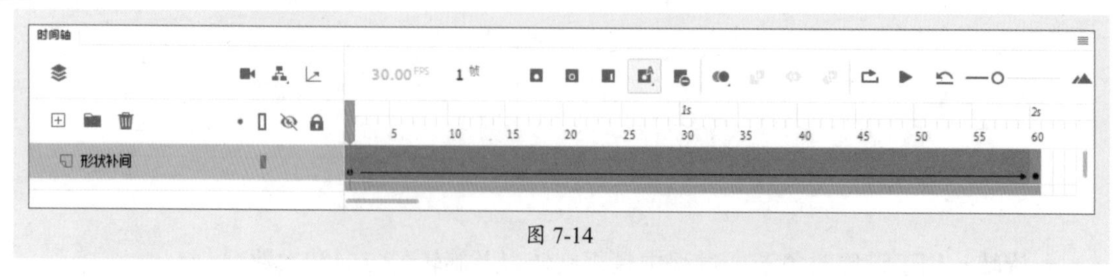

图 7-14

选中形状补间动画之间的帧，在“属性”面板的“补间”选项区域中可以设置补间属性，如图7-15所示。该选项区域中部分常用选项的作用如下。

- **效果：** 用于选择缓动效果预设的变化速率。单击该按钮，将打开预设的“缓动效果”面板，双击预设的缓动效果即可应用。
- **编辑缓动 ：** 单击该按钮，将打开“自定义缓动”对话框，如图7-16所示。该对话框中显示一个运动程度随时间而变化的图形，其中水平轴表示帧，垂直轴表示变化的百分比。
- **混合：** 用于设置形状补间动画的变形形式，包括“分布式”和“角形”两个选项。其中“分布式”表示创建的动画中间形状比较平滑；“角形”表示创建的动画中间形状会保留明显的角和直线，适合具有锐化角度和直线的混合形状。

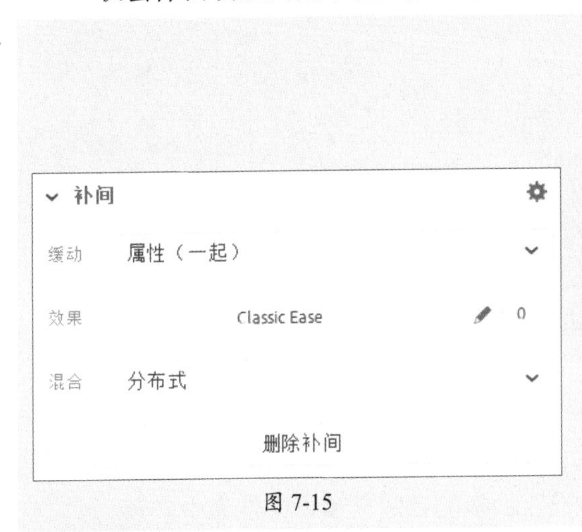

图 7-15

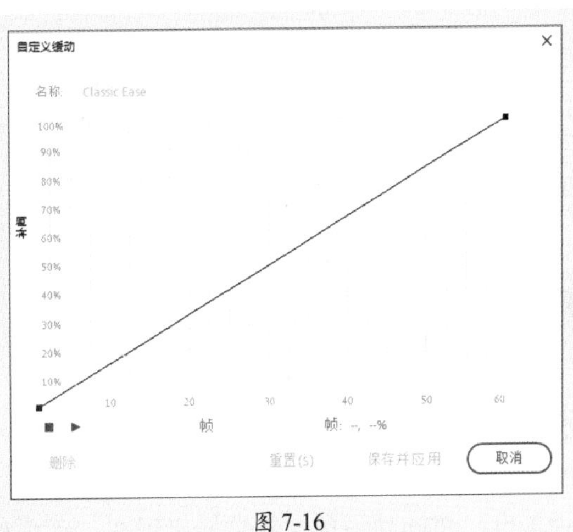

图 7-16

操作提示

形状补间动画可以通过形状提示创建对应关系影响变化效果。选中形状补间动画的第1帧，执行“修改”|“形状”|“添加形状提示”命令，即可在舞台中添加一个形状提示，将其移动至具有明显特点的边缘处后，在最后一帧移动形状提示至对应位置，此时第1帧中的形状提示变为黄色，最后1帧中的形状提示变为绿色。

7.2.5 使用动画预设——常用动画预设

动画预设的功能就像是一种动画模板，可以直接加载到元件上，每个动画预设都包含特定数量的帧。应用预设时，在时间轴中创建的补间范围将包含此数量的帧。如果目标对象已应用了不同长度的补间，补间范围将进行调整，以符合动画预设的长度，然后在应用预设后调整时间轴中补间范围的长度。

1. 应用动画预设

执行“窗口”|“动画预设”命令，打开“动画预设”面板，如图7-17所示。该面板中包括30项默认的动画预设，任选其中一个即可在预览窗口中预览效果。若想将动画预设应用至对象，需要选中舞台中的对象后，在“动画预设”面板中选中动画预设并单击“应用”按钮进行添加。

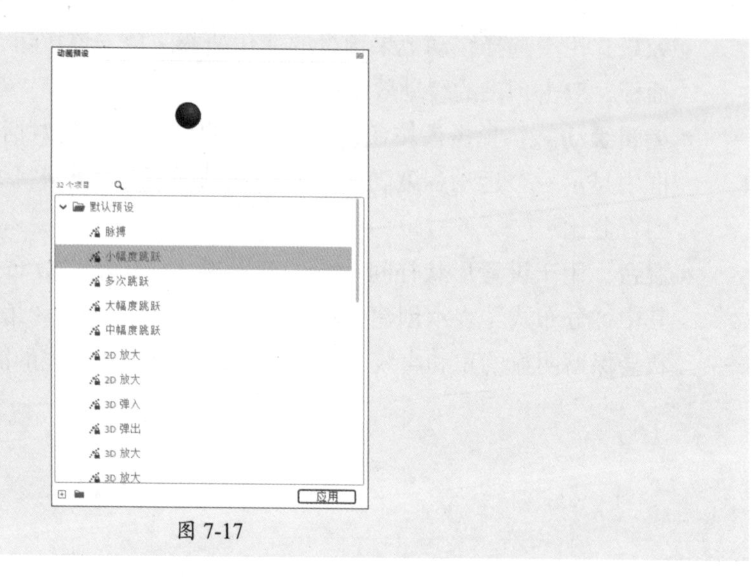

图 7-17

操作提示

每个对象只能应用一个预设，如果将第二个预设应用于相同的对象，则第二个预设将替换第一个预设。

2. 自定义动画预设

用户可以创建并保存自己的自定义预设，也可以修改现有的动画预设并另存为新的动画预设，新的动画预设效果将出现在“动画预设”面板的自定义预设文件夹中。

选中舞台中的补间对象，单击“动画预设”面板中的“将选区另存为预设”按钮或右击鼠标，在弹出的快捷菜单中执行“另存为动画预设”命令，打开“将预设另存为”对话框，如图7-18所示。在该对话框中设置预设名称后单击“确定”按钮，即可将选中的补间动画存储为自定义预设，如图7-19所示。

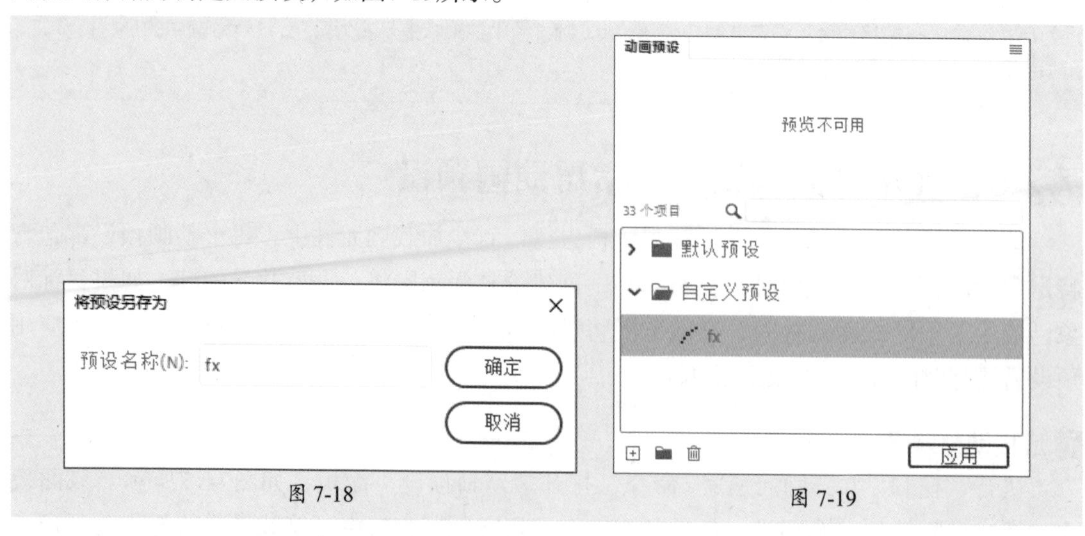

图 7-18　　图 7-19

操作提示

只有补间动画才可以另存为动画预设，传统补间和形状补间不可以。

7.3 引导动画

引导动画属于传统补间动画的一种，该类型动画是通过运动引导层控制对象的移动，制作出一个或多个元件呈现曲线或不规则运动的动画效果。

7.3.1 案例解析——制作树叶飘落动画

在学习引导动画之前，可以跟随以下步骤了解并熟悉，即根据引导动画制作树叶飘落效果。

步骤01 新建一个640像素×480像素大小的空白文档，修改“图层_1”的名称为“背景”，并导入本章素材文件，如图7-20所示。锁定“背景”图层。

步骤02 新建“树”图层，导入本章素材文件“蜂巢.png”，按Ctrl+B组合键分离图像，并删除透明部分，如图7-21所示。

图 7-20

图 7-21

步骤03 选中分离后的对象，按F8键将其转换为“树”影片剪辑元件，如图7-22所示。

步骤04 双击元件进入编辑模式，选中一个树叶将其转换为图形元件，如图7-23所示。

图 7-22

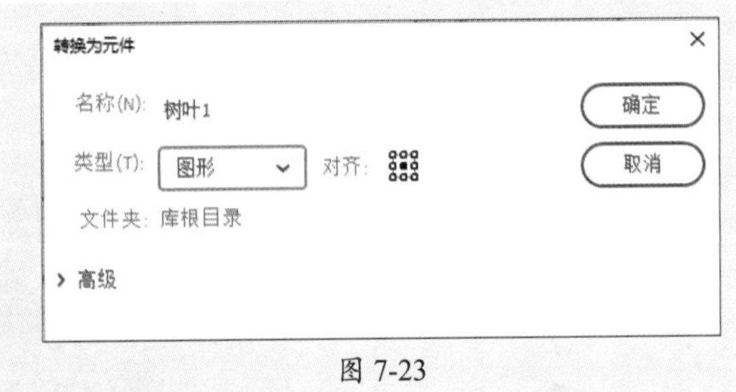

图 7-23

步骤05 使用相同的方法，将所有树叶和树叶之外的内容转换为图形元件，如图7-24所示。

步骤06 在舞台中选中所有树叶元件，右击鼠标，在弹出的快捷菜单中执行“分散到图层”命令，将元件分散至图层，修改“图层1”的名称为“枝干”，如图7-25所示。

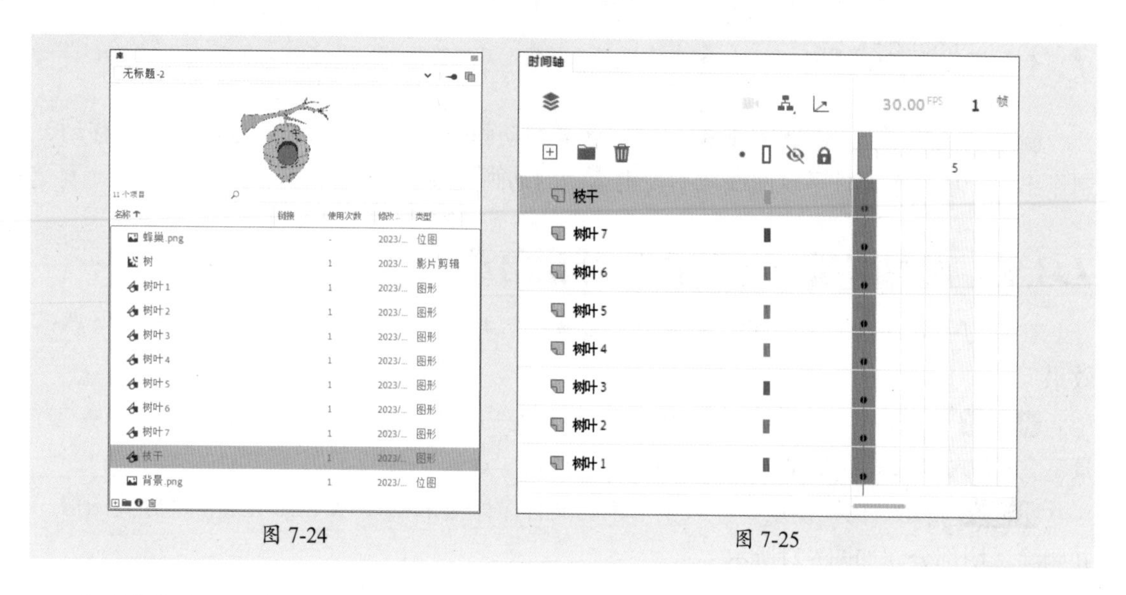

图 7-24　　　　图 7-25

步骤 07 选中所有图层的第100帧，按F6键插入关键帧，如图7-26所示。

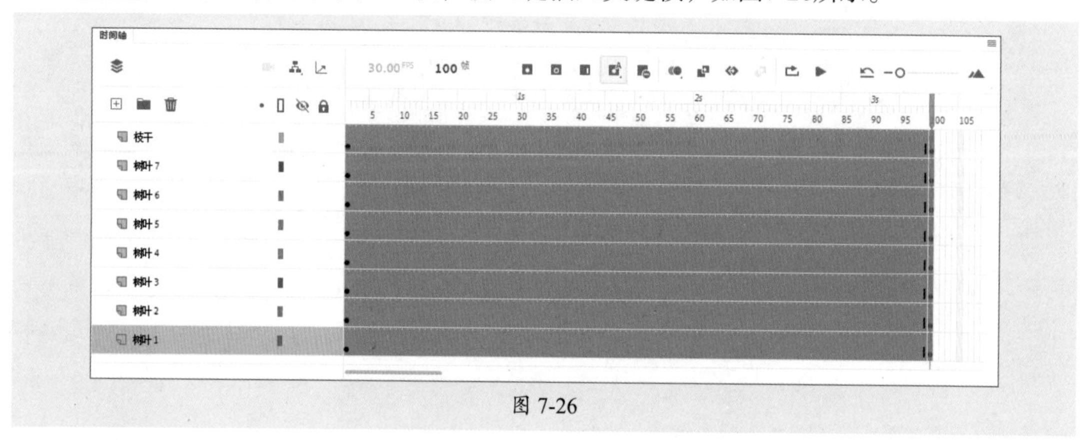

图 7-26

步骤 08 选中“树叶1”图层，右击鼠标，在弹出的快捷菜单中执行“添加传统运动引导层”命令，添加引导层，如图7-27所示。

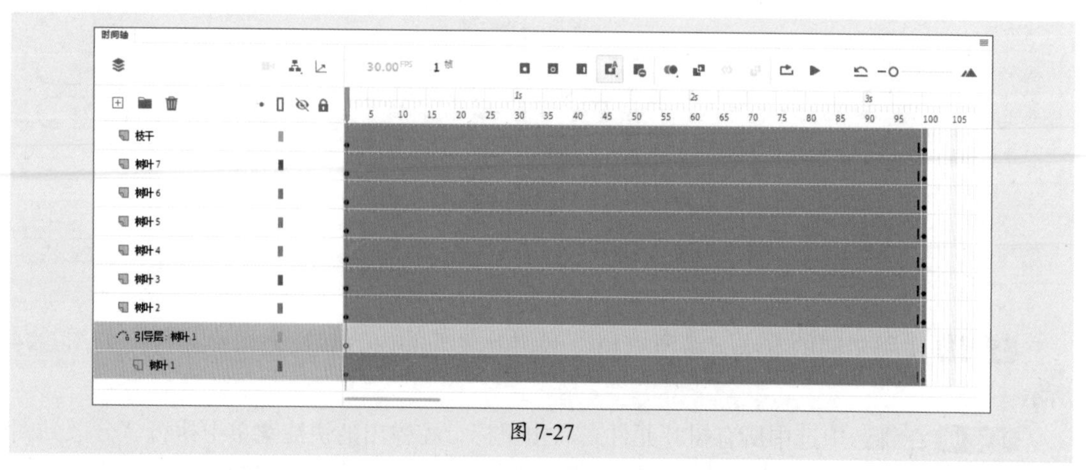

图 7-27

步骤 09 移动播放头至第1帧，使用“铅笔工具”在舞台中绘制路径，如图7-28所示。

步骤 10 移动播放头至第100帧，移动“树叶1”元件至路径末端并旋转一定角度，如

图7-29所示。

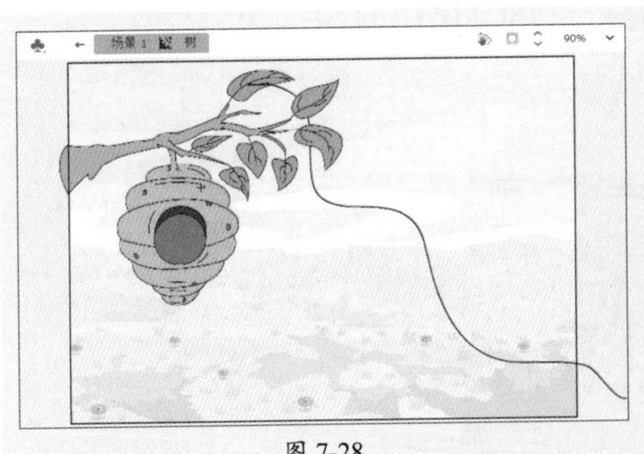

图 7-28

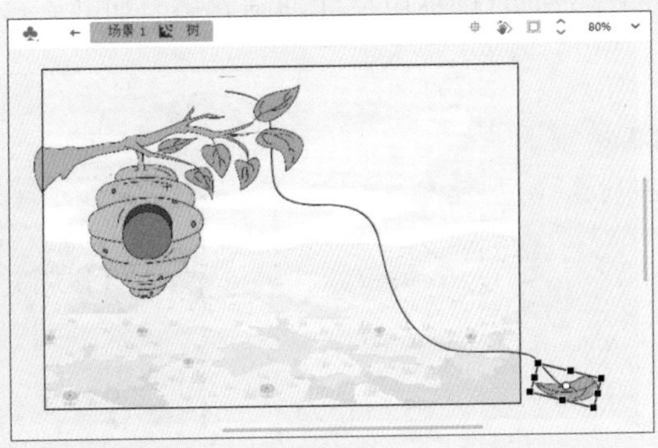

图 7-29

操作提示

保证第1帧时树叶元件中心点位于路径起点处，第100帧时元件中心点位于路径末端。

步骤 11 选中“树叶1”图层第1～100帧之间的任意一帧，右击鼠标，在弹出的快捷菜单中执行“创建传统补间”命令，创建传统补间动画，如图7-30所示。

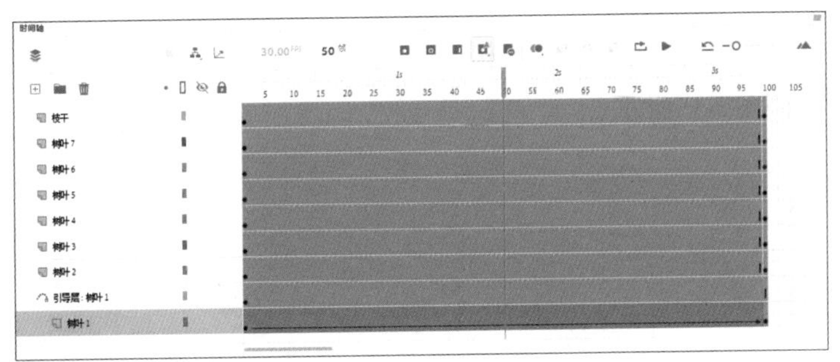

图 7-30

操作提示

选中传统补间动画的帧，在“属性”面板的“补间”选项区域中选中“调整到路径”复选框可使元件随着路径变化。

步骤 12 使用相同的方法为其他树叶元件创建引导动画，如图7-31所示。

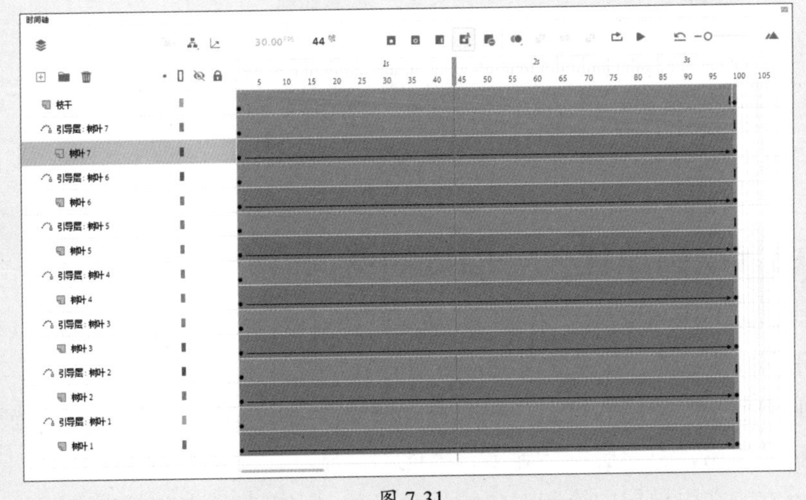

图 7-31

步骤 13 调整补间动画的位置及长度，制作出错落有致的效果，复制补间起始帧，粘贴在时间轴第1帧处以保证动画开始时树叶在枝干上，效果如图7-32所示。

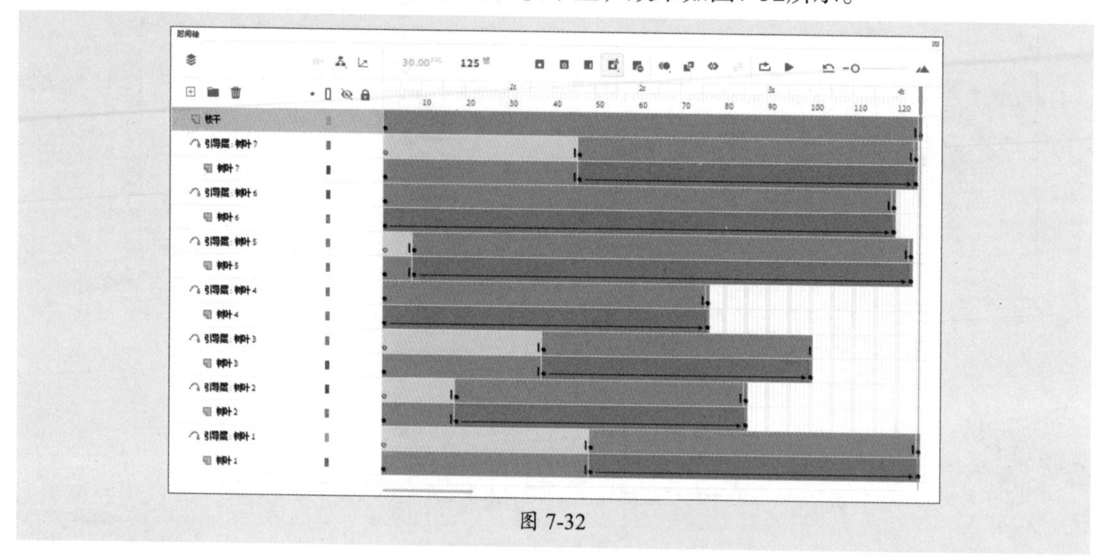

图 7-32

步骤 14 至此，完成树叶飘落动画的制作。切换至场景1，按Ctrl+Enter组合键测试，效果如图7-33所示。

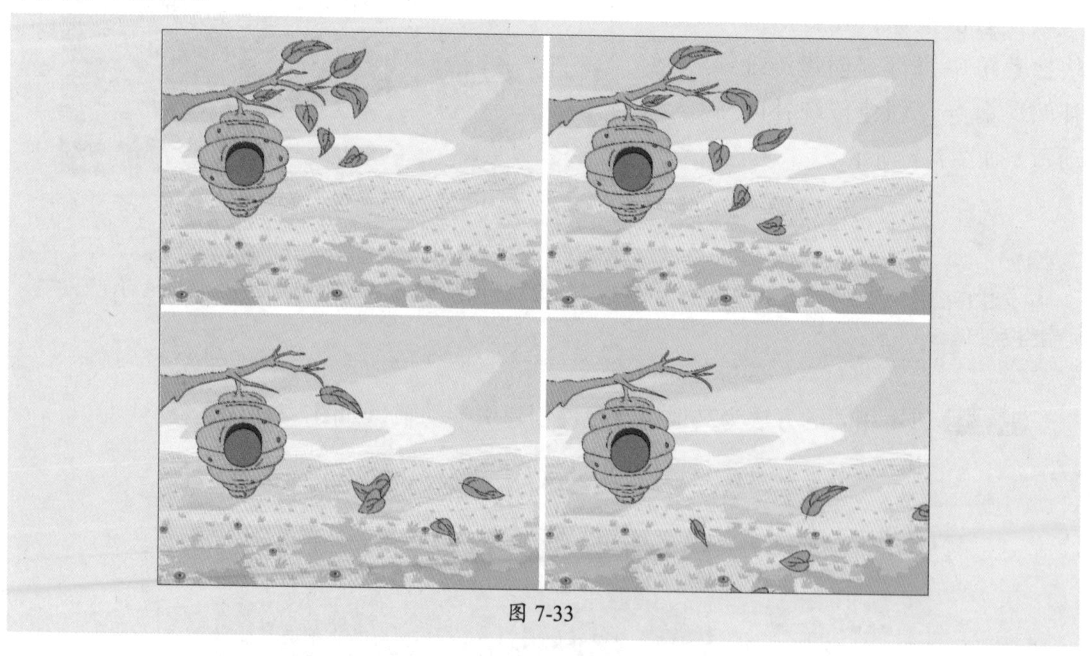

图 7-33

7.3.2 引导动画原理——引导动画简介

引导动画是Animate中的对象沿着一个设定的线段做运动，只要固定起始点和结束点，物体就可以沿着线段运动，这条线段就是所谓的引导线。

引导动画中包括引导层和被引导层两种类型的图层。其中引导层是一种特殊的图层，在影片中起辅助作用，引导层不会导出，因此不会显示在发布的SWF文件中。引导层位于被引导层的上方，在引导层中绘制对象的运动路径，固定起始点和结束点，与之相连接的被引导层的物体就可以沿着设定的引导线运动。

操作提示

引导层是用于指示对象运行路径的，必须是打散的图形。路径不要出现太多交叉点。被引导层中的对象必须依附在引导线上。简单地说，在动画的开始和结束帧上，让元件实例的变形中心点吸附到引导线上。

7.3.3 创建引导动画——制作引导动画

创建引导层动画必须具备两个条件：路径和在路径上运动的对象。一条路径上可以有多个对象运动，引导路径都是一些静态线条，在播放动画时路径线条不会显示。

选中要添加引导层的图层，右击鼠标，在弹出的快捷菜单中执行“添加传统运动引导层”命令，即可在选中图层的上方添加引导层，如图7-34所示。

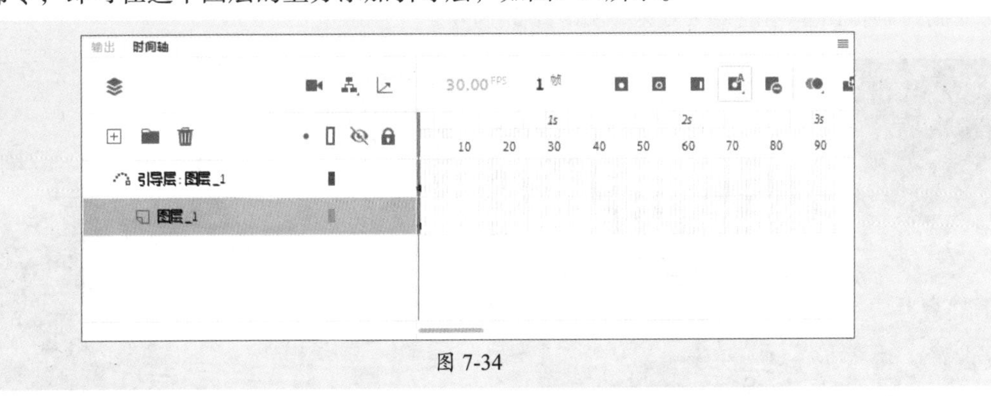

图 7-34

在引导层中绘制路径，并调整被引导层中的对象中心点在引导线起点处，如图7-35所示。在被引导层中新建关键帧，移动对象至引导线末端，如图7-36所示。选中两个关键帧之间任意一帧，单击“时间轴”面板中的“插入传统补间”按钮，即可创建引导动画。

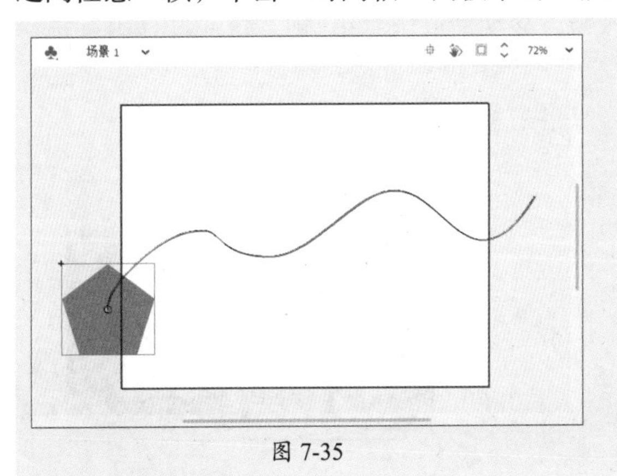

图 7-35

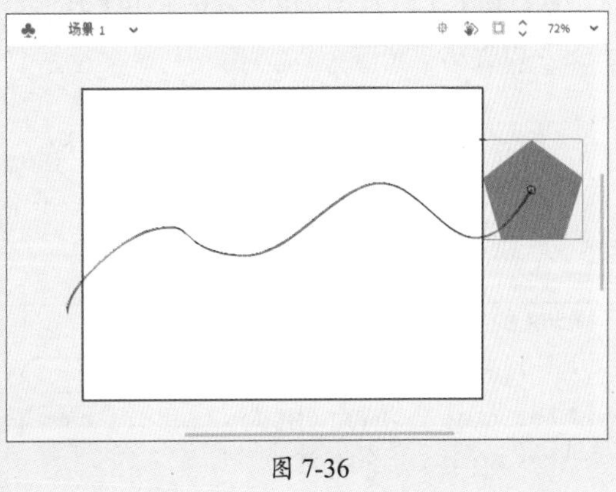

图 7-36

操作提示

引导动画最基本的操作就是使一个运动动画附着在引导线上。所以操作时特别要注意引导线的两端，被引导对象的起始点、终点的两个中心点一定要对准引导线的两个端头。

7.4 遮罩动画

遮罩动画是通过遮罩层来显示下方图层中图片或图形的部分区域，从而制作出更加丰富的动画效果。

7.4.1 案例解析——制作望远镜效果

在学习遮罩动画之前，可以跟随以下步骤了解并熟悉，即根据传统补间动画和遮罩层制作望远镜效果。

步骤 01 新建一个640像素×480像素大小的空白文档，设置舞台颜色为黑色。修改“图层_1”的名称为“风景”，并导入本章素材文件，如图7-37所示。

步骤 02 新建“遮罩”图层，按住Shift键使用“椭圆工具”绘制一个正圆，按住Alt键拖动复制，制作出望远镜镜头效果，如图7-38所示。

图 7-37

图 7-38

步骤 03 选中绘制的图形，按F8键将其转换为图形元件，如图7-39所示。

步骤 04 在所有图层的第200帧按F5键插入帧。移动播放头至第1帧，将元件移出舞台，如图7-40所示。

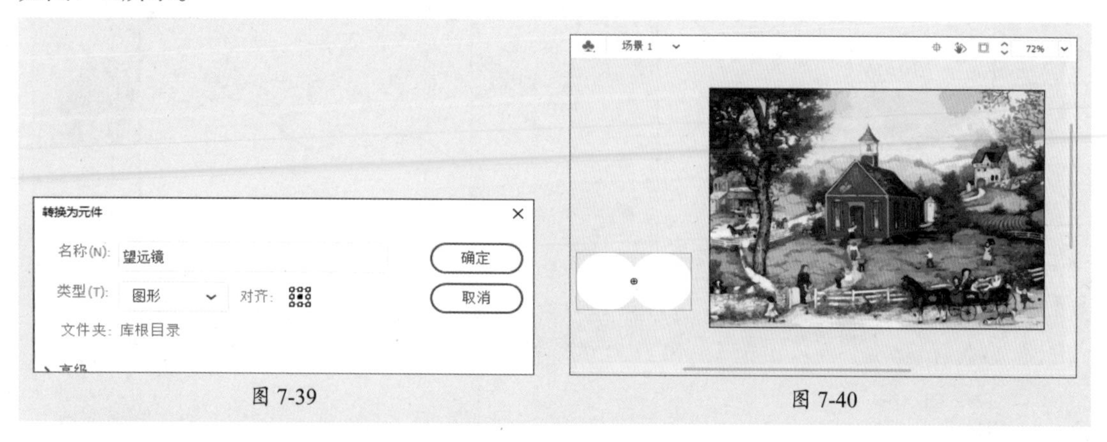

图 7-39

图 7-40

步骤 05 在第40帧按F6键插入关键帧，移动元件至舞台中，如图7-41所示。

步骤 06 在第50帧按F6键插入关键帧。在第110帧按F6键插入关键帧，移动元件位置，并使用“任意变形工具”调整元件大小，如图7-42所示。

图 7-41

图 7-42

步骤 07 在第120帧按F6键插入关键帧。在第150帧按F6键插入关键帧，移动元件位置，如图7-43所示。

步骤 08 在第200帧按F6键插入关键帧，使用“任意变形工具”放大元件，如图7-44所示。

图 7-43

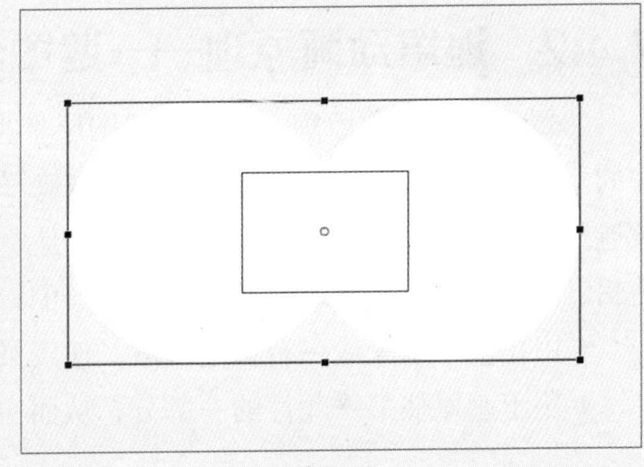

图 7-44

步骤 09 选中第1～40帧、第50～110帧、第120～150帧、第150～200帧之间的任意帧，右击鼠标，在弹出的快捷菜单中执行“创建传统补间”命令，创建传统补间动画，如图7-45所示。

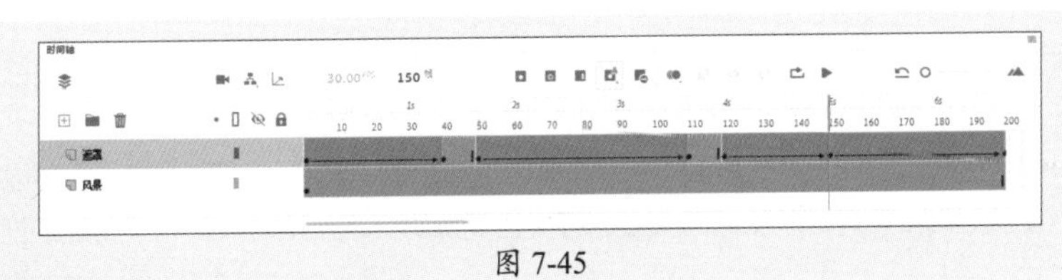

图 7-45

步骤 10 选中“遮罩”图层，右击鼠标，在弹出的快捷菜单中执行“遮罩层”命令，将其转换为遮罩层，如图7-46所示。

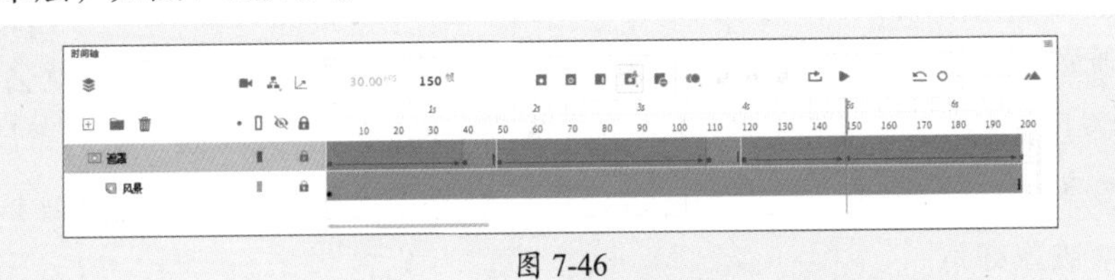

图 7-46

步骤 11 至此，完成望远镜效果的制作。按Ctrl+Enter组合键测试，效果如图7-47所示。

图 7-47

7.4.2 遮罩动画原理——遮罩动画简介

遮罩动画的制作原理是通过遮罩图层来决定被遮罩层中的显示内容，类似于Photoshop中的蒙版。遮罩效果主要通过遮罩层和被遮罩层两种图层来实现，其中遮罩层只有一个，但被遮罩层可以有多个。遮罩层的内容可以是填充的形状、文字对象、图形元件的实例或影片剪辑，不能是直线，如果一定要用线条，可以将线条转化为填充。遮罩主要有两种用途。

- 用在整个场景或一个特定区域，使场景外的对象或特定区域外的对象不可见。
- 用于遮罩住某一元件的一部分，从而实现一些特殊的效果。

操作技巧

遮罩效果的作用方式包括以下4种。

- 遮罩层中的对象是静态的，被遮罩层中的对象也是静态的，这样生成的效果就是静态遮罩效果。
- 遮罩层中的对象是静态的，而被遮罩层中的对象是动态的，这样透过静态的对象可以观看后面的动态内容。
- 遮罩层中的对象是动态的，而被遮罩层中的对象是静态的，这样透过动态的对象可以观看后面静态的内容。
- 遮罩层中的对象是动态的，被遮罩层中的对象也是动态的，这样透过动态的对象可以观看后面的动态内容。此时，遮罩对象和被遮罩对象之间就会进行一些复杂的交互，从而得到一些特殊的视觉效果。

7.4.3 创建遮罩动画——制作遮罩动画

遮罩层由普通图层转换而来，在要转换为遮罩层的图层上右击鼠标，在弹出的快捷菜单中执行“遮罩层”命令，即可将该图层转换为遮罩层。此时该图层图标就会从普通层图标变为遮罩层图标，系统也会自动将遮罩层下面的一层关联为“被遮罩层”，在缩进的同时图标变为。若需要关联更多层被遮罩，只要把这些层拖至被遮罩层下面或者将图层类型改为被遮罩即可。

7.5 交互动画

交互动画是指通过按钮元件和动作脚本语言ActionScript使影片在播放时能够接受到某种控制，支持事件响应和交互功能的一种动画。本节将对交互动画进行介绍。

7.5.1 案例解析——制作网页轮播图动画

在学习交互动画之前，可以跟随以下步骤了解并熟悉，即根据代码制作网页轮播图动画。

步骤 01 打开本章素材文件，将“库”面板中的“网页01.jpg”素材文件拖曳至舞台中的合适位置，如图7-48所示。

步骤 02 选中舞台中的图片，按F8键将其转换为“01”图形元件，如图7-49所示。修改“图层_1”的名称为“图像”，在第50帧按F5键插入帧。

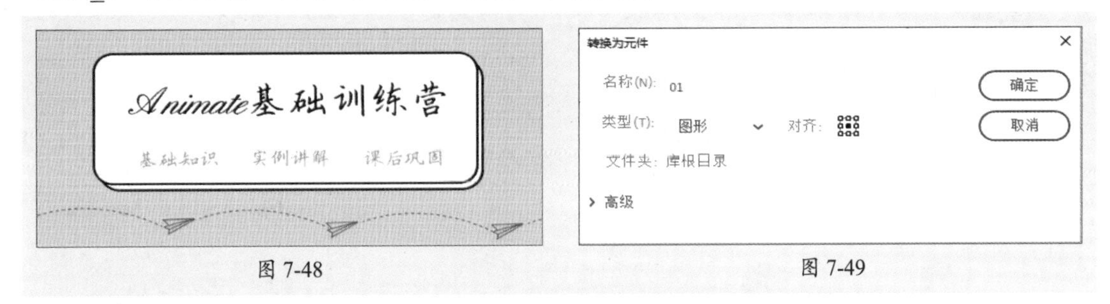

图 7-48　　图 7-49

步骤 03 在第15帧按F6键插入关键帧，选择第1帧中的对象，在“属性”面板中设置其Alpha值为0。在第1～15帧之间创建传统补间动画，如图7-50所示。

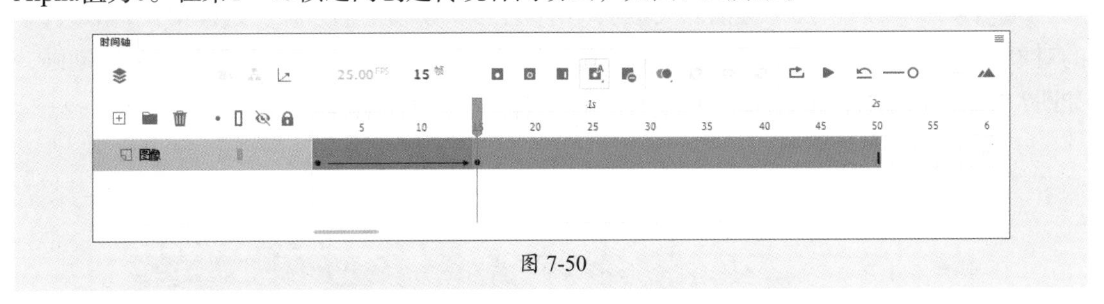

图 7-50

步骤 04 在第51帧按F7键插入空白关键帧，将“库”面板中的“网页02.jpg”素材文件拖曳至舞台中的合适位置，如图7-51所示。

步骤 05 选择第51帧舞台中的对象，按F8键将其转换为“02”图形元件，如图7-52所示。

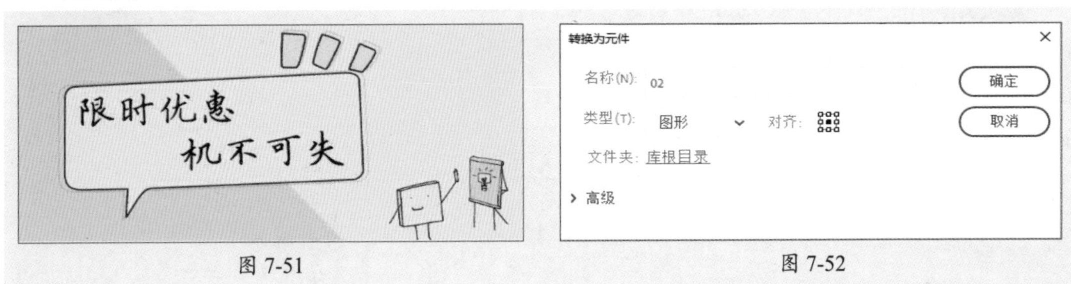

图 7-51　　图 7-52

步骤 06 在第65帧按F6键插入关键帧，在第100帧按F5键插入帧。选择第51帧舞台中的对象，在“属性”面板中调整其Alpha值为0，在第51～65帧之间创建传统补间动画，如图7-53所示。

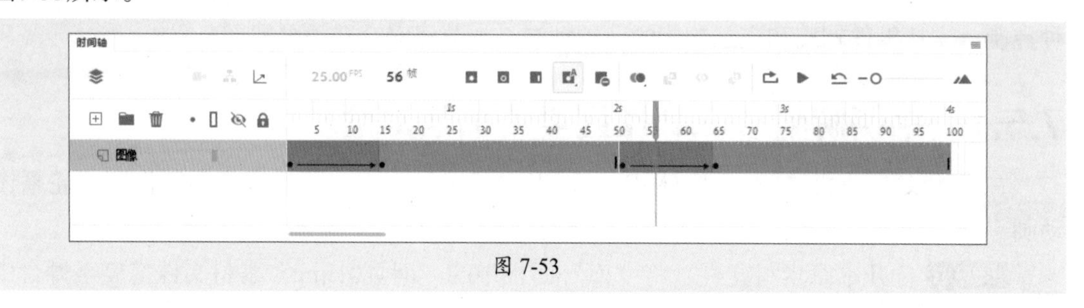

图 7-53

步骤 07 在第101帧按F7键插入空白关键帧，将“库”面板中的“网页03.jpg”素材文件拖曳至舞台中的合适位置，如图7-54所示。

步骤 08 选择第101帧舞台中的对象，按F8键将其转换为“03”图形元件，如图7-55所示。

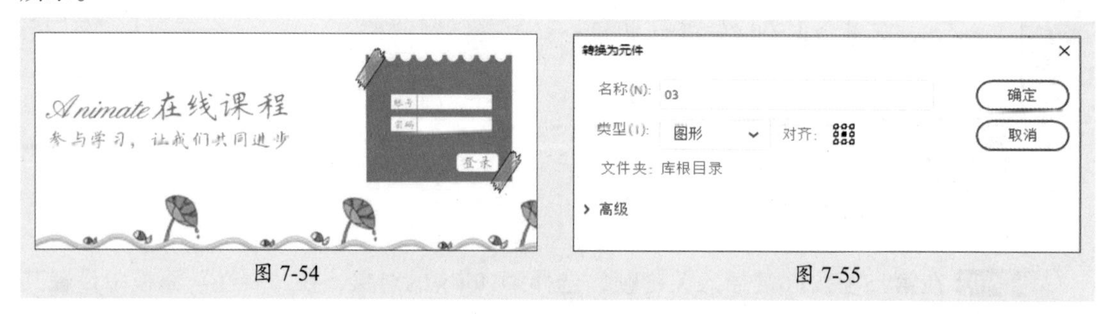

图 7-54　　图 7-55

步骤 09 在第115帧按F6键插入关键帧，在第150帧按F5键插入帧。选择第101帧舞台中的对象，在“属性”面板中调整其Alpha值为0，在第101～115帧之间创建传统补间动画，如图7-56所示。

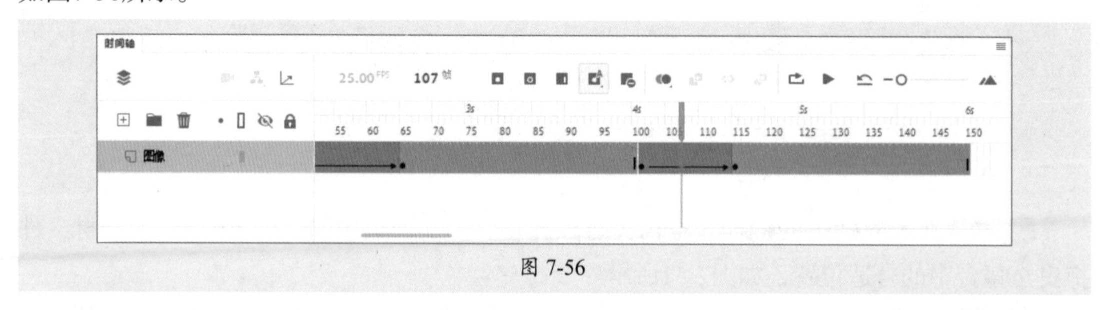

图 7-56

步骤 10 在“图像”图层上方新建“按钮”图层。移动播放头至第1帧，按住Shift键使用“椭圆工具”绘制黑色正圆，并将其转换为“按钮”按钮元件，如图7-57所示。

图 7-57

步骤 11 按住Alt键拖动复制按钮元件，重复一次，效果如图7-58所示。

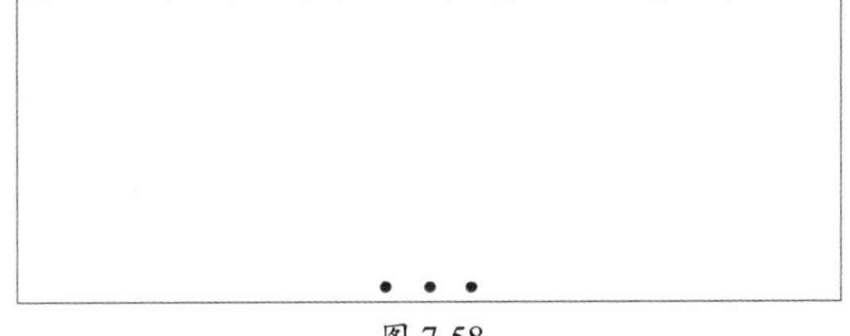

图 7-58

步骤 12 选择第1个按钮，在“属性”面板中设置其实例名称为button1，使用相同的方法依次命名后面两个按钮为button2和button3，如图7-59所示。

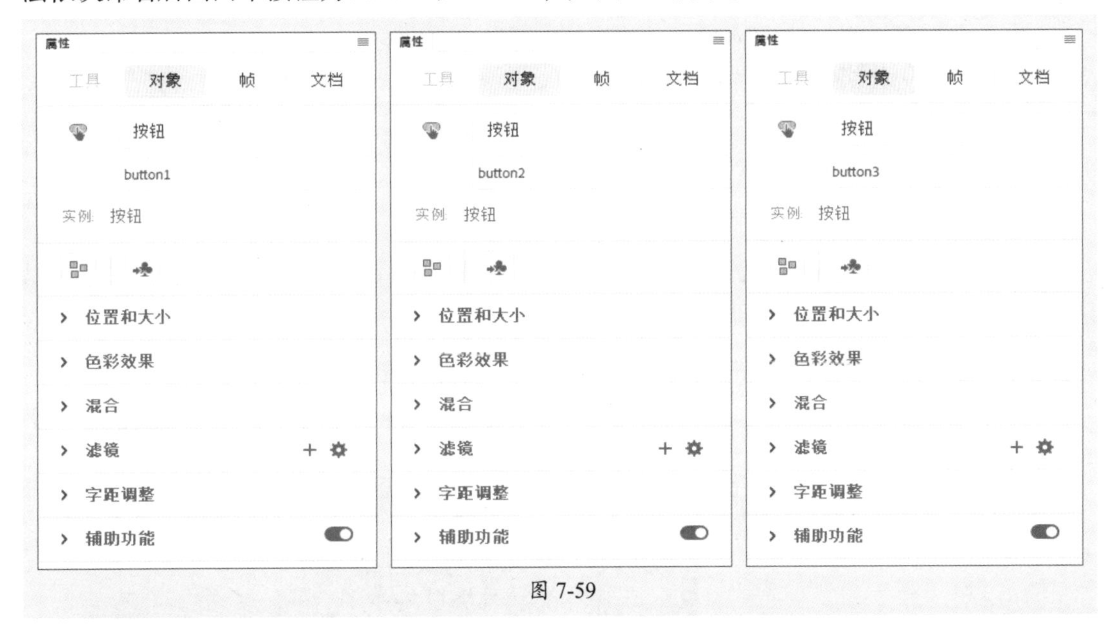

图 7-59

步骤 13 在“按钮”图层上方新建“动作”图层，在第1帧处右击鼠标，在弹出的快捷菜单中执行“动作”命令，打开“动作”面板，输入代码，如图7-60所示。

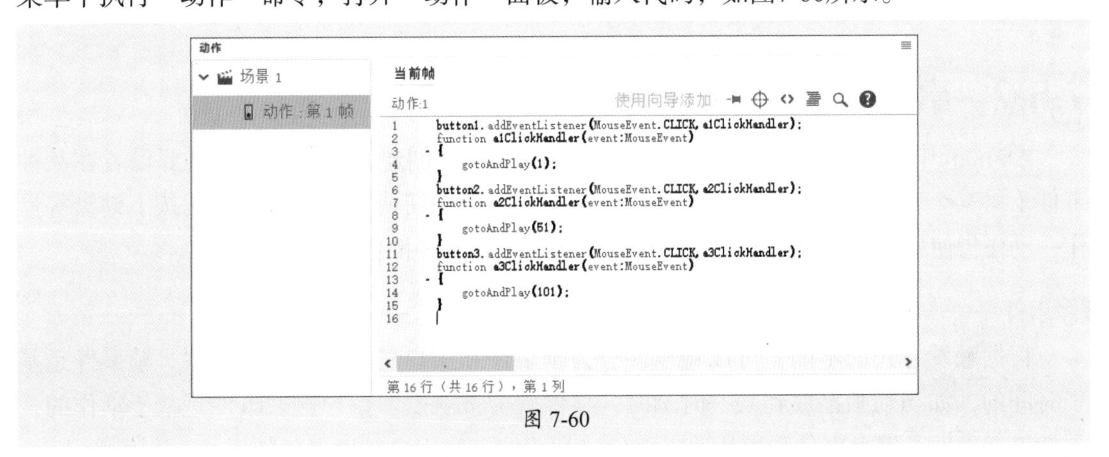

图 7-60

操作提示

该步骤完整代码如下。

```
button1.addEventListener(MouseEvent.CLICK,a1ClickHandler);
```

```
function a1ClickHandler(event:MouseEvent)
{
      gotoAndPlay(1);
}
button2.addEventListener(MouseEvent.CLICK,a2ClickHandler);
function a2ClickHandler(event:MouseEvent)
{
      gotoAndPlay(51);
}
button3.addEventListener(MouseEvent.CLICK,a3ClickHandler);
function a3ClickHandler(event:MouseEvent)
{
      gotoAndPlay(101);
}
```

步骤 14 至此，完成网页轮播图动画的制作。按Ctrl+Enter组合键测试效果，网页既可以随着时间播放，也可以单击圆形按钮进行切换，如图7-61所示。

图 7-61

7.5.2 事件与动作——创建交互式动画

Animate中的交互功能由事件、对象和动作组成。创建交互式动画就是要设置在某种事件下对某个对象执行某个动作。事件是指用户单击按钮或影片剪辑实例、按下键盘等操作；动作指使播放的动画停止、使停止的动画重新播放等操作。

1. 事件

根据触发方式的不同，可以将事件分为帧事件和用户触发事件两种类型。帧事件是基于时间的，如当动画播放到某一时刻时，事件就会被触发。用户触发事件是基于动作的，包括鼠标事件、键盘事件和影片剪辑事件。常用的一些用户触发事件如下。

- **press：**当鼠标指针移到按钮上时，按下鼠标发生的动作。
- **release：**在按钮上方按下鼠标，然后释放鼠标时发生的动作。
- **rollOver：**当鼠标滑入按钮时发生的动作。
- **dragOver：**按住鼠标不放，鼠标滑入按钮时发生的动作。

- **keyPress：**当按下指定键时发生的动作。
- **mouseMove：**当移动鼠标时发生的动作。
- **load：**当加载影片剪辑元件到场景中时发生的动作。
- **enterFrame：**当加入帧时发生的动作。
- **date：**当数据接收到和数据传输完时发生的动作。

2. 动作

动作是ActionScript脚本语言的灵魂和编程的核心，用于控制动画播放过程中相应的程序流程和播放状态。较为常用的动作包括以下4种。

- **stop()：**用于停止当前播放的影片，最常见的运用是使用按钮控制影片剪辑。
- **gotoAndPlay()：**跳转并播放，跳转到指定的场景或帧，并从该帧开始播放；如果没有指定场景，则跳转到当前场景的指定帧。
- **getURL：**用于将指定的URL加载到浏览器窗口，或者将变量数据发送给指定的URL。
- **stopAllSounds：**用于停止当前在Animate Player中播放的所有声音，该语句不影响动画的视觉效果。

3. "动作"面板

"动作"面板是用于编写动作脚本的面板。执行"窗口"|"动作"命令，或按F9快捷键，即可打开"动作"面板，如图7-62所示。

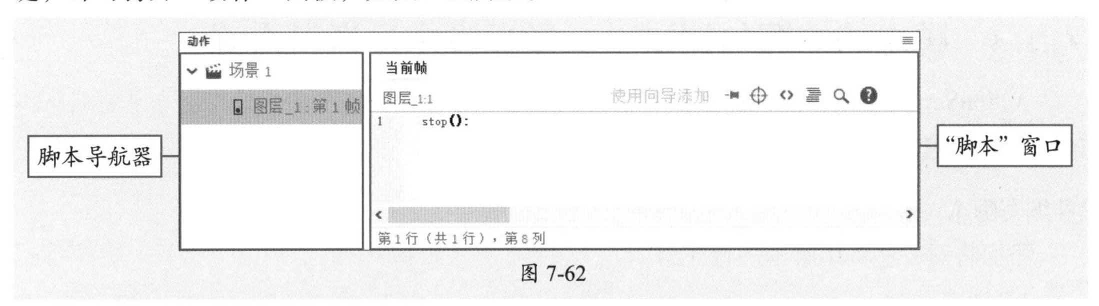

图 7-62

该面板由脚本导航器和"脚本"窗口两部分组成，其功能分别如下。

1）脚本导航器

脚本导航器位于"动作"面板的左侧，其中列出了当前选中对象的具体信息，如名称、位置等。单击脚本导航器中的某一项目，与该项目相关联的脚本则会出现在"脚本"窗口中，并且场景上的播放头也将移到时间轴的对应位置上。

2）"脚本"窗口

"脚本"窗口是添加代码的区域。用户可以直接在"脚本"窗口中输入与当前所选帧相关联的ActionScript代码。该窗口中部分选项的作用如下。

- **使用向导添加：**单击该按钮将使用简单易用的向导添加动作，而不用编写代码。仅可用于HTML5画布文件类型。
- **固定脚本：**用于将脚本固定到脚本窗格中的固定标签，然后相应移动它们。本功能在调试时非常有用。

- **插入实例路径和名称**：用于设置脚本中某个动作的绝对或相对目标路径。
- **代码片断**：单击该按钮，将打开“代码片断”面板，显示代码片断示例，如图7-63所示。

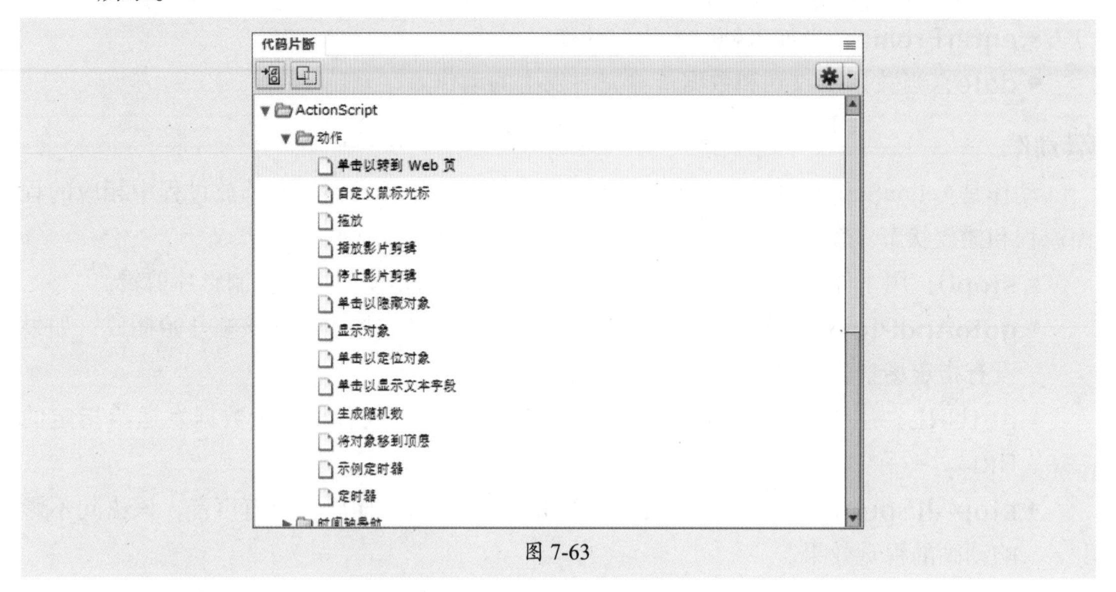

图 7-63

- **设置代码格式**：用于帮助用户设置代码格式。
- **查找**：用于查找并替换脚本中的文本。

7.5.3 脚本的编写与调试——常见脚本及调试方式

ActionScript是Animate的脚本撰写语言，通过它可以制作各种特殊效果。本节将对脚本的编写与调试进行介绍。

1. 编写脚本

下面将对一些常用脚本进行介绍。

1）播放动画

执行“窗口”|“动作”命令，打开“动作”面板，在脚本编辑区中输入相应的代码即可。如果动作附加到某一个按钮上，那么该动作会被自动包含在处理函数on (mouse event)内，其代码如下所示。

```
on (release) {
play();
}
```

如果动作附加到某一个影片剪辑中，那么该动作会被自动包含在处理函数onClipEvent内，其代码如下所示。

```
onClipEvent (load) {
play();
}
```

2）停止播放动画

停止播放动画脚本的添加与播放动画脚本的添加相类似。如果动作附加到某一按钮上，那么该动作会被自动包含在处理函数on (mouse event)内，其代码如下所示。

```
on (release) {
  stop();
}
```

如果动作附加到某个影片剪辑中，那么该动作会被自动包含在处理函数onClipEvent内，其代码如下所示。

```
onClipEvent (load) {
stop();
}
```

3）跳到某一帧或场景

要跳到影片中的某一特定帧或场景，可以使用goto动作。该动作在“动作”工具栏作为两个动作列出：gotoAndPlay和gotoAndStop。当影片跳到某一帧时，可以选择参数来控制是从新的一帧播放影片（默认设置）还是在当前帧停止。

例如，将播放头跳到第20帧，然后从那里继续播放：

```
gotoAndPlay(20);
```

例如，将播放头跳到该动作所在的帧之前的第8帧：

```
gotoAndStop(_currentframe+8);
```

当单击指定的元件实例后，将播放头移动到时间轴中的下一场景并在此场景中继续回放：

```
button_1.addEventListener(MouseEvent.CLICK, fl_ClickToGoToNextScene);
function fl_ClickToGoToNextScene(event:MouseEvent):void
{
        MovieClip(this.root).nextScene();
}
```

4）跳到不同的URL地址

若要在浏览器窗口中打开网页，或将数据传递到所定义URL处的另一个应用程序，可以使用getURL动作。

如下代码片段表示单击指定的元件实例会在新浏览器窗口中加载URL，即单击后跳转到相应的Web页面。

```
button_1.addEventListener(MouseEvent.CLICK, fl_ClickToGoToWebPage);
function fl_ClickToGoToWebPage(event:MouseEvent):void
```

```
{
    navigateToURL(new URLRequest("http://www.sina.com"), "_blank");
}
```

对于窗口来讲，可以指定要在其中加载文档的窗口或帧。

- _self用于指定当前窗口中的当前帧。
- _blank用于指定一个新窗口。
- _parent用于指定当前帧的父级。
- _top用于指定当前窗口中的顶级帧。

2. 调试脚本

在Animate中，有一系列的工具帮助用户预览、测试、调试ActionScript脚本程序，其中包括专门用来调试ActionScript脚本的调试器。

ActionScript 3.0调试器仅用于ActionScript 3.0 FLA和AS文件。启动一个ActionScript 3.0调试会话时，Animate将启动独立的Flash Player调试版来播放SWF文件。调试版Animate播放器从Animate创作应用程序窗口的单独窗口中播放SWF文件。开始调试会话的方式取决于正在处理的文件类型。如从FLA文件开始调试，则执行“调试”|“调试影片”|“在Animate中”命令，打开调试所用面板的调试工作区，如图7-64所示。调试会话期间，Animate遇到断点或运行错误时将中断执行ActionScript。

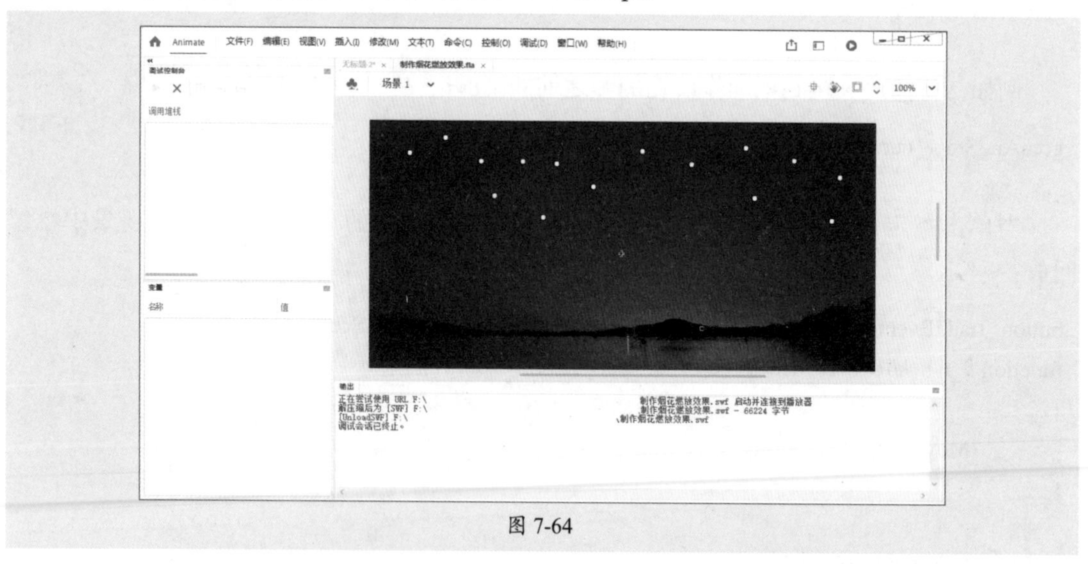

图 7-64

ActionScript 3.0调试器将Animate工作区转换为显示调试所用面板的调试工作区，包括“输出”“调试控制台”和“变量”面板。调试控制台显示调用堆栈并包含用于跟踪脚本的工具。“变量”面板显示了当前范围内的变量及其值，并允许用户自行更新这些值。

Animate启动调试会话时，将会为会话导出的SWF文件中添加特定信息。此信息允许调试器提供代码中遇到错误的特定行号。用户可以将此特殊调试信息包含在所有从发布设置中通过特定FLA文件创建的SWF文件中。这将允许用户调试SWF文件，即使并未显示启动调试会话。

课堂实战 制作照片切换动画

本章课堂实战练习制作照片切换动画。综合练习本章的知识点，以熟练掌握和巩固素材的操作。下面将介绍具体的操作步骤。

步骤 01 新建一个640像素×480像素大小的空白文档，导入本章素材文件至“库”面板，如图7-65所示。

步骤 02 修改“图层_1”的名称为“海”，将“库”面板中对应名称的项目拖曳至舞台中，如图7-66所示。

图 7-65

图 7-66

步骤 03 选中舞台中的对象，按F8键将其转换为“海”影片剪辑元件，如图7-67所示。

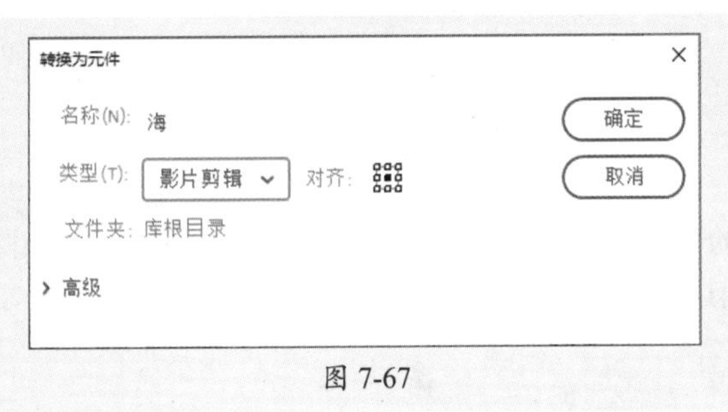

图 7-67

步骤 04 在“海”图层的第20、26、30帧，按F6键插入关键帧，如图7-68所示。

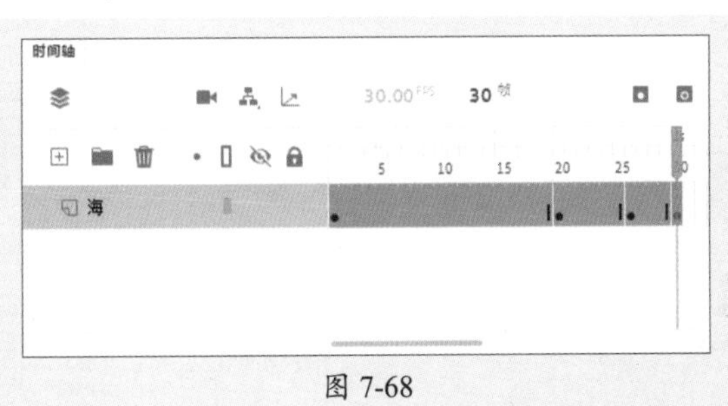

图 7-68

步骤 05 选中“海”图层的第26帧，选中舞台中的对象，在“属性”面板中单击“添加滤镜”按钮，添加“模糊”滤镜并设置参数，如图7-69所示。

步骤06 设置后舞台中的效果如图7-70所示。

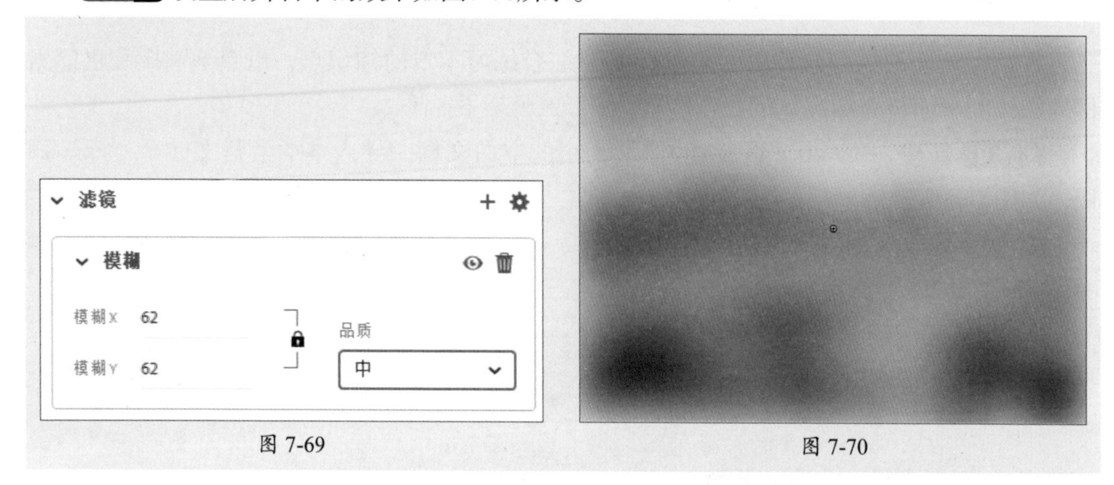

图 7-69　　图 7-70

步骤07 选中“海”图层的第20～26帧之间的任意帧，右击鼠标，在弹出的快捷菜单中执行“创建传统补间”命令，创建传统补间动画，如图7-71所示。

步骤08 选中“海”图层的第30帧，选中舞台中的对象，在“属性”面板中单击“添加滤镜”按钮，添加“模糊”滤镜并设置参数，如图7-72所示。

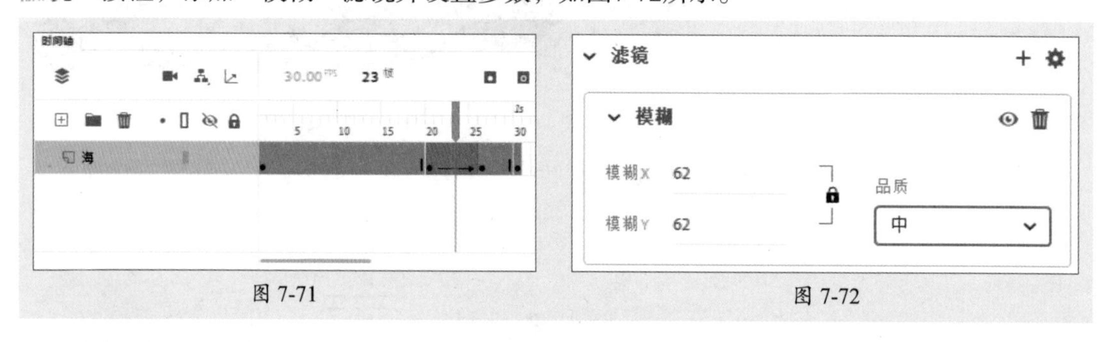

图 7-71　　图 7-72

步骤09 使用相同的方法添加“调整颜色”滤镜并设置参数，如图7-73所示。

步骤10 此时舞台中的效果如图7-74所示。

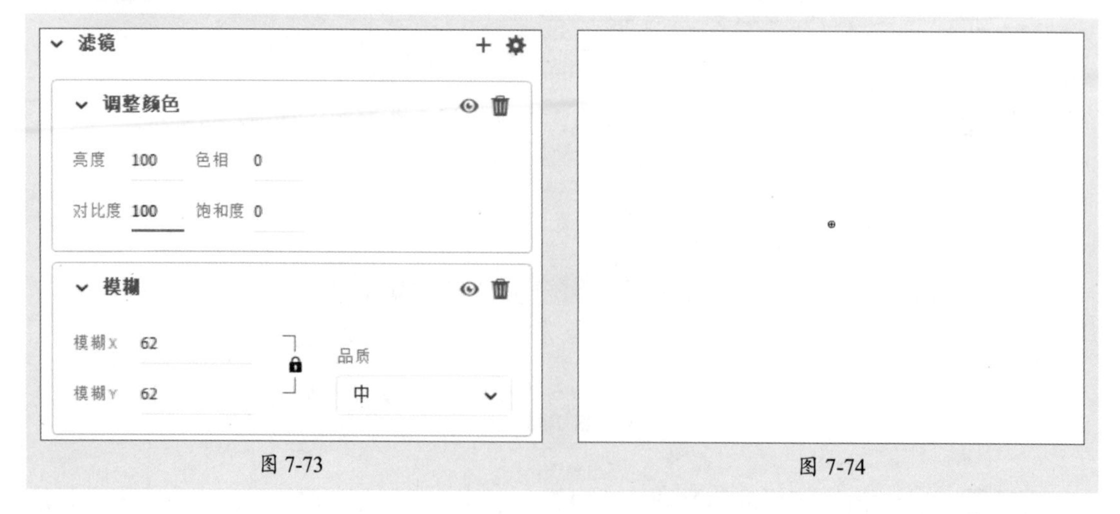

图 7-73　　图 7-74

步骤 11 在第26～30帧之间创建传统补间动画。在“海”图层上方新建“山”图层，在第30帧按F7键插入空白关键帧，拖曳“库”面板中对应名称的项目至舞台中，如图7-75所示。

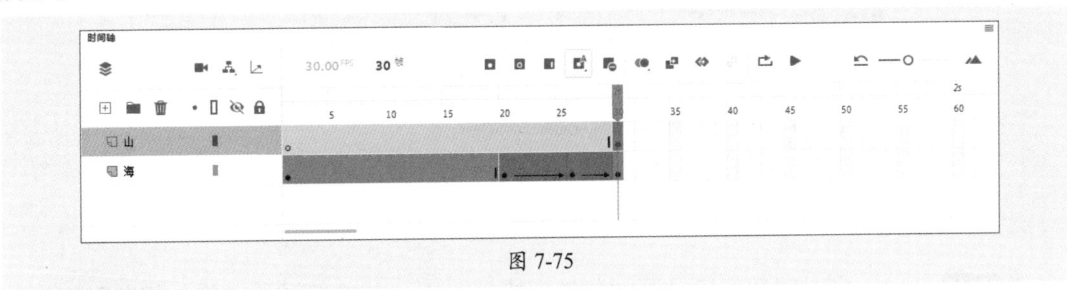

图 7-75

步骤 12 此时舞台中的效果如图7-76所示。

步骤 13 选中舞台中的对象，按F8键将其转换为影片剪辑元件，如图7-77所示。

图 7-76

图 7-77

步骤 14 在“山”图层的第34、40、60帧按F6键插入关键帧，选中第30帧中的对象，在“属性”面板中为其添加“模糊”和“调整颜色”滤镜并设置参数，如图7-78所示。

步骤 15 在“山”图层的第34帧选中对象，在“属性”面板中为其添加“模糊”滤镜并设置参数，如图7-79所示。

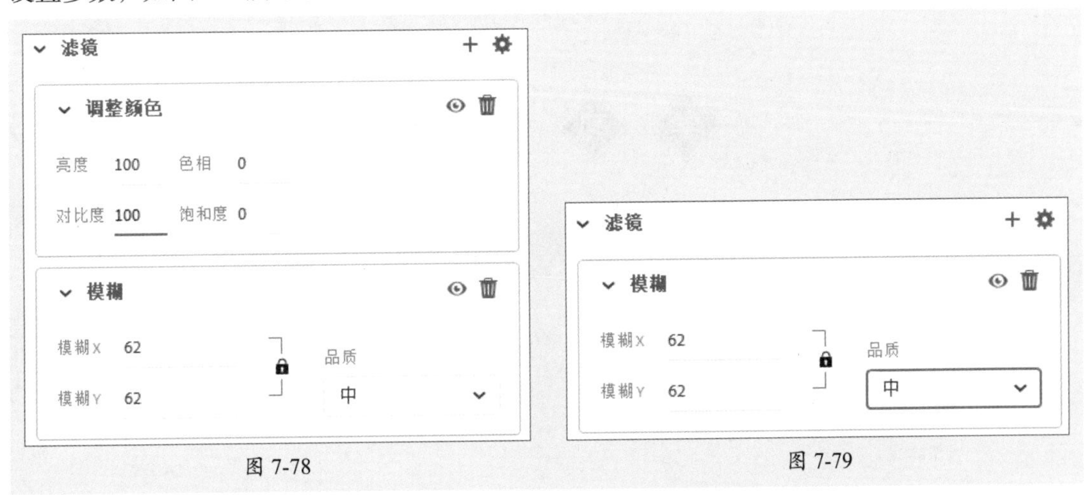

图 7-78

图 7-79

步骤16 按住Ctrl键选中第30～34帧、第34～40帧之间的任意帧，右击鼠标，在弹出的快捷菜单中执行“创建传统补间”命令，创建传统补间动画，如图7-80所示。

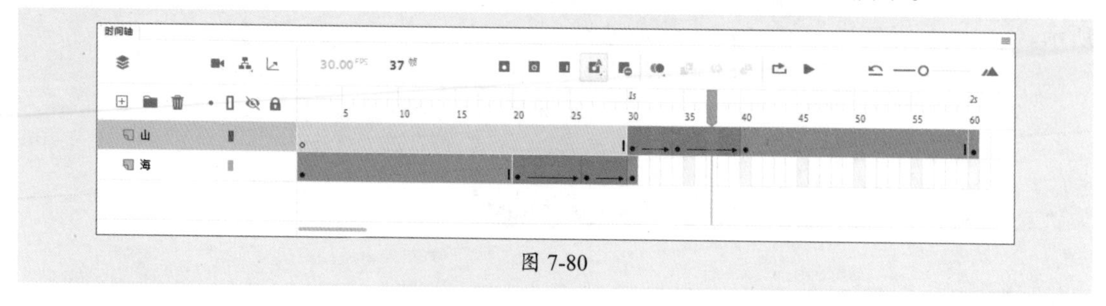

图 7-80

步骤17 至此，完成照片切换动画的制作。按Ctrl+Enter组合键预览效果，如图7-81所示。

图 7-81

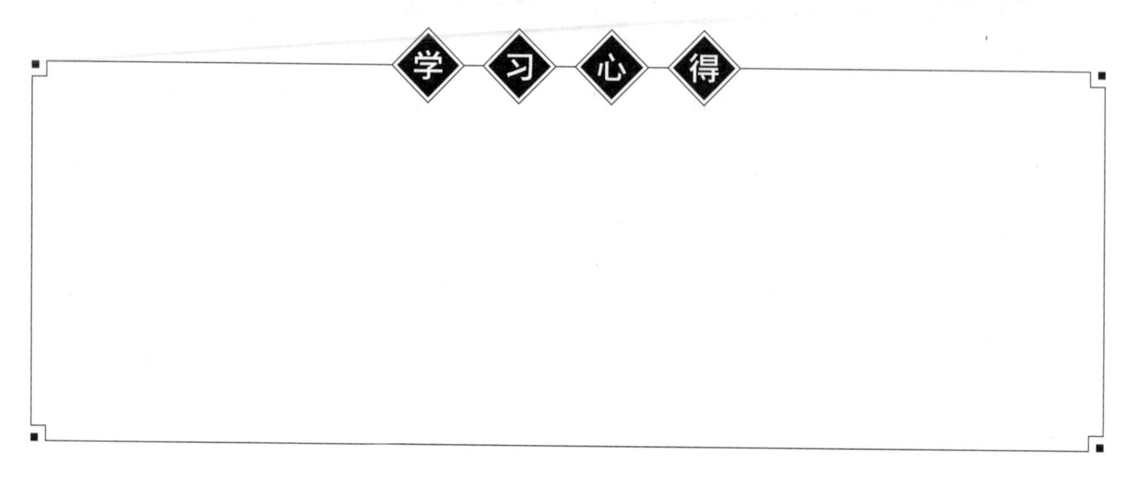

课后练习 制作纸飞机飞翔动画

下面将综合本章学习的知识制作纸飞机飞翔动画，如图7-82所示。

图 7-82

1. 技术要点

- 新建文档，导入素材，并绘制纸飞机图形元件。
- 添加引导层，绘制路径。
- 移动纸飞机位置，制作引导动画。

2. 分步演示

本实例的分步演示效果如图7-83所示。

图 7-83

拓展赏析

中国国粹之京剧

京剧是中国影响力最大的戏曲剧种之一，有“国剧”之称，它起源于清代，糅合了昆曲、秦腔等多种戏曲流派，最终形成京剧。京剧的唱腔属板式变化体，以二簧、西皮为主要声腔。现代京剧的角色分为生、旦、净、丑4种类型，如图7-84所示为旦角的戏曲扮相。

图 7-84

1）生

生行是京剧的重要行当之一，包括除了花脸及丑角以外的男性正面角色。生行可以分为老生、小生、武生等。其中老生指中年以上的人，又可分为安工老生、靠把老生等；小生包括扇子生、翎子生、穷生、武小生等；武生指戏中的武打角色，包括长靠武生、短打武生等。

2）旦

旦是京剧中女性正面角色的统称，包括青衣、花旦、武旦、刀马旦、老旦、贴旦、闺旦等。其中青衣是指剧中端庄、严肃、正派的女性人物，多为贤妻良母；花旦多为性格开朗的妙龄女子；刀马旦指以武功见长的女性；老旦一般为中老年妇女。

3）净

净行又称花脸，是指画彩图的花脸角色，如京剧中的黑脸包拯、红脸关羽等均为净角。

4）丑

丑一般指扮演喜剧角色的剧中人。

音视频的应用

内容导读

音视频元素的添加可以丰富动画效果，使动画更具魅力。本章将对常用音频文件格式、导入声音的操作、编辑声音与优化声音，常用视频文件格式、导入视频的操作及视频素材的编辑处理进行讲解。

思维导图

- 音视频的应用
  - 应用音频
    - 音频文件格式——了解常用音频格式
    - 导入声音——将音频导入Animate软件
    - 编辑优化声音——调整声音效果
  - 应用视频
    - 视频文件格式——了解常用视频格式
    - 导入视频文件——将视频导入Animate软件
    - 编辑处理视频——调整视频效果

8.1 应用音频

声音在动画中起着极为重要的作用，它可以增强动画的节奏感，使动画更具魅力和感染力。本节将对Animate中音频的应用进行讲解。

8.1.1 案例解析——添加打字音效

在学习应用音频之前，可以跟随以下步骤了解并熟悉，即导入音频后进行设置，制作打字音效。

步骤 01 打开本章素材文件，按Ctrl+Enter组合键测试，效果如图8-1所示。

图 8-1

步骤 02 执行“文件”|“导入”|“导入到库”命令，将音频导入至库中，如图8-2所示。

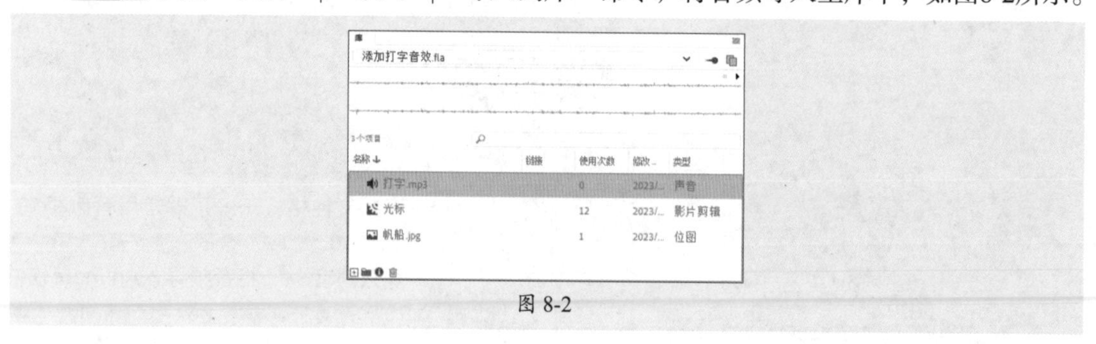

图 8-2

步骤 03 在“光标”图层的上方新建“音频”图层，从“库”面板中拖曳音频素材至舞台中，添加打字音效，如图8-3所示。

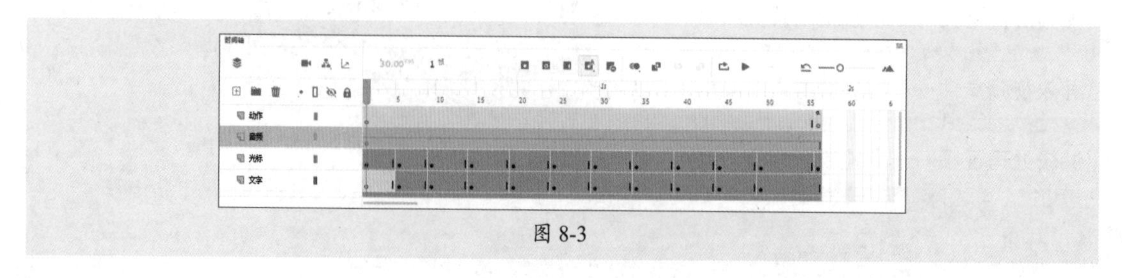

图 8-3

步骤 04 选中“音频”图层中的任意一帧，在“属性”面板的“声音”选项区域中设置参数，如图8-4所示。

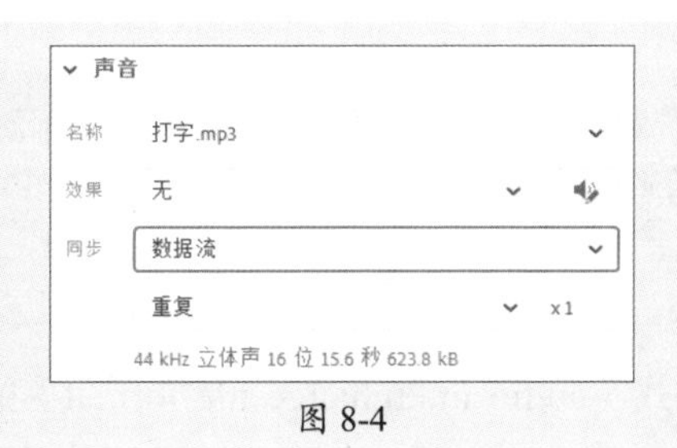

图 8-4

至此，完成打字音效的添加。

8.1.2 音频文件格式——了解常用音频格式

Animate软件支持多种音频格式，如WAV、AIFF、MP3等，下面将对常用的音频格式进行介绍。

1. MP3 格式

MP3是使用最广泛的一种数字音频格式。MP3是利用MPEG Audio Layer 3的技术，将音乐以1:10甚至 1:12的压缩率，压缩成容量较小的文件。换句话说，能够在音质丢失很小的情况下把文件压缩到更小的程度，而且还非常好地保持了原来的音质。对于追求体积小、音质好的Animate MTV来说，MP3是最理想的格式。经过压缩，体积很小，它的取样与编码的技术优异。虽然MP3经过了破坏性的压缩，但是其音质仍然大体接近CD的水平。MP3格式具有以下4个特点。

- MP3是一个数据压缩格式。
- 它丢弃掉脉冲编码调制（PCM）音频数据中对人类听觉不重要的数据（类似于JPEG是一个有损图像压缩），从而得到了小得多的文件大小。
- MP3音频可以按照不同的位速进行压缩，提供了在数据大小和声音质量之间进行权衡的一个范围。MP3格式使用了混合的转换机制将时域信号转换成频域信号。
- MP3不仅有广泛的用户端软件支持，也有很多的硬件支持，比如便携式媒体播放器（指MP3播放器）、DVD和CD播放器等。

2. WAV 格式

WAV是微软公司（Microsoft)开发的一种声音文件格式，是录音时用的标准的Windows文件格式，文件的扩展名为“.wav”，数据本身的格式为PCM或压缩型，属于无损音乐格式的一种。

WAV文件作为最经典的Windows多媒体音频格式，应用非常广泛，它使用3个参数来表示声音：采样位数、采样频率和声道数。

WAV音频格式的主要优点是简单的编/解码（几乎直接存储来自模/数转换器（ADC）的信号）、普遍的认同/支持以及无损耗存储。WAV格式的主要缺点是需要音频存储空间，对于小的存储限制或小带宽应用而言，这可能是一个重要的问题。因此，WAV格式在

Animate MTV中并没有得到广泛的应用。

操作提示

在制作MV或游戏时，调用声音文件需要占用一定数量的磁盘空间和随机存取储存器空间，用户可以使用比WAV或AIFF格式压缩率高的MP3格式声音文件，这样可以减小作品体积，提高作品下载的速度。

3. AIFF 格式

AIFF是音频交换文件格式（audio interchange file format）的英文缩写，是Apple公司开发的一种声音文件格式，被Macintosh平台及其应用程序所支持。AIFF是Apple苹果电脑上面的标准音频格式，属于QuickTime技术的一部分。

AIFF支持各种比特决议、采样率和音频通道。AIFF应用于个人电脑及其他电子音响设备以存储音乐数据。AIFF支持ACE2、ACE8、MAC3和MAC6压缩，支持16位44.1 kHz立体声。

8.1.3 导入声音——将音频导入Animate软件

执行“文件”|“导入”|“导入到库”命令，打开“导入到库”对话框，在该对话框中选择要导入的音频素材，单击“打开”按钮即可将音频导入到“库”面板中，如图8-5所示。声音导入至“库”面板中后，选中图层，将声音从“库”面板拖曳至舞台中即可添加到当前图层中。

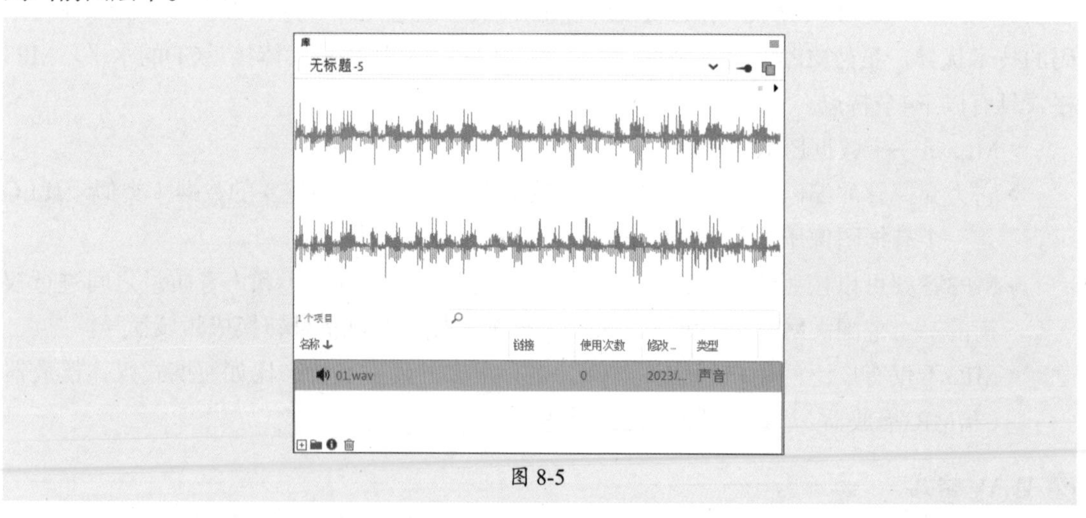

图 8-5

用户也可以将音频直接拖放至时间轴中或执行“文件”|“导入”|“导入到舞台”命令，将音频文件导入至舞台中。需要注意的是，通过该方式导入音频时，音频将被放到活动图层的活动帧上。

操作提示

当拖曳多个音频文件导入舞台时，将只导入一个音频文件，因为一个帧只能包含一个音频。

8.1.4 编辑优化声音——调整声音效果

导入声音后可以对其进行编辑优化，使其更契合动画。下面将对此进行介绍。

1. 设置声音属性

“声音属性”对话框中的选项可以调整导入声音的属性、设置声音压缩方式等，用户可以通过以下三种方法打开如图8-6所示的“声音属性”对话框。

- 在“库”面板中选择音频文件，双击其名称前的🔊图标。
- 在“库”面板中选择音频文件，右击鼠标，在弹出的快捷菜单中执行“属性”命令。
- 在“库”面板中选择音频文件，单击面板底部的“属性”按钮❶。

该对话框中包括“默认”、ADPCM、MP3、Raw和“语音”5种压缩方式。下面将对这5种压缩方式进行介绍。

1）默认

选择“默认”压缩方式，将使用“发布设置”对话框中的默认声音压缩设置。

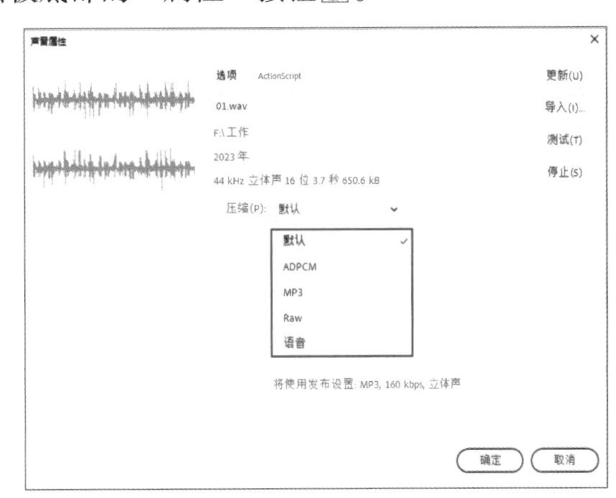

图 8-6

2）ADPCM

ADPCM压缩适用于对较短的事件声音进行压缩，如鼠标点击音。选择该选项后，在“压缩”下拉列表框的下方将出现相应的设置选项，如图8-7所示。

该压缩方式中的选项的作用如下。

- **预处理：** 选中“将立体声转换为单声道”复选框，可以将混合立体声转换为单声道，而原始声音为单声道的则不受此选项影响。
- **采样率：** 采样率的大小关系到音频文件的大小，适当调整采样率既能增强音频效果，又能减少文件的大小。较低的采样率可减小文件，但也会降低声音品质。Animate不能提高导入声音的采样率。例如导入的音频为11 kHz，即使将它设置为22 kHz，也只是11 kHz的输出效果。
- **ADPCM位：** 用于设置文件的大小。

“采样率”下拉列表框中各选项的含义如下。

- 5 kHz的采样率仅能达到一般声音的质量，如电话、人的讲话简单声音。
- 11 kHz的采样率是一般音乐的质量，是CD音质的四分之一。
- 22 kHz采样率的声音可以达到CD音质的一半，是较为常用的采样率。
- 44 kHz的采样率是标准的CD音质，可以达到很好的听觉效果。

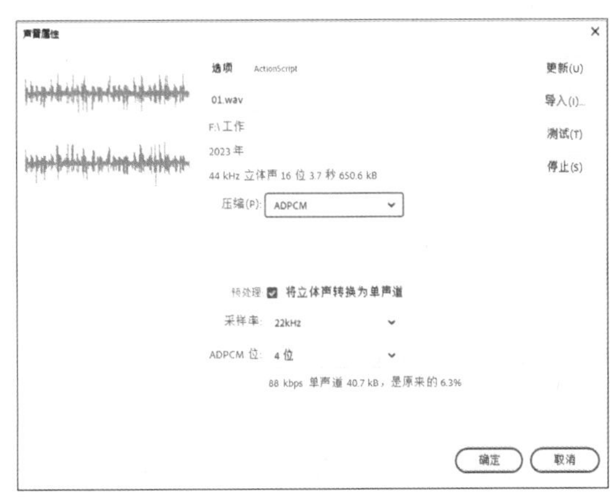

图 8-7

3）MP3

MP3压缩一般用于压缩较长的流式声音，它的最大特点就是接近于CD的音质。选择该选项后，会在“压缩”下拉列表框的下方出现与MP3压缩有关的设置选项，如图8-8所示。

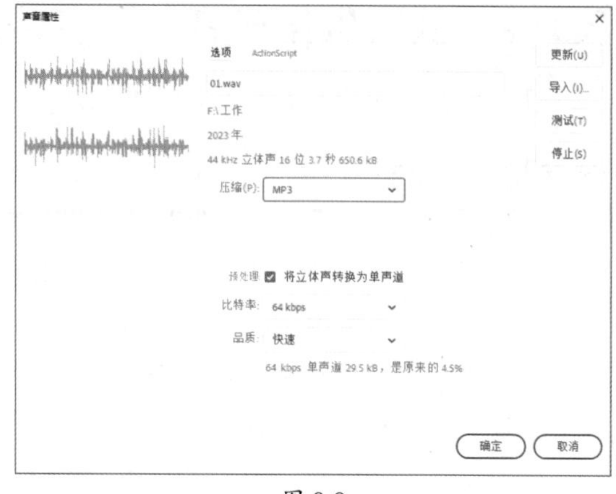

图 8-8

该压缩方式中的常用选项的作用如下。

- **比特率：** 用于决定导出的声音文件每秒播放的位数，范围为8～160 kbps。导出声音时需要将比特率设为16 kbps或更高，以获得最佳效果。
- **品质：** 包括“快速”“中”和“最佳”3个选项，用户可以根据压缩文件的需求进行选择。

4）Raw

Raw压缩选项不会压缩导出的声音文件。选择该选项后，会在“压缩”下拉列表框的下方出现有关原始压缩的设置选项，如图8-9所示。只需设置采样率和预处理即可。

5）语音

“语音”压缩选项是一种适合于语音的压缩方式导出声音。选择该选项后，会在“压缩”下拉列表框的下方出现有关语音压缩的设置选项，如图8-10所示。只需要设置采样率和预处理即可。

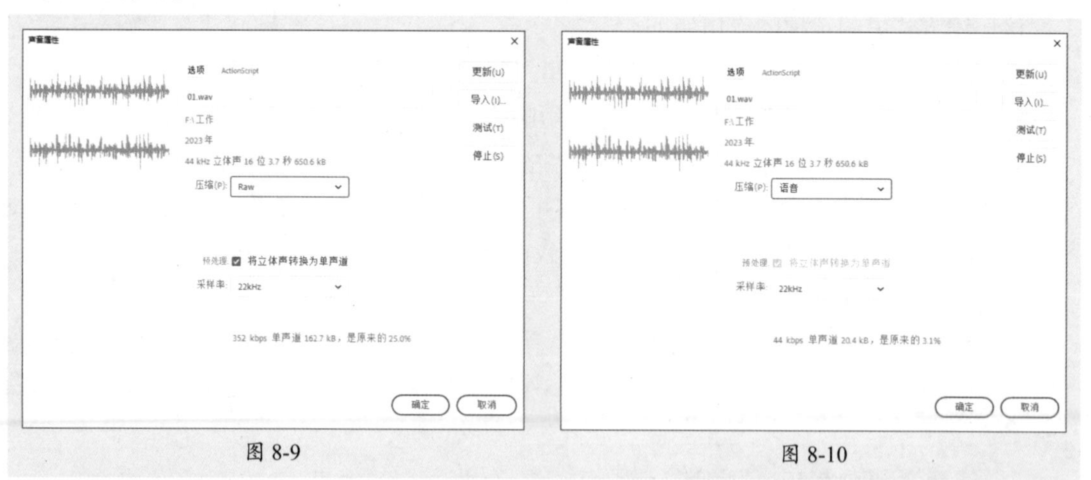

图 8-9　　图 8-10

2. 设置声音效果

选中声音所在的帧，在“属性”面板的“声音”选项区域中单击“效果”下拉列表框中的选项可以设置声音效果，如图8-11所示。

该下拉列表框中各选项的作用如下。

- **无：** 不使用任何效果。
- **左声道/右声道：** 只在左声道或者右声道播放音频。
- **向右淡出/向左淡出：** 将声音从一个声道切换至另一个声道。

- **淡入：** 表示在声音的持续时间内逐渐增加音量。
- **淡出：** 表示在声音的持续时间内逐渐减小音量。
- **自定义：** 选择该选项，将打开“编辑封套”对话框，如图8-12所示。用户可以在该对话框中对音频进行编辑，创建独属于自己的音频效果。用户也可以单击“效果”选项右侧的“编辑声音封套”按钮，打开“编辑封套”对话框进行设置。

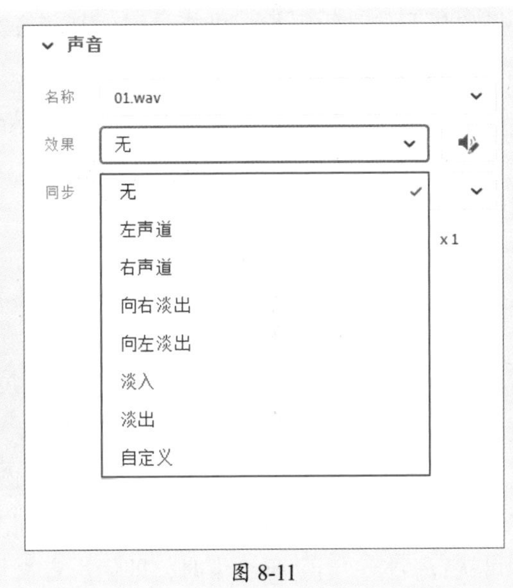

图 8-11

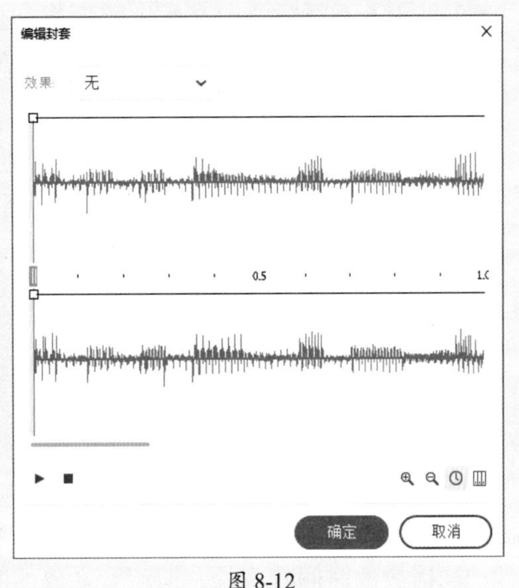

图 8-12

“编辑封套”对话框中包含上下两个编辑区，上方代表左声道波形编辑区，下方代表右声道波形编辑区，在每一个编辑区的上方都有一条带有小方块的控制线，可以通过控制线调整声音的大小、淡出和淡入等。“编辑封套”对话框中各选项的作用如下。

- **效果：** 在该下拉列表框中用户可以选择预设的声音效果。
- **“播放声音”按钮和“停止声音”按钮：** 用于播放或暂停编辑后的声音。
- **放大和缩小：** 单击这两个按钮，可以使显示窗口内的声音波形在水平方向放大或缩小。
- **秒和帧：** 单击这两个按钮，可以在秒和帧之间切换时间单位。
- **灰色控制条：** 拖动上下声音波形之间刻度栏内的灰色控制条，可以截取声音片断。

3. 设置声音同步方式

选中声音所在的帧，在“属性”面板的“声音”选项区域中可以设置声音和动画的同步方式，如图8-13所示。

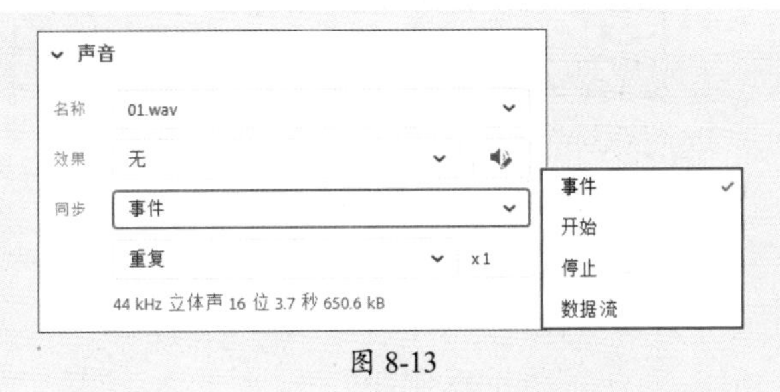

图 8-13

这4种方式的含义分别如下。

1）事件

该选项为Animate默认选项，选择该选项必须等声音全部下载完毕后才能播放动画，声音开始播放并独立于时间轴播放完整个声音，即使影片停止也继续播放。该选项一般在不需要控制声音播放的动画中使用。使用“事件”同步方式需要注意以下3点。

- 事件声音在播放之前必须完整下载。有些动画下载时间很长，可能是因为其声音文件过大而导致的。如果要重复播放声音，不必再次下载。
- 事件声音不论动画是否发生变化，都会独立地把声音播放完。播放另一声音时也不会因此停止播放，所以有时会干扰动画的播放质量，不能实现与动画同步播放。
- 事件声音不论长短，都能只插入到一个帧中去。

2）开始

该选项与“事件”选项的功能近似，若选择的声音实例已在时间轴上的其他地方播放过了，Animate将不会再播放该实例。

3）停止

该选项可以使指定的声音静音。

4）数据流

该选项可以使动画与声音同步，以便在Web站点上播放。流声音可以说是依附在帧上的，动画播放的时间有多长，流声音播放的时间就有多长。当动画结束时，即使声音文件还没有播完，也将停止播放。使用“数据流”同步方式需要注意以下两点。

- 流声音可以边下载边播放，所以不必担心出现因声音文件过大而导致下载时间过长的现象。因此，可以把流声音与动画中的可视元素同步播放。
- 流声音只能在它所在的帧中播放。

4. 设置声音循环

在“属性”面板中用户可以设置声音重复或循环播放，如图8-14所示。其中，“重复”选项默认是重复一次，用户可以在右侧的文本框中设置播放次数；“循环”选项则可以不停地循环播放声音。

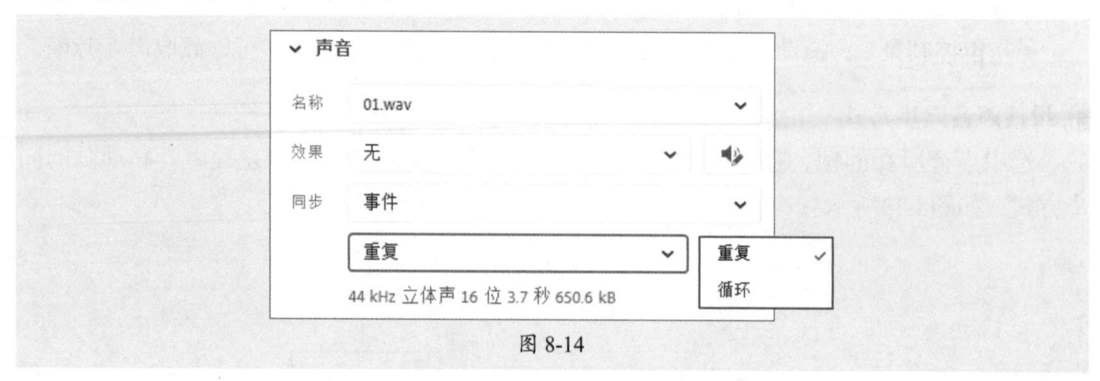

图 8-14

8.2 应用视频

Animate支持导入视频素材，并可以进行裁剪、控制视频的播放进程等操作，但不可以修改视频的具体内容。本节将对视频素材的应用进行介绍。

8.2.1 案例解析——在电视机中播放视频

在学习应用视频之前，可以跟随以下步骤了解并熟悉，即根据导入视频和遮罩动画在电视机中播放视频。

步骤 01 打开本章素材文件，如图8-15所示。

步骤 02 在“电视机”图层上方新建“视频”图层，如图8-16所示。

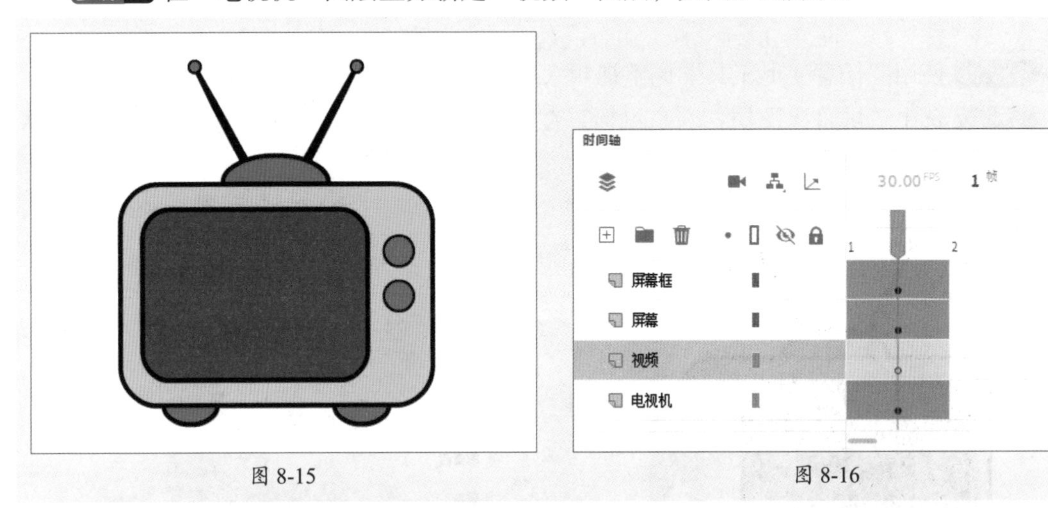

图 8-15　　　　图 8-16

步骤 03 执行“文件”|“导入”|“导入视频”命令，打开“导入视频”对话框，选择“使用播放组件加载外部视频”选项，单击“浏览”按钮，打开“打开”对话框，选择要打开的视频文件，如图8-17所示。

步骤 04 单击“打开”按钮，返回至“导入视频”对话框的“选择视频”界面，单击“下一步”按钮，打开“设定外观”界面，选择合适的外观，如图8-18所示。

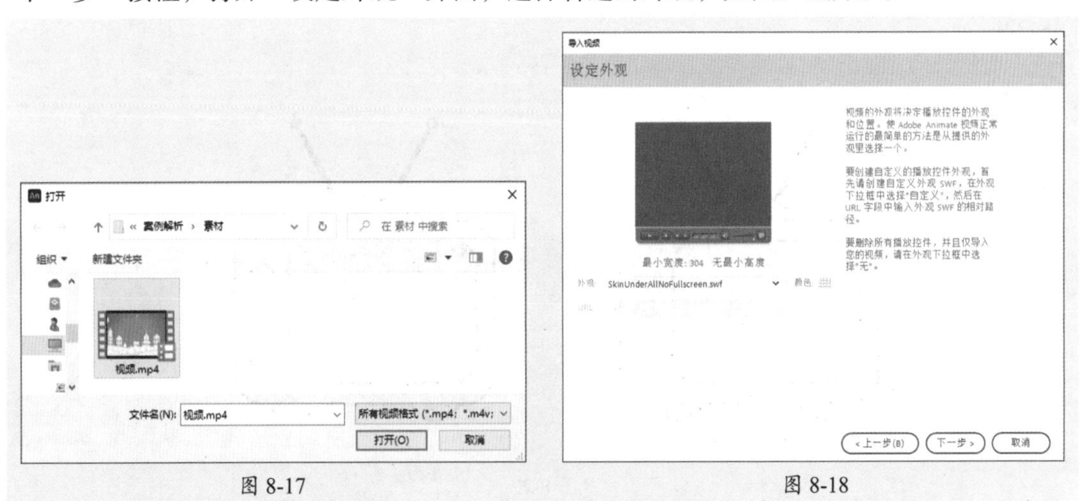

图 8-17　　　　图 8-18

步骤 05 单击“下一步”按钮，打开“完成视频导入”界面，保持默认设置，单击“完成”按钮导入视频，如图8-19所示。

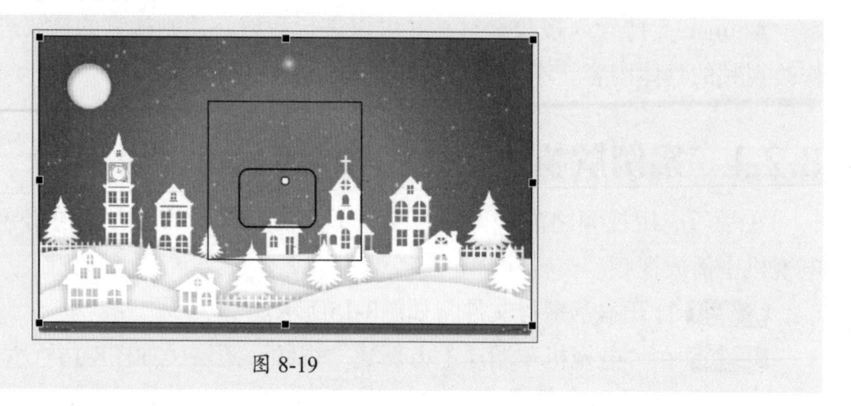

图 8-19

步骤 06 使用“任意变形工具”调整视频大小，并移动至合适位置，如图8-20所示。

步骤 07 选中“屏幕”图层，右击鼠标，在弹出的快捷菜单中执行“遮罩层”命令，将其转换为遮罩层，如图8-21所示。

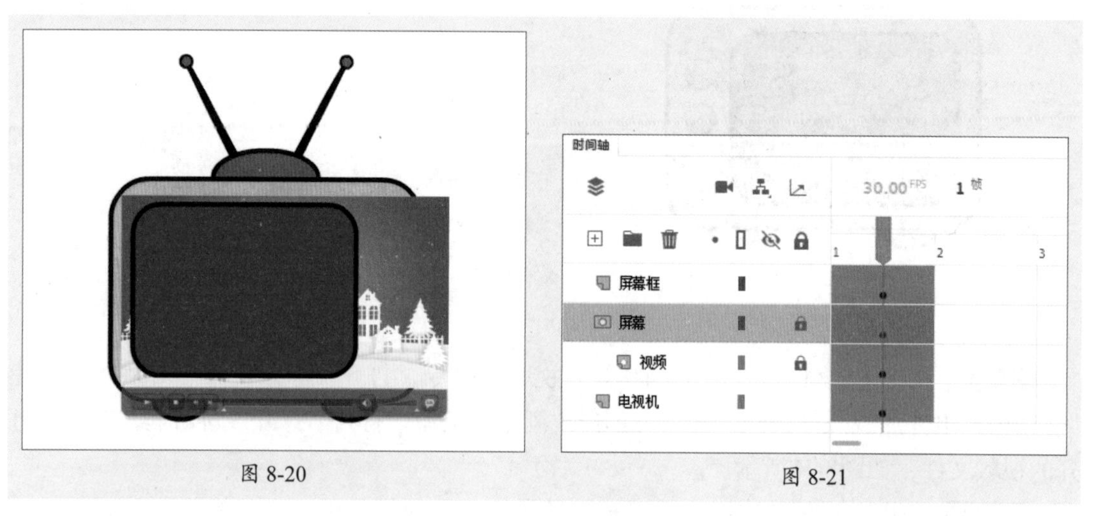

图 8-20　　图 8-21

步骤 08 至此，完成在电视机中播放视频的操作。按Ctrl+Enter组合键测试，效果如图8-22所示。

图 8-22

8.2.2 视频文件格式——了解常用视频格式

Animate支持导入多种视频格式，如H.264、FLV、MOV等，其中支持嵌入并可以随动画导出视频的只有FLV格式，其他格式的视频只能以播放组件的形式导入，而H.264格式的视频虽然可以嵌入，但仅用于设计时间，不能导出视频。下面将对常用视频格式进行介绍。

1. FLV 格式

一种视频流媒体格式，文件体积小、加载速度快，适合网络观看视频文件。

2. H.264 格式

H.264格式具有很高的数据压缩比率，容错能力强，同时图像质量也很高，在网络传输中更为方便经济，保存文件后缀为“.mp4”。

3. AVI 格式

音频视频交错格式，该格式支持音视频同步播放，且图像质量好，可以跨多个平台使用，但体积过大，压缩标准不统一，多用于多媒体光盘。

4. MOV 格式

MOV格式是由苹果公司开发的一种音频视频文件格式，可用于存储常用数字媒体类型，保存文件后缀为“.mov”。该格式存储空间要求小，且画面效果略优于AVI格式。

8.2.3 导入视频文件——将视频导入Animate软件

执行“文件”|“导入”|“导入视频”命令，可打开“导入视频”对话框，如图8-23所示。

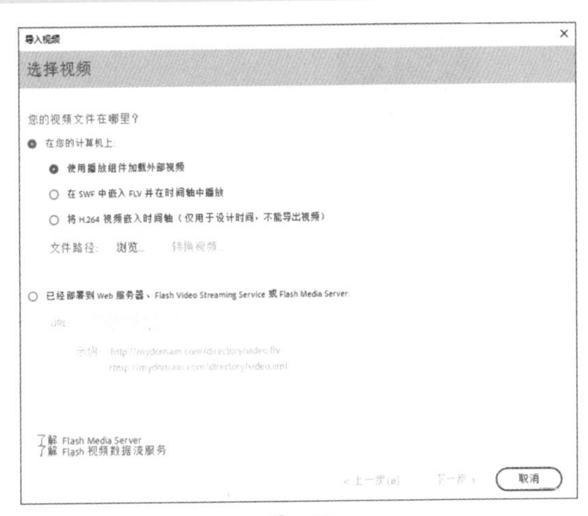

图 8-23

该对话框中提供了3个本地视频导入选项，这3个选项的作用分别如下。

- 使用播放组件加载外部视频：导入视频并创建 FLVPlayback组件的实例以控制视频回放。将Animate文档作为SWF发布并将其上传到Web服务器时，必须将视频文件上传到Web服务器或Animate Media Server，并按照已上传视频文件的位置配置FLVPlayback组件。
- 在SWF中嵌入FLV并在时间轴中播放：该选项可将FLV嵌入到Animate文档中。这样导入视频时，该视频放置于时间轴中可以看到时间轴帧所表示的各个视频帧的位置。嵌入的FLV视频文件成为Animate文档的一部分。该选项可以使此视频文件与舞台上的其他元素同步，但是也可能会出现声音不同步的问题，同时SWF的文件大小会增加。一般来说，品质越高，文件也就越大。
- 将H.264视频嵌入时间轴：该选项可将H.264 视频嵌入 Animate 文档中。使用此选项导入视频时，为了使视频作为设计阶段制作动画的参考，可以将视频放置在舞台上。在拖动或播放时间轴时，视频中的帧将呈现在舞台上，相关帧的音频也将播放。

以使用“使用播放组件加载外部视频”选项为例，选择该选项后，单击“浏览”按钮，打开“打开”对话框并选择合适的视频素材，如图8-24所示。

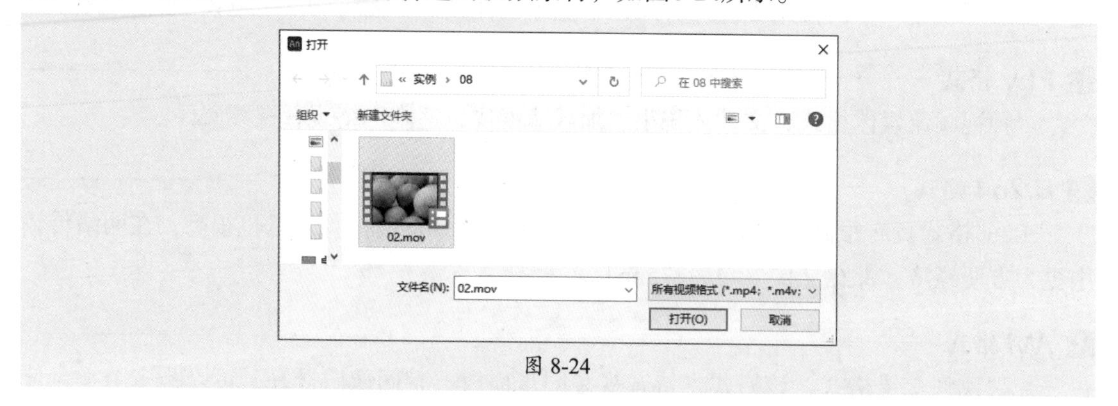

图 8-24

完成后单击“打开”按钮，切换至“导入视频”对话框的“选择视频”界面，单击“下一步”按钮，打开“设定外观”界面设置外观，如图8-25所示。

单击“下一步”按钮，打开“完成视频导入”界面，如图8-26所示。

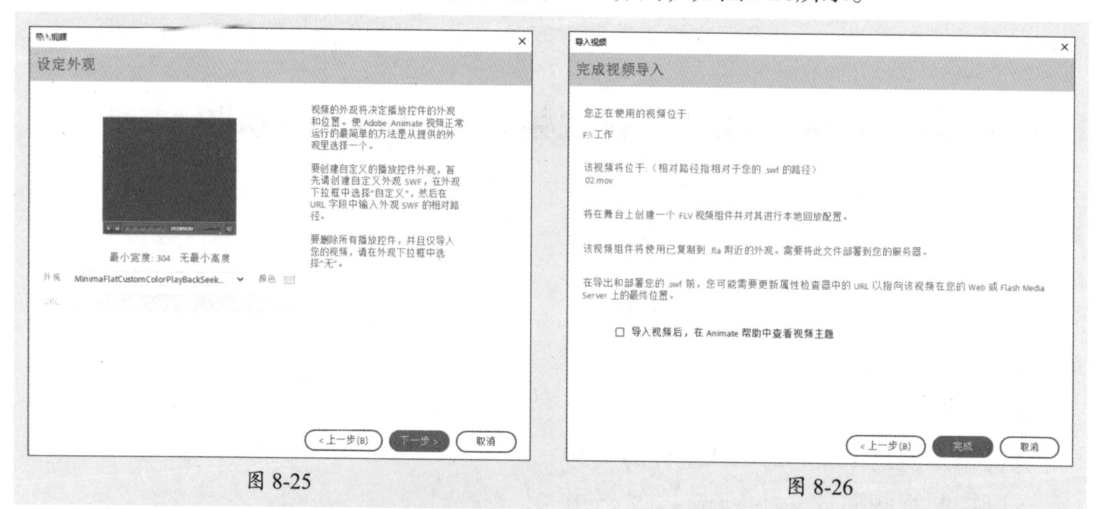

图 8-25　　图 8-26

单击“完成”按钮，即可在舞台中看到导入的视频，如图8-27所示。

图 8-27

8.2.4 编辑处理视频——调整视频效果

选中导入的视频素材，在“属性”面板中可以对其实例名称、位置和大小等参数进行设置，如图8-28所示。若视频素材是通过“使用播放组件加载外部视频”选项导入的，还可以单击“显示参数”按钮，打开“组件参数”面板，设置组件以影响视频效果，如图8-29所示。

图 8-28

图 8-29

课堂实战 选择播放歌曲

本章课堂实战练习选择播放歌曲。综合练习本章的知识点，以熟练掌握和巩固素材的操作。下面将介绍具体的操作步骤。

步骤 01 打开本章素材文件，将“库”面板中的“背景”图层拖曳至舞台，调整合适大小与位置，如图8-30所示。修改“图层_1”的名称为“背景”，另存文件。

步骤 02 在“背景”图层的上方新建“音效”图层，将“库”面板中的“音效”元件拖曳至舞台中合适位置，在“属性”面板的“色彩效果”选项区域中选择“色调”并进行设置，效果如图8-31所示。

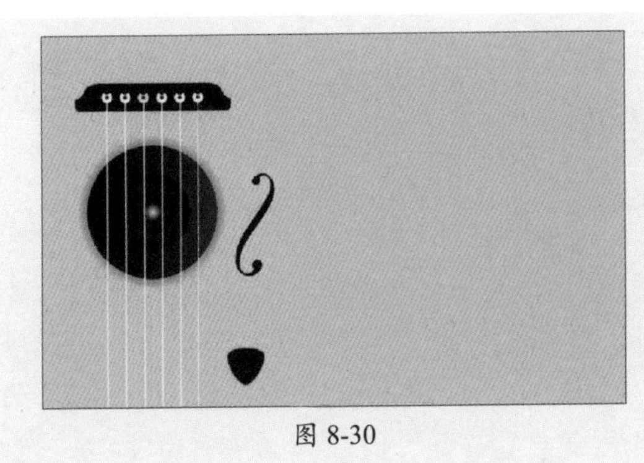

图 8-30

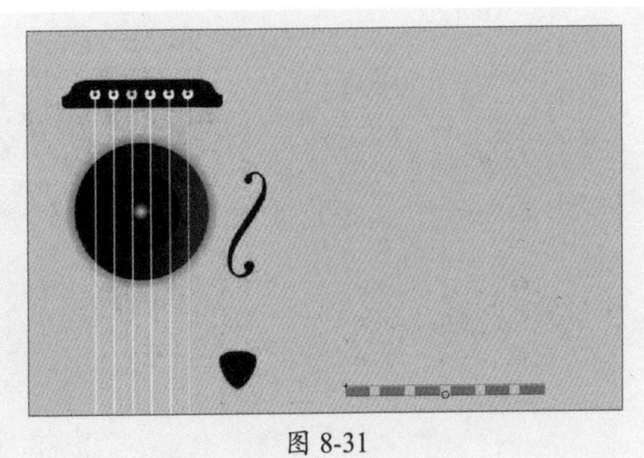

图 8-31

步骤 03 在“音效”图层上方新建“菜单”图层，使用“文本工具”输入文字，使用“线条工具”绘制白色直线，如图8-32所示。

步骤 04 在“菜单”图层上方新建“按钮”图层，使用“矩形工具”和“多角星形工具”绘制播放按钮并复制，分别将两个按钮转换为按钮元件，如图8-33所示。

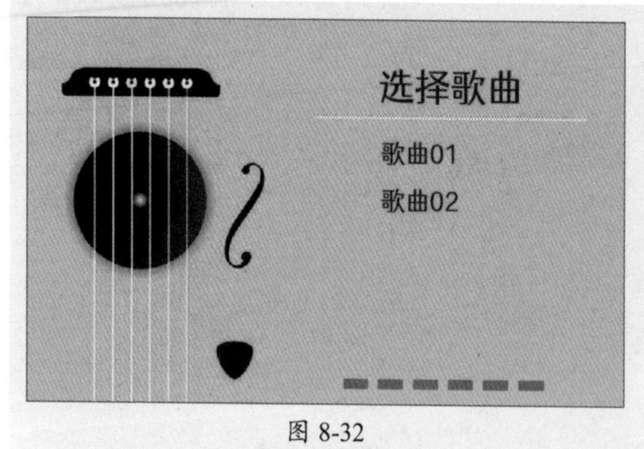

图 8-32

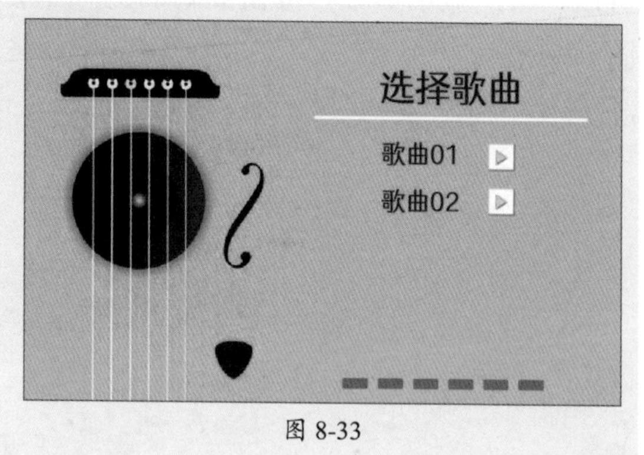

图 8-33

步骤 05 分别为两个按钮添加实例名称button1和button2，如图8-34、图8-35所示。

图 8-34

图 8-35

步骤 06 在“按钮”图层上方新建“音乐”图层，将“库”面板中的“1.mp3”素材文件拖曳至舞台中，在“属性”面板中设置“同步”为“数据流”，在第200帧按F5键插入帧，如图8-36所示。

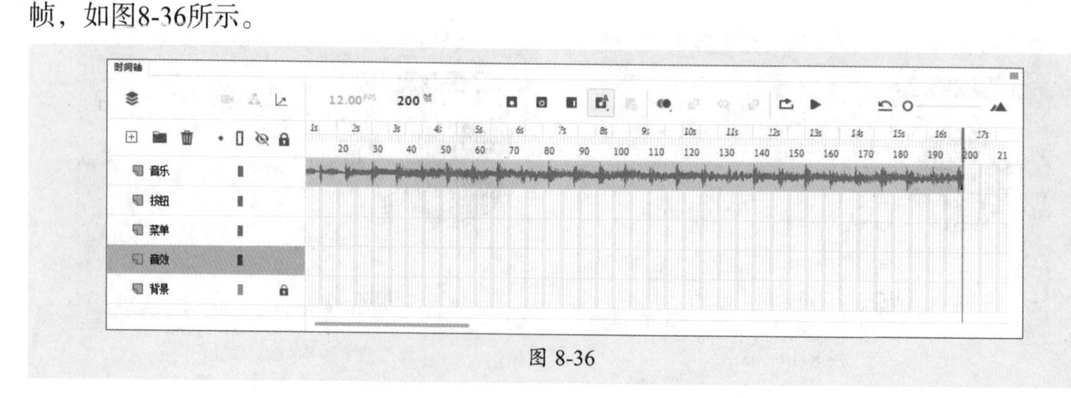

图 8-36

步骤 07 在“音乐”图层的第201帧按F7键插入空白关键帧，将“2.mp3”素材文件拖曳至舞台中，在“属性”面板中设置“同步”为“数据流”，在所有图层的第400帧按F5键插入帧，如图8-37所示。

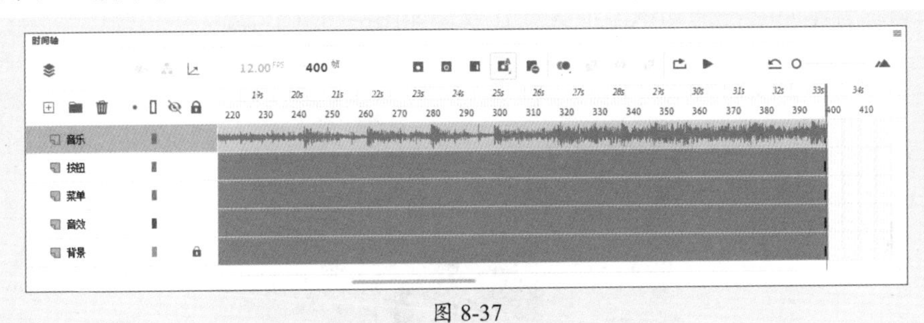

图 8-37

步骤 08 在“音乐”图层上方新建“动作”图层，选择第1帧，右击鼠标，在弹出的快捷菜单中执行“动作”命令，打开“动作”面板，输入代码，如图8-38所示。

图 8-38

操作提示

此处完整代码如下。

```
stop();
button1.addEventListener(MouseEvent.CLICK,a1ClickHandler);
function a1ClickHandler(event:MouseEvent)
{
    gotoAndPlay(1);
}
button2.addEventListener(MouseEvent.CLICK,a2ClickHandler);
function a2ClickHandler(event:MouseEvent)
{
    gotoAndPlay(201);
}
```

步骤 09 至此，完成选择播放歌曲的制作。按Ctrl+Enter组合键测试预览，单击按钮即可切换播放歌曲，如图8-39所示。

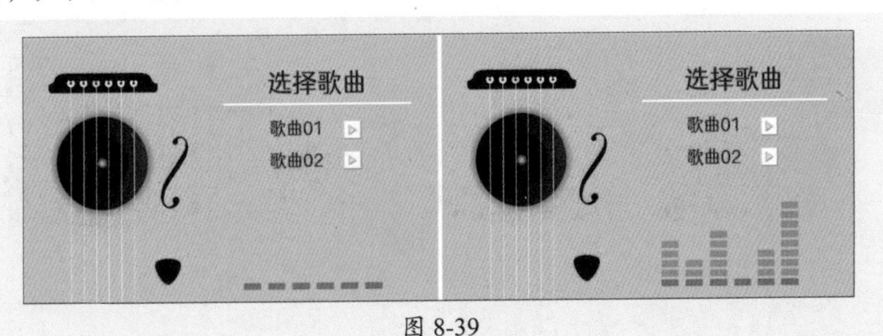

图 8-39

课后练习 添加火焰音效

下面将综合本章学习的知识添加火焰音效，如图8-40所示。

图 8-40

1. 技术要点

- 打开本章素材文件，添加背景图片。
- 新建影片剪辑元件，进入元件编辑模式添加火焰动画。
- 新建图层添加音效，并进行设置。

2. 分步演示

本实例的分步演示效果如图8-41所示。

图 8-41

拓展赏析

中国动画电影创始人：万籁鸣

图 8-42

说到中国动画电影的发展，就离不开万籁鸣先生，如图8-42所示。万籁鸣号赖翁，是世界动画大师、艺术大师、中国动画电影创始人，同时也是我国早期美术片开拓者之一，其擅长电影动画、中国画等，作品精巧细腻，蕴含浓郁的民族特色。

1922年，万籁鸣与其弟万古蟾导演制作了中国第一部动画广告《舒振东华文打字机》；1926年，与其弟万古蟾合作为长城画片公司制作了中国第一部动画片《大闹画室》，遗憾的是，该部动画片的胶片已于战争中损毁，现代人再无缘得见；1961—1964年，万籁鸣与唐澄在上海美术电影制片厂联合执导了中国第一部彩色动画长片《大闹天宫》，如图8-43所示为该片剧照。

图 8-43

第9章 组件的应用

内容导读

组件可以帮助用户制作具有交互性的动画效果，如信息收集、调查表等，节省操作时间。本章将针对组件的类型、编辑组件的方法以及复选框、文本域、下拉列表框等常用组件进行讲解。

思维导图

- 组件的应用
  - 常用组件
    - 复选框组件——多选选框
    - 列表框组件——制作列表
    - 文本输入框组件——单行文本输入框
    - 文本域组件——多行文字输入框
    - 滚动条组件——添加滚动条
    - 下拉列表框组件——下拉列表
  - 认识并应用组件
    - 组件类型——常见组件分类
    - 编辑组件——组件的添加及删除

9.1 认识并应用组件

组件是带有参数的影片剪辑，在制作动画时，可以通过组件快速制作带有交互性的动画效果，提高工作效率。本节将对组件的基础知识进行介绍。

9.1.1 案例解析——制作选项问卷

在学习组件的类型及编辑之前，可以跟随以下步骤了解并熟悉，即根据RadioButton组件制作单选按钮创建问卷。

步骤 01 新建一个640像素×480像素大小的空白文档，导入本章素材文件，如图9-1所示。修改“图层_1”的名称为“背景”，锁定该图层。

步骤 02 在“背景”图层上方新建“选项”图层，使用“文本工具”在舞台中的合适位置单击并输入标题和问题，如图9-2所示。

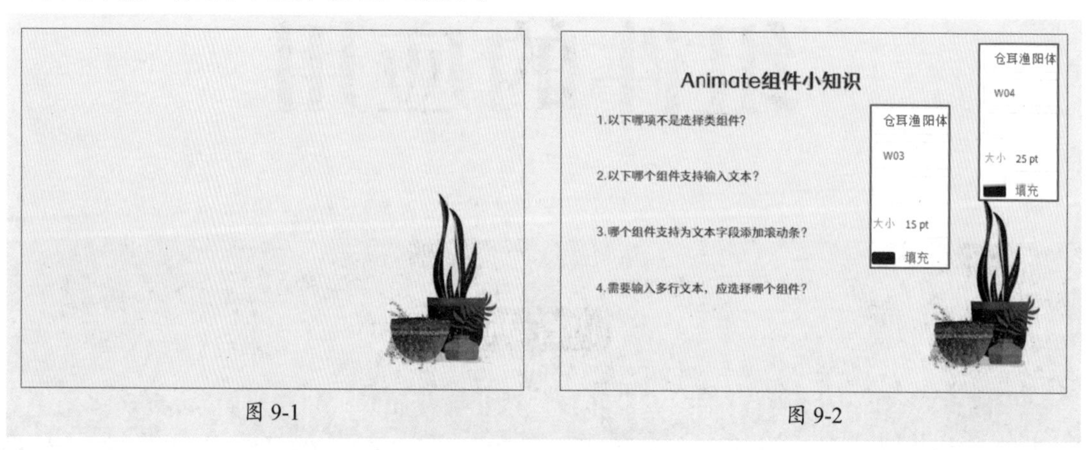

图 9-1　　图 9-2

步骤 03 在“选项”图层上方新建“组件”图层，在“组件”面板中选择RadioButton组件，并将其拖曳至舞台中的合适位置，如图9-3所示。

步骤 04 选中组件，在“属性”面板中单击“显示参数”按钮，打开“组件参数”面板进行设置，如图9-4所示。

图 9-3　　图 9-4

步骤 05 设置完成后在舞台中预览效果，如图9-5所示。

步骤 06 使用相同的方法继续添加RadioButton组件并设置参数，效果如图9-6所示。

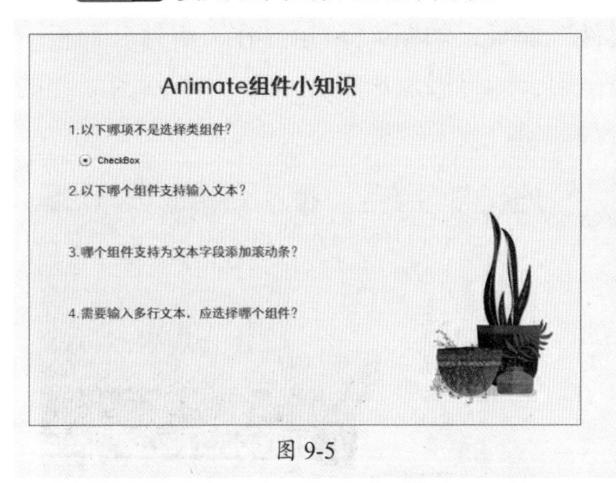

图 9-5

图 9-6

步骤 07 至此，完成选项问卷的制作，按Ctrl+Enter组合键测试，效果如图9-7所示。

图 9-7

9.1.2 组件类型——常见组件分类

组件可以将应用程序的设计过程和编码分开，简化编码过程，提高代码的可复用性。Animate中常见的组件包括以下4种类型。

- **文本类组件：** 文本类组件可以更加快捷、方便地创建文本框，并载入文档数据信息。Animate中预置了Lable、TextArea和TextInput 3种常用的文本类组件。
- **列表类组件：** Animate根据不同的需求预置了不同方式的列表组件，包括ComboBox、DataGrid和List，便于用户直观地组织同类信息数据，方便选择。
- **选择类组件：** Animate中预置了Button、CheckBox、RadioButton和NumericStepper 4种常用的选择类组件，便于用户制作一些用于网页的选择调查类文件。
- **窗口类组件：** 使用窗口类组件可以制作类似于Windows操作系统的窗口界面，如带有标题栏和滚动条的资源管理器和执行某一操作时弹出的警告提示对话框等。窗口类组件包括ScrollPane、UIScrollBar和ProgressBar等。

9.1.3 编辑组件——组件的添加及删除

用户可以根据需要添加、删除组件效果，还可以使用“组件参数”面板详细设置组件效果。下面将对此进行介绍。

1. 添加组件

执行“窗口”|“组件”命令，打开“组件”面板，如图9-8所示。在“组件”面板中选择组件，双击或将其拖至“库”面板或舞台中，即可添加该组件。图9-9所示为添加的TextArea（文本域）组件效果。

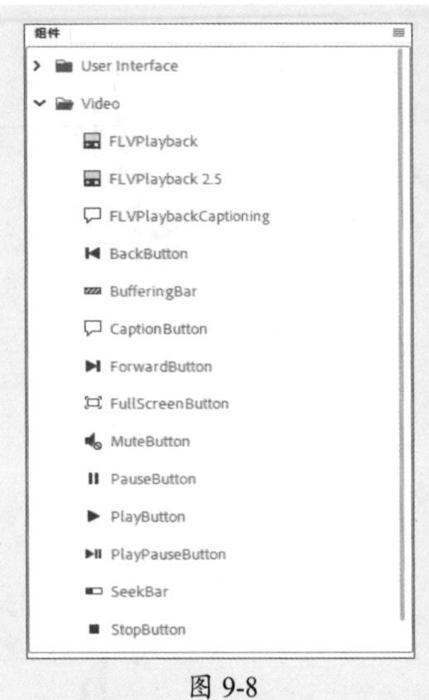

图 9-8

图 9-9

选中添加的组件，在“属性”面板中可以设置其实例名称、位置等参数，如图9-10所示。单击“显示参数”按钮，可以打开“组件参数”面板详细设置组件。图9-11所示为TextArea（文本域）组件的“组件参数”面板。

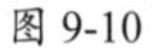

图 9-10

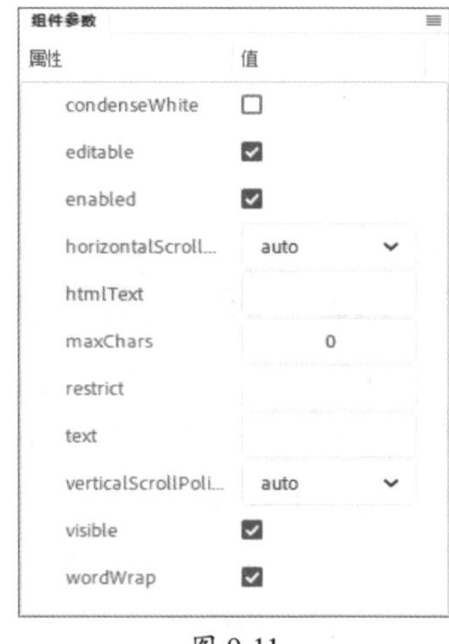

图 9-11

不同组件的“组件参数”面板中的选项也会有所不同。9.2节会对常用组件的选项进行介绍。

2. 删除组件

选中舞台中添加的组件实例，按Delete键即可从舞台中删除实例，但在编译时该组件依然包含在应用程序中。若想彻底删除组件，可以使用以下两种方法。

- 选中“库”面板中要删除的组件，右击鼠标，在弹出的快捷菜单中执行“删除”命令或按Delete键。
- 在“库”面板中选中要删除的组件，单击“库”面板底部的“删除”按钮🗑。

9.2 常用组件

浏览网页时见到的单选按钮、复选框、文本框等元素都可以使用组件制作。本节将对常用的组件进行介绍。

9.2.1 案例解析——制作信息调查表

在学习常用组件之前，可以跟随以下步骤了解并熟悉，即根据文本输入框组件、复选框组件等制作信息调查表。

步骤 01 新建一个640像素×480像素大小的空白文档，导入本章素材文件，如图9-12所示。修改“图层_1”的名称为“背景”，锁定该图层。

步骤 02 在“背景”图层上方新建“问答”图层，使用“文本工具”在舞台中的合适位置单击并输入文本，如图9-13所示。

图 9-12

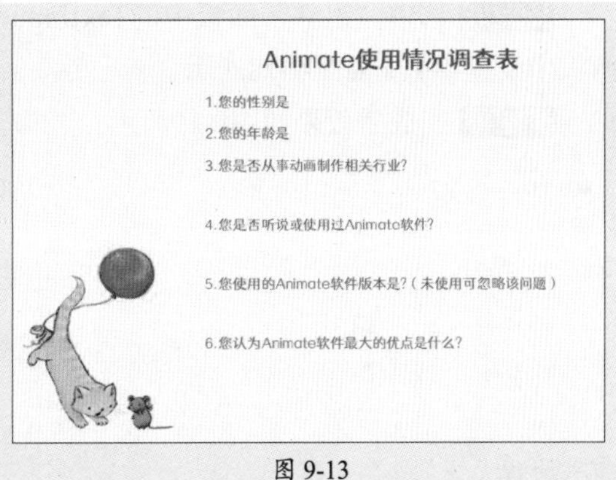

图 9-13

步骤 03 在“问答”图层上方新建“组件”图层，在“组件”面板中选择RadioButton组件，将其拖曳至舞台中的合适位置，如图9-14所示。

步骤 04 选中组件，在“属性”面板中单击“显示参数”按钮，打开“组件参数”面板进行设置，如图9-15所示。

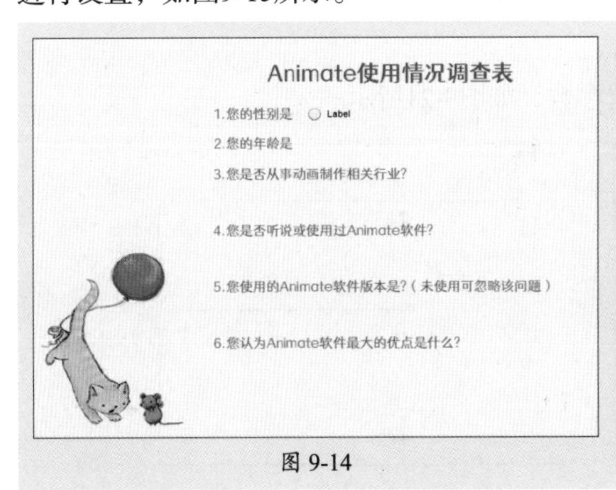

图 9-14

图 9-15

步骤05 设置完成后在舞台中预览效果，如图9-16所示。

步骤06 使用相同的方法继续添加RadioButton组件并设置参数，效果如图9-17所示。

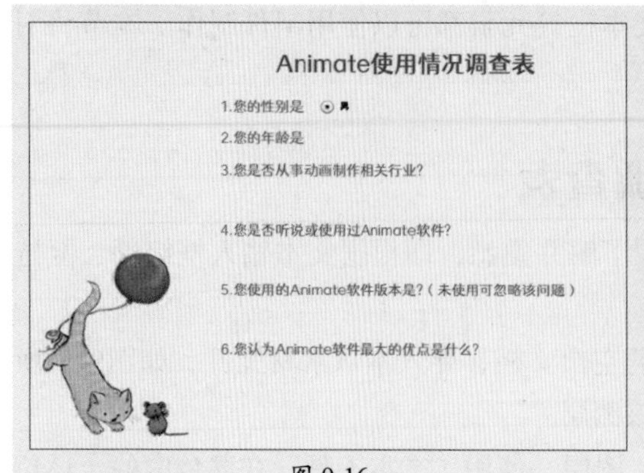

图 9-16

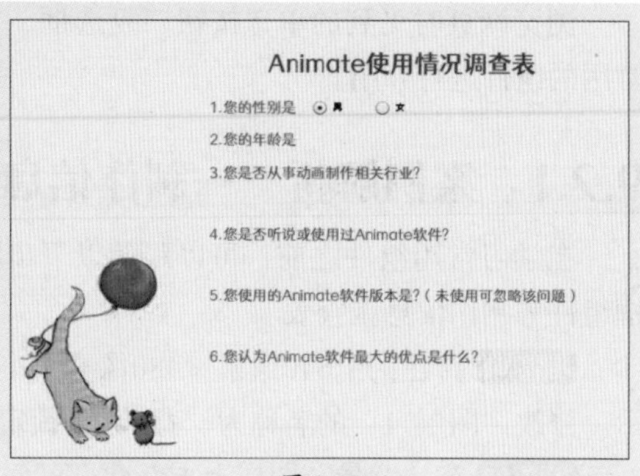

图 9-17

步骤07 选中“组件”面板中的TextInput组件，将其拖曳至合适位置，在“组件参数”面板中设置参数，如图9-18所示。

步骤08 完成后效果如图9-19所示。

图 9-18

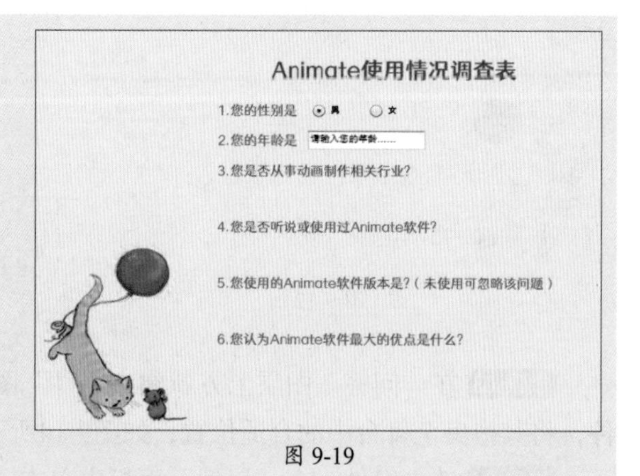

图 9-19

步骤09 在“组件”面板中选择RadioButton组件，将其拖曳至舞台中的合适位置，在“组件参数”面板中设置参数，如图9-20所示。

步骤10 再次添加RadioButton组件并设置参数，如图9-21所示。

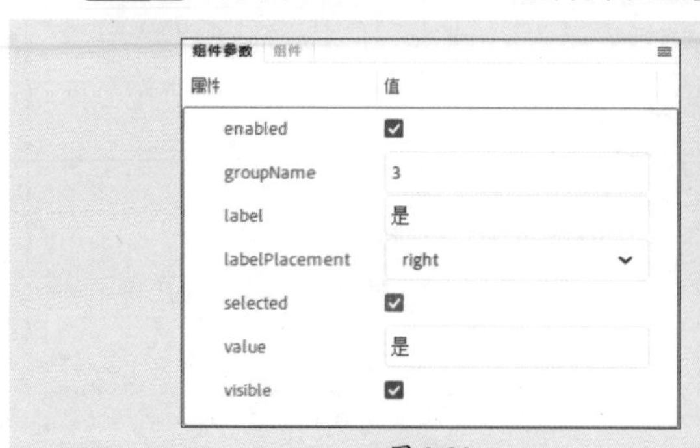

图 9-20

图 9-21

步骤 11 完成后效果如图9-22所示。

步骤 12 选中“组件”面板中的CheckBox组件，将其拖曳至舞台中的合适位置，在“组件参数”面板中设置参数，如图9-23所示。

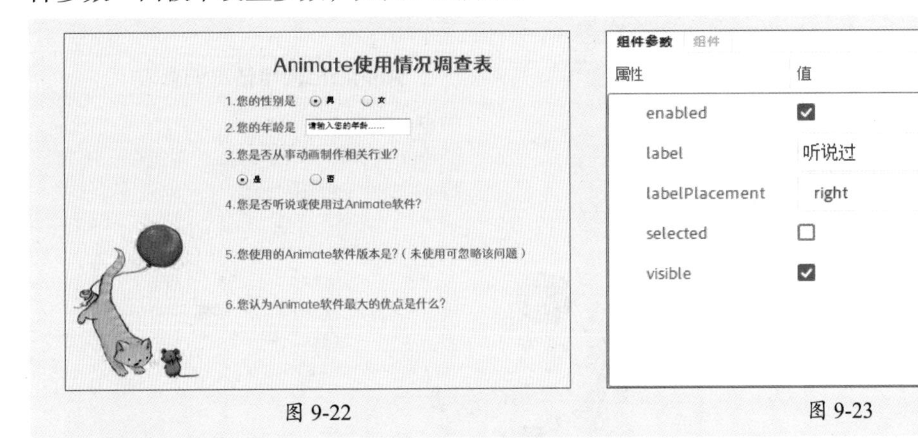

图 9-22　　图 9-23

步骤 13 使用相同的方法再次添加CheckBox组件并进行设置，效果如图9-24所示。

步骤 14 选中“组件”面板中的ComboBox组件，将其拖曳至舞台中的合适位置，在“组件参数”面板中设置参数，如图9-25所示。

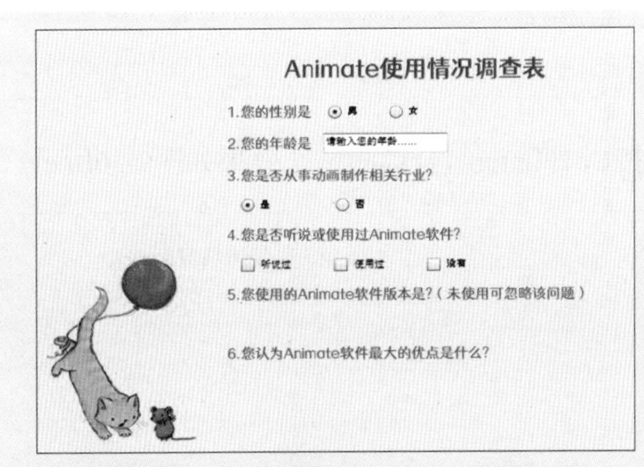

图 9-24

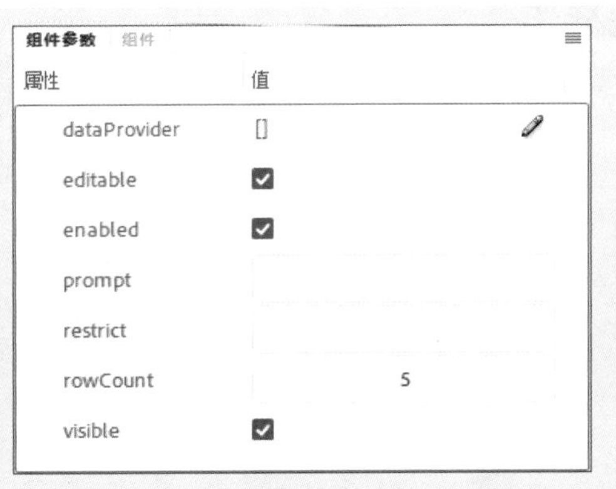

图 9-25

步骤 15 单击按钮，打开“值”对话框，单击按钮添加数据，如图9-26所示。

步骤 16 单击“确定”按钮应用数据，在舞台中预览效果，如图9-27所示。

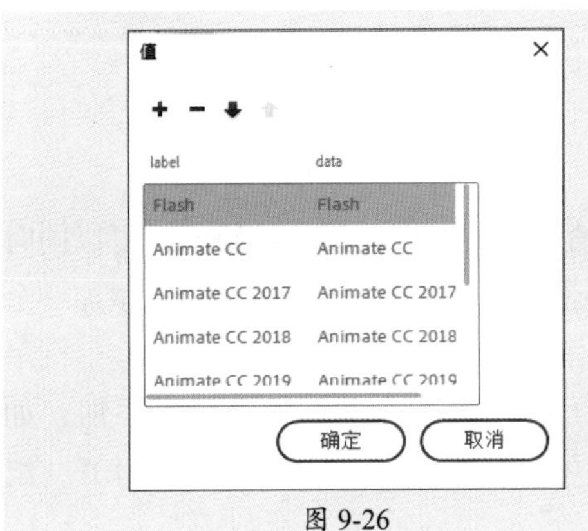

图 9-26

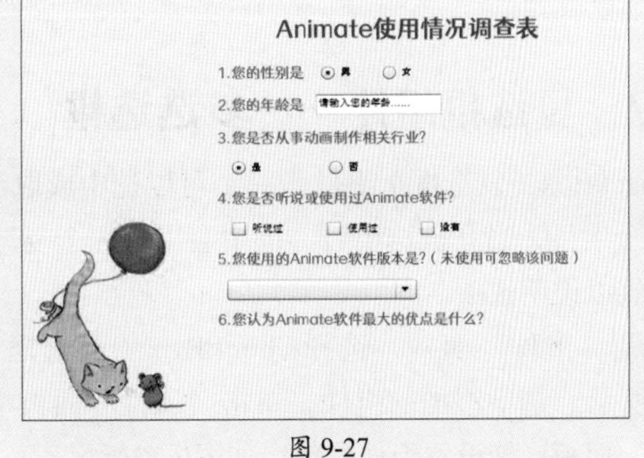

图 9-27

步骤 17 选中“组件”面板中的TextArea组件，将其拖曳至舞台中的合适位置，在“组件参数”面板中设置参数，如图9-28所示。

步骤 18 在舞台中预览效果，如图9-29所示。

组件参数　组件

属性	值
condenseWhite	☐
editable	☑
enabled	☑
horizontalScroll...	auto
htmlText	
maxChars	200
restrict	
text	请输入....
verticalScrollPoli...	auto
visible	☑
wordWrap	☑

图 9-28

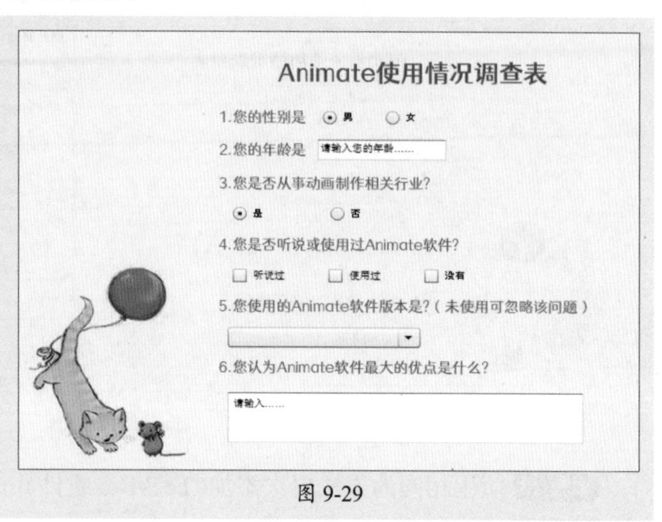

图 9-29

> **操作提示**
>
> 使用“任意变形工具”可调整组件大小。

步骤 19 至此，完成信息调查表的制作。按Ctrl+Enter组合键测试，效果如图9-30所示。

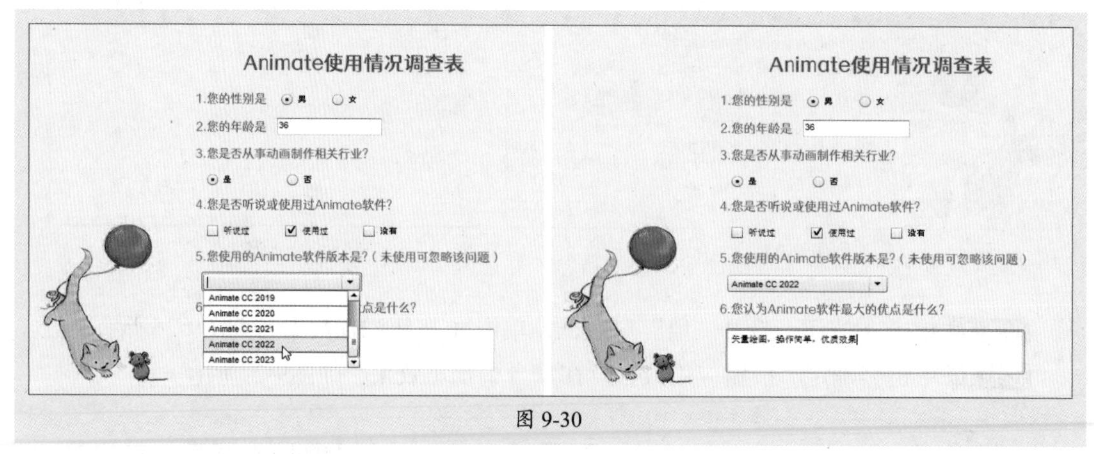

图 9-30

9.2.2 复选框组件——多选选框

CheckBox（复选框）组件是一个可以选中或取消选中的方框。通过该组件，可以同时选取多个项目，当它被选中后，框中会出现一个复选标记。用户可以为CheckBox添加一个文本标签以说明选项。

打开“组件”面板，选择CheckBox（复选框）组件将其拖曳至舞台即可添加，如图9-31所示。选中添加的组件，单击“属性”面板中的“显示参数”按钮，可以打开“组件参数”面板详细设置组件参数，如图9-32所示。

图 9-31

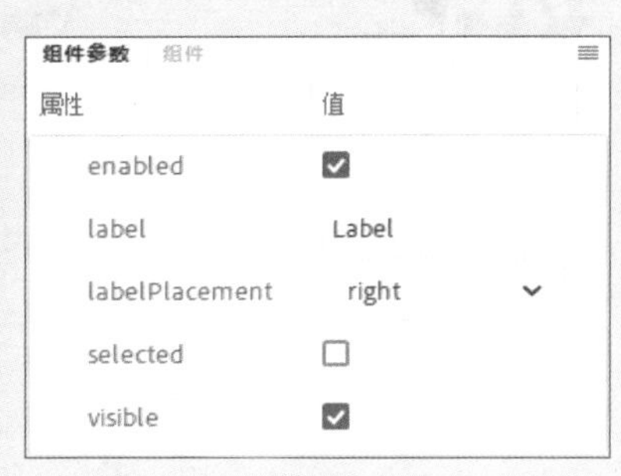

图 9-32

该组件“组件参数”面板中各选项的作用如下。

- **enabled：**用于控制组件是否可用。
- **label：**用于确定复选框显示的内容。默认值是Label。
- **labelPlacement：**用于确定复选框上标签文本的方向。其中包括4个选项：left、right、top和bottom，默认值是right。
- **selected：**用于确定复选框的初始状态为选中或取消选中。被选中的复选框中会显示一个对勾。
- **visible：**用于决定对象是否可见。

设置完成后，按Ctrl+Enter组合键测试，效果如图9-33、图9-34所示。

图 9-33

图 9-34

9.2.3 列表框组件——制作列表

List（列表框）组件可用于制作滚动列表框。选择“组件”面板中的List（列表框）组件将其拖曳至舞台即可添加，如图9-35所示。在“组件参数”面板中可以详细设置组件参数，如图9-36所示。

图 9-35

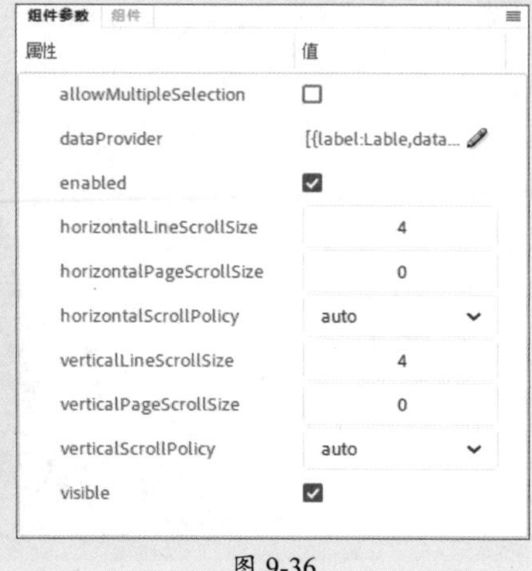

图 9-36

该组件“组件参数”面板中各选项的作用如下。

- **allowMultipleSelection**：用于设置是否能一次选中多个列表项目。
- **dataProvider**：数据列表，单击该选项右侧的按钮可打开“值”对话框添加数据，如图9-37所示。单击按钮即可添加数据，单击添加的数据可修改其内容。
- **enabled**：用于控制组件是否可用。
- **horizontalLineScrollSize**：用于设置单击滚动箭头时要在水平方向上滚动的内容量。
- **horizontalPageScrollSize**：用于设置单击滚动条轨道时水平滚动条上滚动滑块要移动的像素数。
- **horizontalScrollPolicy**：用于设置是否显示水平滚动条。
- **verticalLineScrollSize**：用于设置单击滚动箭头时要在竖直方向上滚动的内容量。
- **verticalPageScrollSize**：用于设置单击滚动条轨道时竖直滚动条上滚动滑块要移动的像素数。
- **verticalScrollPolicy**：用于设置是否显示竖直滚动条。
- **visible**：用于决定对象是否可见。

设置完成后，按Ctrl+Enter组合键测试，效果如图9-38所示。

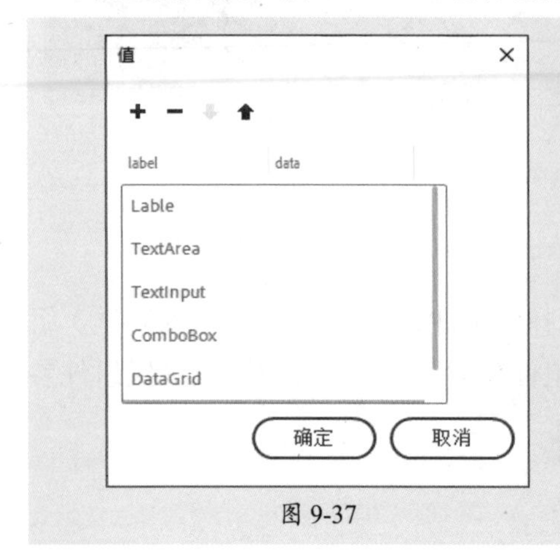

图 9-37

图 9-38

9.2.4 文本输入框组件——单行文本输入框

TextInput（文本输入框）组件可用于输入单行文本。选择“组件”面板中的TextInput（文本输入框）组件将其拖曳至舞台即可添加，如图9-39所示。在“组件参数”面板中可以详细设置组件参数，如图9-40所示。

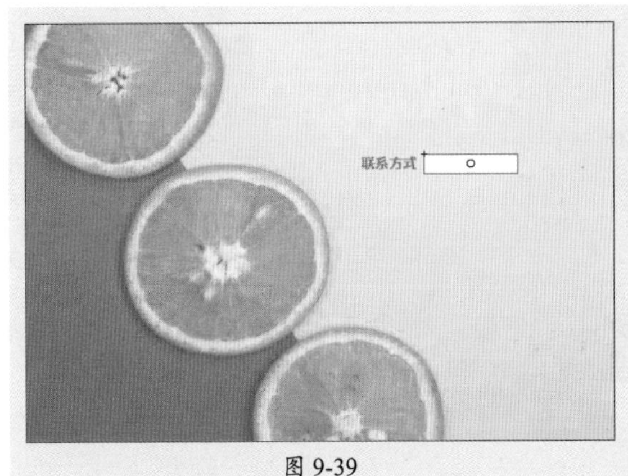

图 9-39

图 9-40

该组件“组件参数”面板中各选项的作用如下。

- displayAsPassword：用于设置是否显示为密码形式。
- editable：用于指示该字段是否可编辑。
- enabled：用于控制组件是否可用。
- maxChars：用于设置文本区域最多可以容纳的字符数。
- restrict：用于设置输入值的限制。
- text：用于设置TextArea组件默认显示的文本内容。
- visible：用于决定对象是否可见。

设置完成后，按Ctrl+Enter组合键测试，效果如图9-41、图9-42所示。

图 9-41

图 9-42

9.2.5 文本域组件——多行文字输入框

TextArea（文本域）组件是一个多行文字字段，具有边框和选择性的滚动条。在需要多行文本字段的任何地方都可使用TextArea组件。选择“组件”面板中的TextArea（文本域）组件将其拖曳至舞台即可添加，如图9-43所示。在“组件参数”面板中可以详细设置组件参数，如图9-44所示。

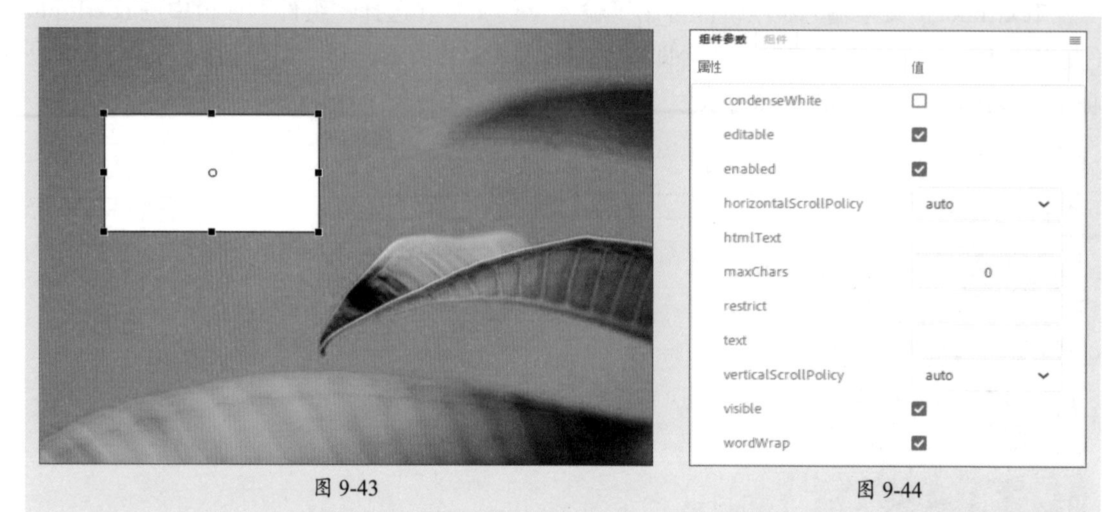

图 9-43　　图 9-44

该组件“组件参数”面板中部分选项的作用如下。

- **editable**：用于指示该字段是否可编辑。
- **enabled**：用于控制组件是否可用。
- **horizontalScrollPolicy**：用于指示水平滚动条是否打开。该值可以为on（显示）、off（不显示）或auto（自动），默认值为auto。
- **maxChars**：用于设置文本区域最多可以容纳的字符数。
- **text**：用于设置TextArea组件默认显示的文本内容。
- **verticalScrollPolicy**：用于指示垂直滚动条是否打开。该值可以为on（显示）、off（不显示）或auto（自动），默认值为auto。
- **wordWrap**：用于控制文本是否自动换行。

设置完成后，按Ctrl+Enter组合键测试，效果如图9-45、图9-46所示。

图 9-45

图 9-46

9.2.6　滚动条组件——添加滚动条

Uiscrollbar（滚动条）组件可以将滚动条添加到文本字段中。选择“组件”面板中的

Uiscrollbar（滚动条）组件将其拖曳至舞台即可添加，如图9-47所示。在“组件参数”面板中可以详细设置组件参数，如图9-48所示。

图 9-47

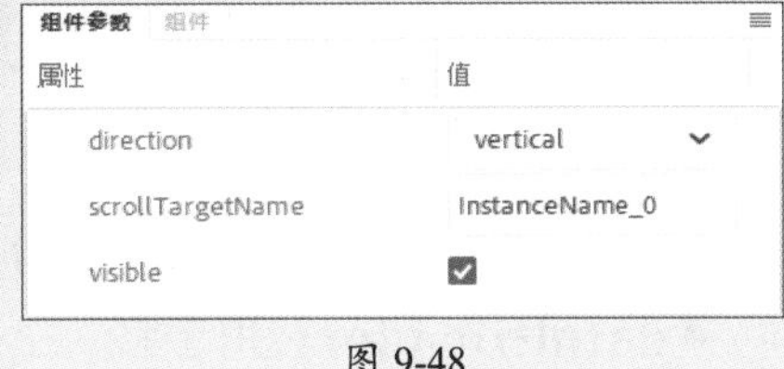

图 9-48

操作提示

若滚动条的长度小于其滚动箭头的加总尺寸，则滚动条将无法正确显示。如果调整滚动条的尺寸以至没有足够的空间留给滚动框（滑块），则Animate会使滚动框变为不可见。

该组件“组件参数”面板中各选项的作用如下。

- **direction**：用于选择Uiscrollbar组件方向是横向还是纵向。
- **scrollTargetName**：用于设置滚动条的目标名称。
- **visible**：用于控制Uiscrollbar组件是否可见。

设置完成后，按Ctrl+Enter组合键测试，效果如图9-49、图9-50所示。

图 9-49

图 9-50

9.2.7 下拉列表框组件——下拉列表

ComboBox（下拉列表框）组件类似于对话框中的下拉列表，添加后单击下拉按钮即可打开下拉列表进行选择。选择“组件”面板中的ComboBox（下拉列表框）组件将其拖曳至舞台即可添加，如图9-51所示。在“组件参数”面板中可以详细设置组件参数，如图9-52所示。

图 9-51

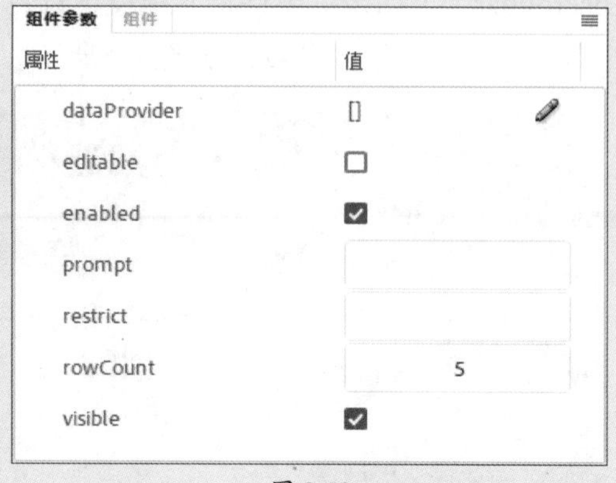

图 9-52

该组件“组件参数”面板中部分选项的作用如下。

- **dataProvider**：用于将一个数据值与ComboBox组件中的每个项目相关联。单击按钮，打开“值”对话框，设置下拉列表框中的值。
- **editable**：用于决定用户是否可以在下拉列表框中输入文本。
- **rowCount**：用于确定在不使用滚动条时最多可以显示的项目数。默认值为5。

设置完成后，按Ctrl+Enter组合键测试，效果如图9-53、图9-54所示。

图 9-53

图 9-54

课堂实战 制作个人信息调查表

本章课堂实战练习制作个人信息调查表。综合练习本章的知识点，以熟练掌握和巩固素材的操作。下面将介绍具体的操作步骤。

步骤 01 新建一个640像素×480像素大小的空白文档，导入本章素材文件，如图9-55所示。修改“图层_1”的名称为“背景”，锁定该图层。

步骤 02 在“背景”图层上方新建“调查”图层，使用“文本工具”在舞台中的合适位置单击并输入文本，如图9-56所示。

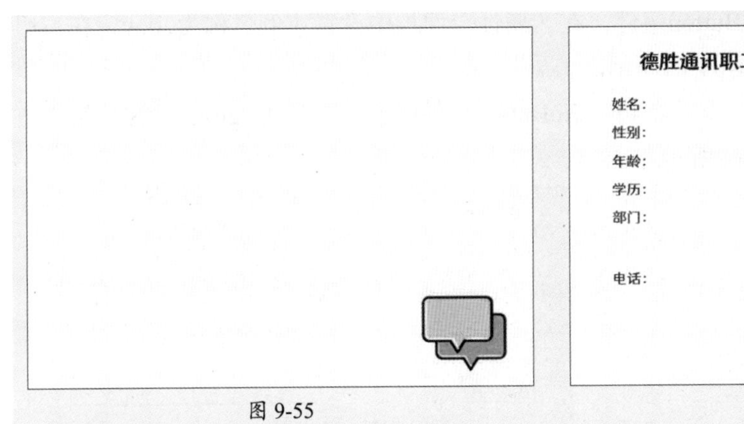

图 9-55

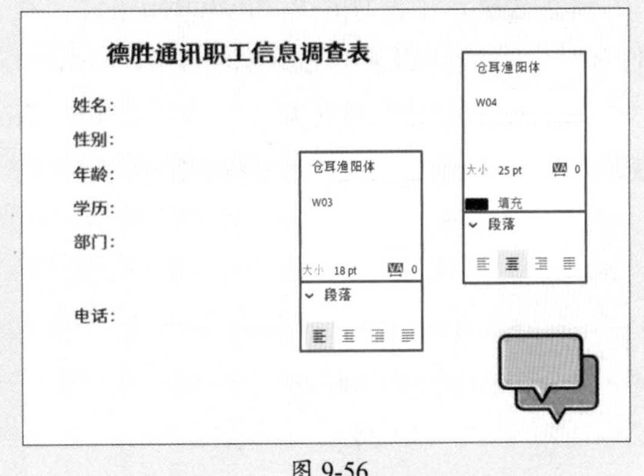

图 9-56

步骤 03 在“调查”图层和“背景”图层的第2帧，按F6键插入关键帧，设置“调查”图层第2帧舞台中的文字，如图9-57所示。

步骤 04 在“调查”图层上方新建“组件”图层，选中“组件”图层第1帧，在“组件”面板中选择TextInput组件，将其拖曳至舞台中的合适位置，如图9-58所示。

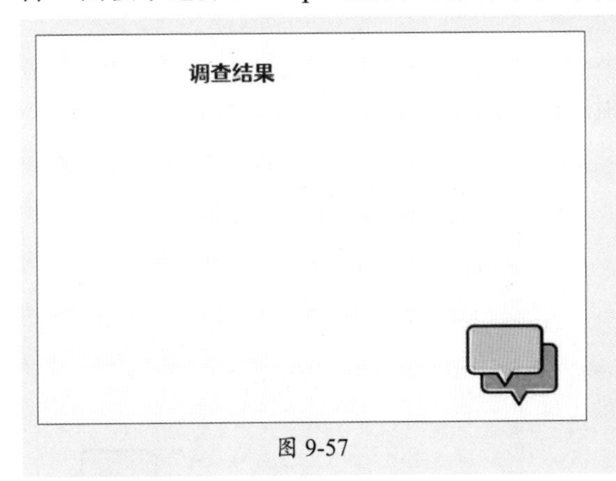

图 9-57

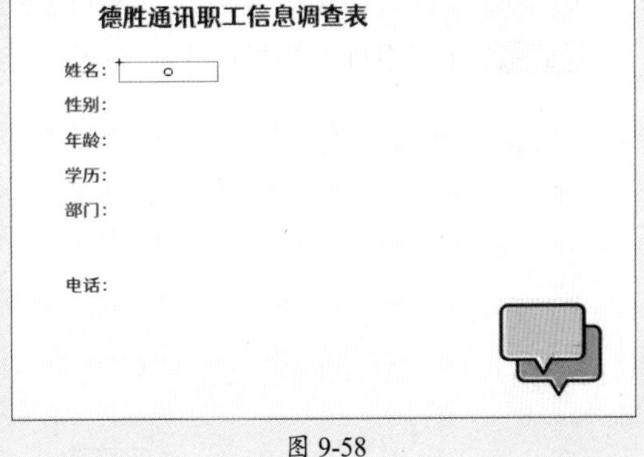

图 9-58

步骤 05 选中组件，在“属性”面板中设置实例名称为_name，单击“显示参数”按钮，打开“组件参数”面板设置参数，如图9-59所示。

步骤 06 在“组件”面板中选择RadioButton组件，将其拖曳至合适位置，重复一次，如图9-60所示。

图 9-59

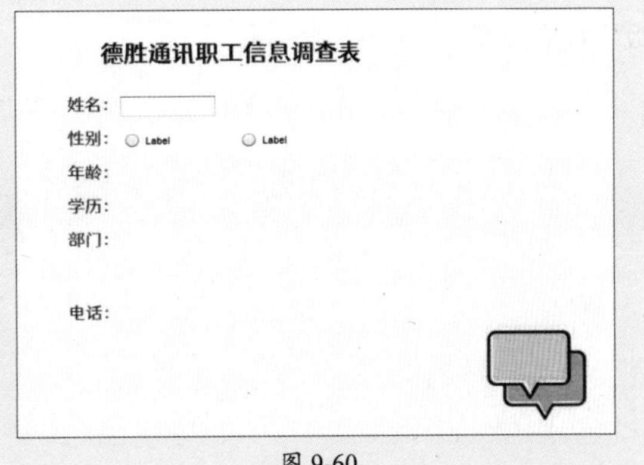

图 9-60

步骤 07 选中左侧的RadioButton组件，在“属性”面板中设置实例名称为_boy，在“组件参数”面板中设置参数，如图9-61所示。

步骤 08 使用相同的方法，设置右侧RadioButton组件的实例名称为_girl，并在“组件参数”面板中设置参数，如图9-62所示。

图 9-61

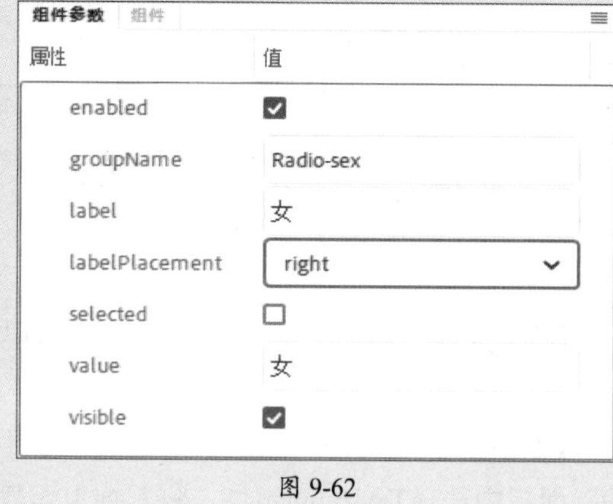

图 9-62

步骤 09 在舞台中预览效果，如图9-63所示。

步骤 10 在“组件”面板中选择TextInput组件，将其拖曳至合适位置，如图9-64所示。

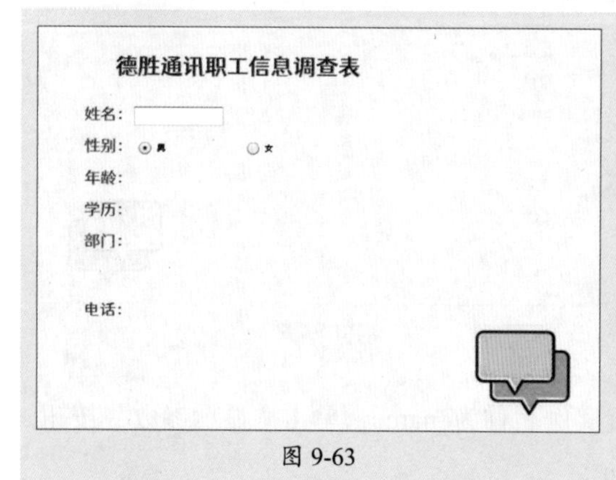

图 9-63

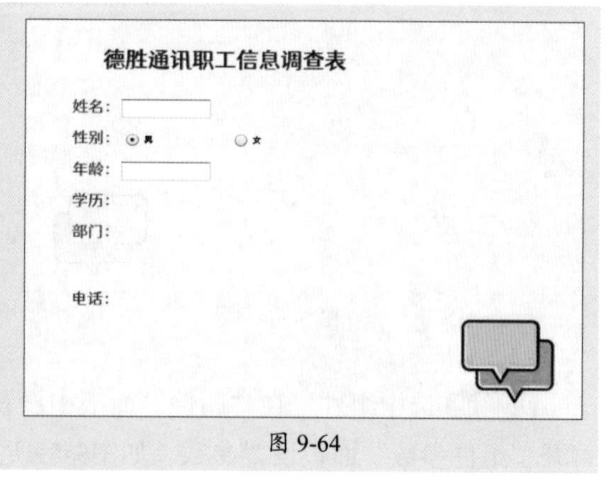

图 9-64

步骤 11 选中组件，在“属性”面板中设置实例名称为_age，并在“组件参数”面板中设置参数，如图9-65所示。

组件参数　组件

属性	值
displayAsPassword	☐
editable	☑
enabled	☑
maxChars	3
restrict	0123456789
text	
visible	☑

图 9-65

步骤 12 在“组件”面板中选择ComboBox组件，将其拖曳至舞台中的合适位置，如图9-66所示。

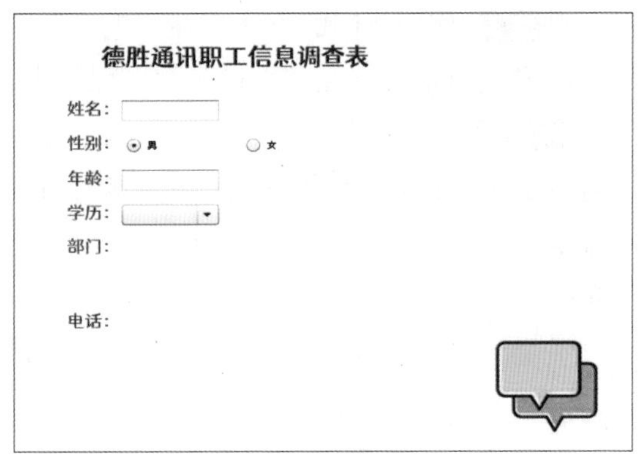

图 9-66

步骤 13 选中组件，在“属性”面板中设置实例名称为_xueli，在“组件参数”面板中单击按钮，打开“值”对话框，单击按钮添加数据，如图9-67所示。完成后单击“确定”按钮即可。

步骤 14 在“组件”面板中选择RadioButton组件，将其拖曳至舞台中的合适位置，重复三次，效果如图9-68所示。

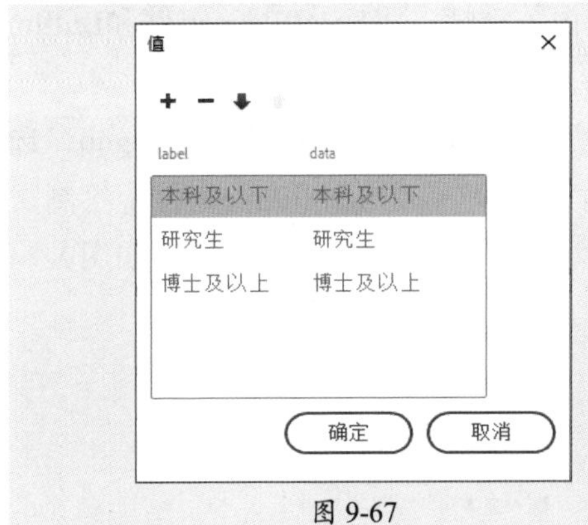

图 9-67

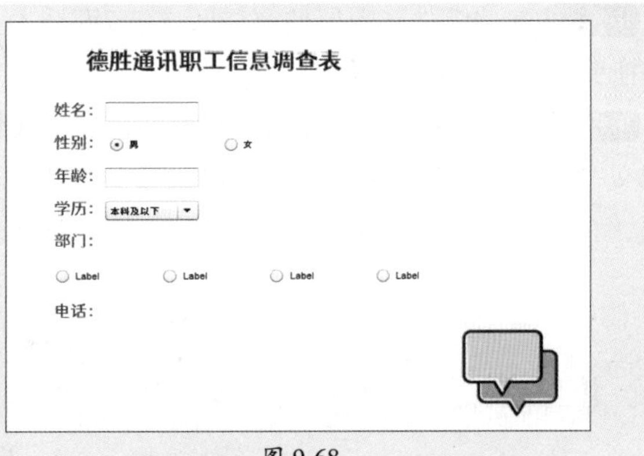

图 9-68

步骤 15 从左至右依次在“属性”面板中设置实例名称为_b1、_b2、_b3、_b4，在“组件参数”面板中设置参数。图9-69所示为左起第一个“组件参数”面板。

步骤 16 其余3个值仅修改label值和value值，取消选中selected复选框，效果如图9-70所示。

图 9-69

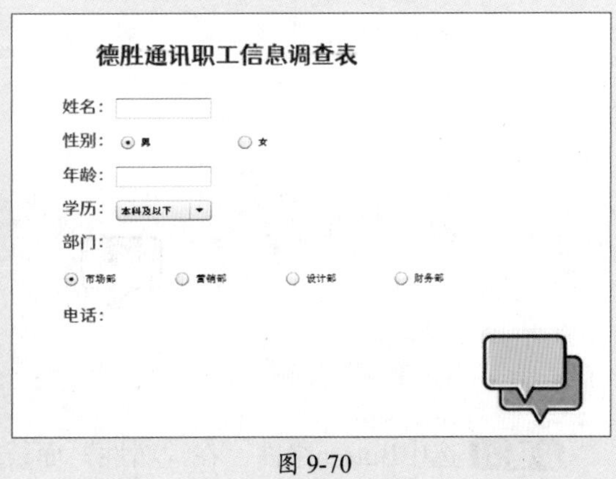

图 9-70

步骤 17 使用相同的方法，在“电话”右侧添加TextInput组件，在“属性”面板中设置实例名称为_phone，在“组件参数”面板中设置参数，如图9-71所示。

步骤 18 在页面最下方添加Button组件，在“属性”面板中设置实例名称为_tijiao，在“组件参数”面板中设置参数，如图9-72所示。

组件参数 | 组件

属性	值
displayAsPassword	☐
editable	☑
enabled	☑
maxChars	11
restrict	0123456789
text	
visible	☑

图 9-71

组件参数 | 组件

属性	值
emphasized	☐
enabled	☑
label	提交
labelPlacement	right
selected	☐
toggle	☐
visible	☑

图 9-72

步骤 19 在“组件”图层的第2帧，按F7键插入空白关键帧，将ScrollPane组件和Button组件拖曳至舞台中的合适位置，如图9-73所示。

步骤 20 选中舞台中的ScrollPane组件，在“属性”面板中设置实例名称为_jieguo，选择“文本工具”后在“属性”面板中设置类型为“输入文本”。在ScrollPane组件上绘制文本框，在“属性”面板中设置实例名称为_result，并设置字体、字号等参数，如图9-74所示。

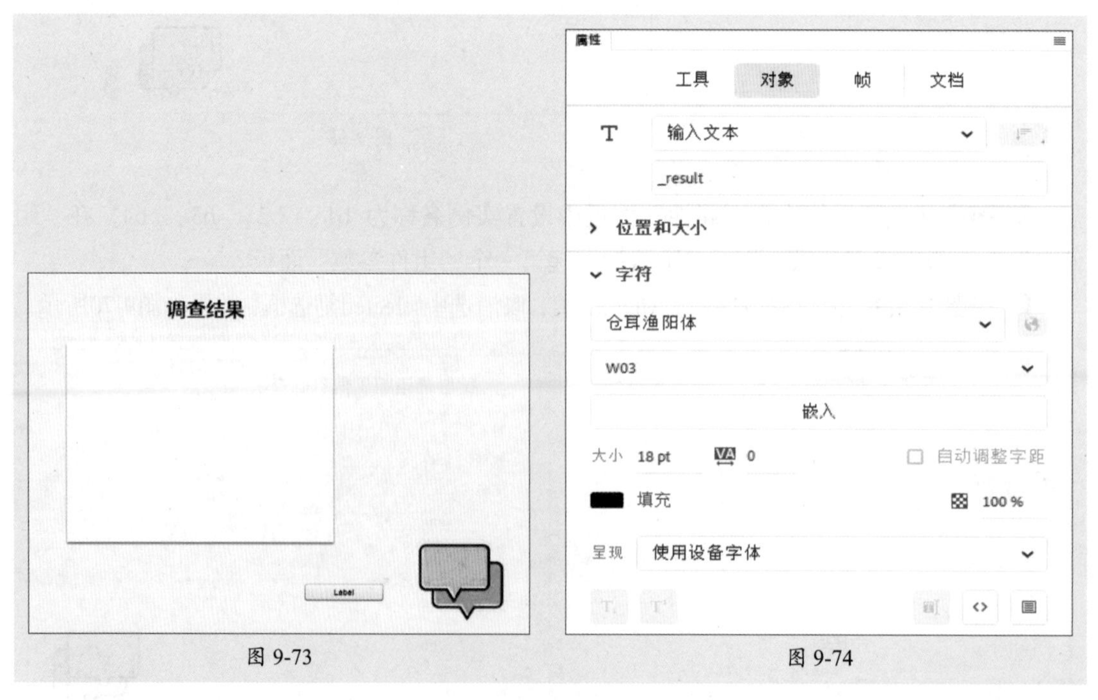

图 9-73　　图 9-74

步骤 21 选中Button组件，在“属性”面板中设置实例名称为_back，在“组件参数”面板中设置参数，如图9-75所示。

步骤22 在舞台中预览效果，如图9-76所示。

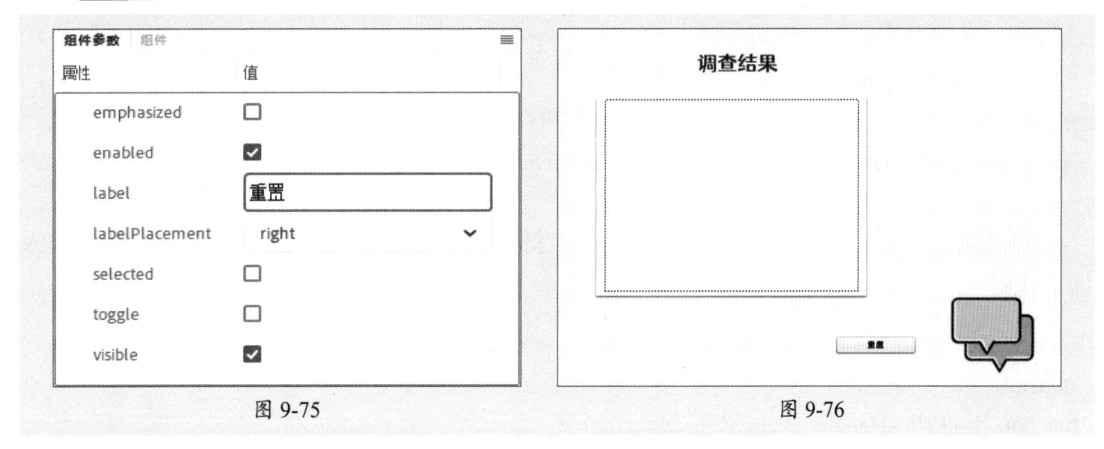

图 9-75　　图 9-76

步骤23 在“组件”图层上方新建“动作”图层，选中第1帧，右击鼠标，在弹出的快捷菜单中执行“动作”命令，打开“动作”面板，输入如下代码。

```
stop();
var temp:String = "";
var bm:String = "市场部";
var type:String = "";
//部门
function clickHandler2(event:MouseEvent):void
{
        bm = event.currentTarget.label;
}
_b1.addEventListener(MouseEvent.CLICK, clickHandler2);
_b2.addEventListener(MouseEvent.CLICK, clickHandler2);
_b3.addEventListener(MouseEvent.CLICK, clickHandler2);
_b4.addEventListener(MouseEvent.CLICK, clickHandler2);
function _tijiaoclickHandler(event:MouseEvent):void
{
        //取得当前的数据
        temp = "姓名：" + _name.text + "\r\r性别：";
        if (_girl.selected)
        {
                temp += _girl.value;
        }
        else if (_boy.selected)
        {
                temp += _boy.value;
        }
        temp += "\r\r年龄：" + _age.text + "\r\r学历：" + _xueli.selectedItem.data + "\r\r部门：" +
bm;
```

```
            temp += "\r\r电话" + _phone.text;
            //跳转
            this.gotoAndStop(2);
}
_tijiao.addEventListener(MouseEvent.CLICK, _tijiaoclickHandler);
```

步骤 24 选中“动作”图层的第2帧，按F7键插入空白关键帧，在“动作”面板中输入如下代码。

```
_result.text = temp;
stop();
function _backclickHandler(event:MouseEvent):void
{
            gotoAndStop(1);
}
_back.addEventListener(MouseEvent.CLICK, _backclickHandler);
```

步骤 25 至此，完成个人信息调查表的制作。按Ctrl+Enter组合键测试，效果如图9-77所示。

图 9-77

课后练习 制作页面动画

下面将综合本章学习的知识制作页面动画效果，如图9-78所示。

图 9-78

1. 技术要点

- 新建文档，导入背景素材，新建矩形图层，绘制矩形并将其转换为影片剪辑元件，调整Alpha值。
- 新建文本图层，设置文本参数，绘制文本框，设置文本框实例名称。
- 新建组件图层，添加Uiscrollbar组件并进行设置。
- 新建动作图层，输入代码控制文字。

2. 分步演示

本实例的分步演示效果如图9-79所示。

图 9-79

拓展赏析

中国动漫博物馆

中国动漫博物馆位于杭州市滨江区，是经国家广电总局和中国动画学会批准的“国字号”动漫博物馆。该馆于2021年6月建成开放，如图9-80所示。馆内设有“动漫你的遐想”“动漫你的回忆”“动漫你的今天”“动漫你的未来”4大常设展区，还配备剧场、影视区、图书馆、视听室等特色功能区域。

图 9-80

中国动漫博物馆馆内约有2万余件动漫藏品，其中包括极为珍贵的《大闹天宫》赛璐珞原画、《哪吒闹海》赛璐珞片及美术设定、《黑猫警长》赛璐珞片等。通过馆藏品，可以了解中国百年动画发展及中国动画行业变迁，这对研究中国动画历史具有极其珍贵的作用。

软件协同之AI矢量绘图

内容导读

Illustrator是基于矢量的绘图软件，可用于绘制矢量图形。本章将对Illustrator工作界面、新建文件等基础操作，线段工具、基本图形工具、自由绘图工具等绘制图形的工具，以及混合对象、变换对象等编辑图形的操作进行讲解。

思维导图

软件协同之AI矢量绘图

图形的编辑
- 变换图形——使图形产生变化
- 编辑图形——图形的复杂操作

基础知识详解
- 认识工作界面——认识Illustrator软件
- 文件的基本操作——创建或保存文件
- 绘制图形——常用绘图工具

10.1 基础知识详解

Illustrator是一款专业的矢量绘图软件，在平面设计领域应用非常广泛。在制作动画时，用户可以在Illustrator软件中绘制角色后导入至Animate软件中进行应用。本节将对Illustrator软件的基础知识进行介绍。

10.1.1 案例解析——绘制相机矢量图形

在学习Illustrator基础知识之前，可以跟随以下步骤了解并熟悉，即根据文件的基本操作及绘图工具绘制相机。

步骤 01 新建一个640像素×480像素大小的空白文档，导入本章素材文件，如图10-1所示。设置“图层1”的名称为“背景”，并锁定该图层。

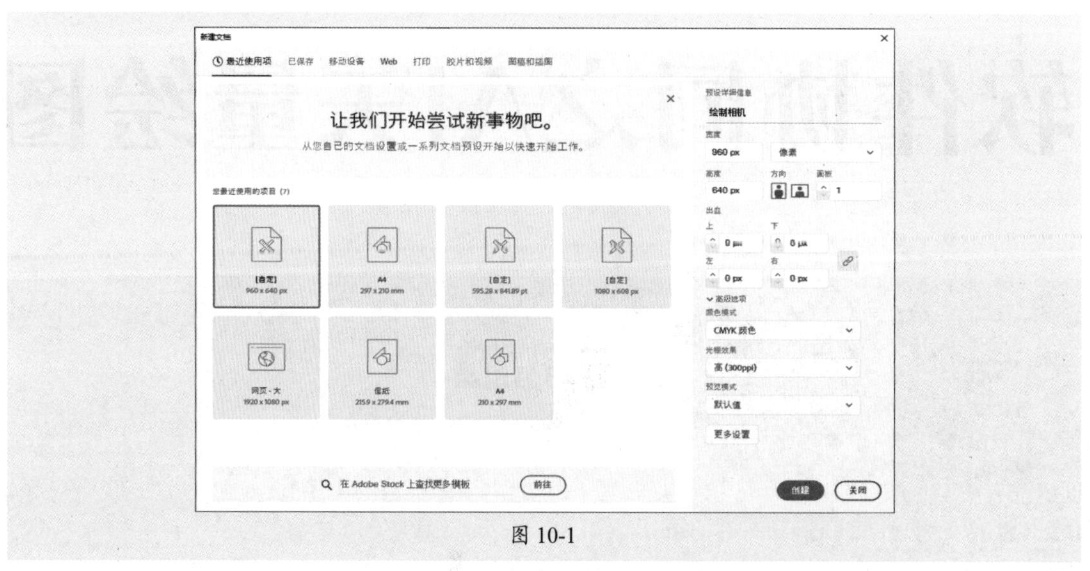

图 10-1

步骤 02 完成后单击“确定”按钮新建文档。选择工具箱中的“矩形工具”▢，在画板中单击，打开“矩形”对话框，设置矩形尺寸，如图10-2所示。

步骤 03 完成后单击“确定”按钮新建矩形，调整其与画板对齐。在工具箱中设置矩形的颜色为#EAF6FD，描边为无，效果如图10-3所示。选中绘制的矩形，按Ctrl+2组合键将其锁定。

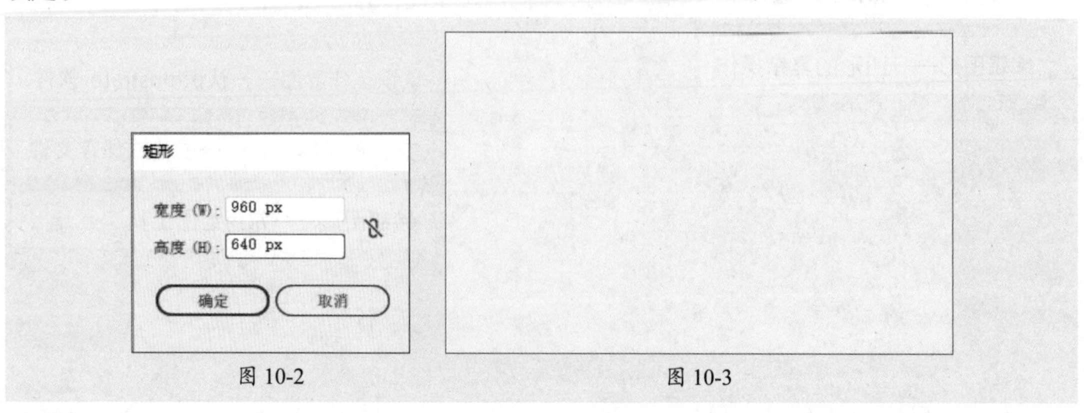

图 10-2　　图 10-3

步骤 04 选择“圆角矩形工具”▢，在画板中的合适位置单击，打开“圆角矩形”对话框，设置圆角矩形参数，如图10-4所示。

步骤 05 完成后单击“确定”按钮新建圆角矩形，在工具箱中设置圆角矩形的颜色为#FFD983，描边为黑色，在控制栏中设置其粗细为4 pt，效果如图10-5所示。

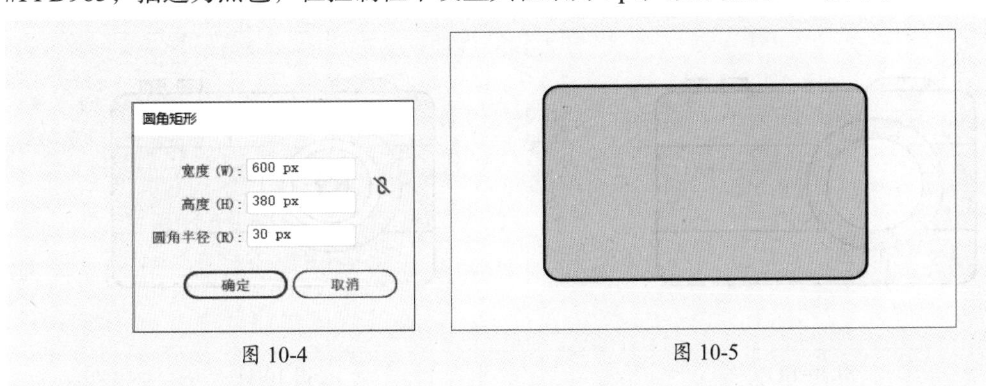

图 10-4　　图 10-5

步骤 06 使用“矩形工具”绘制矩形，并设置其填充颜色为#FFA766，描边为黑色，粗细为4 pt，效果如图10-6所示。

步骤 07 继续绘制矩形，使用“直接选择工具”选中矩形锚点调整造型，效果如图10-7所示。

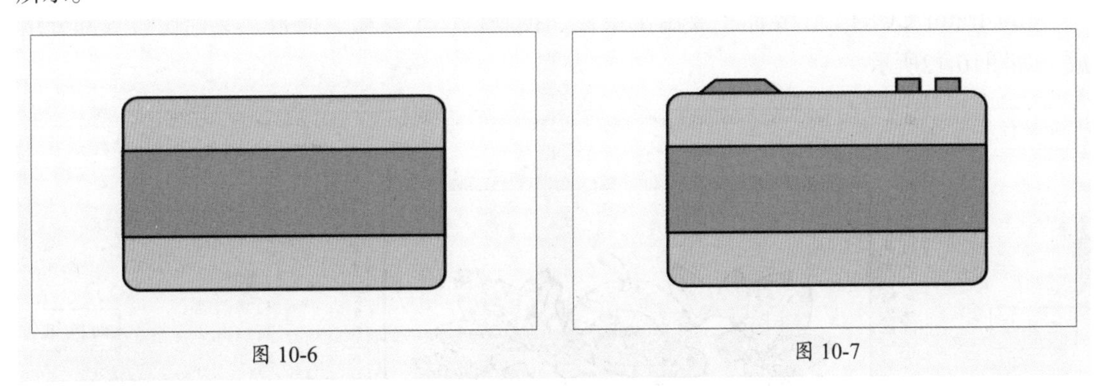

图 10-6　　图 10-7

步骤 08 选择“直线段工具”╱，在控制栏中设置描边粗细为1 pt，在新绘制的矩形中按住鼠标左键拖动绘制线段，重复操作，效果如图10-8所示。

步骤 09 选择“椭圆工具”◯，设置其填充及描边与矩形一致，按住Alt+Shift组合键从中心绘制正圆，如图10-9所示。

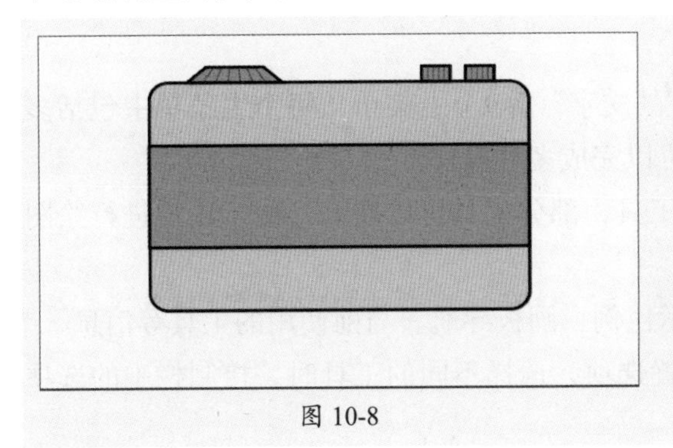

图 10-8

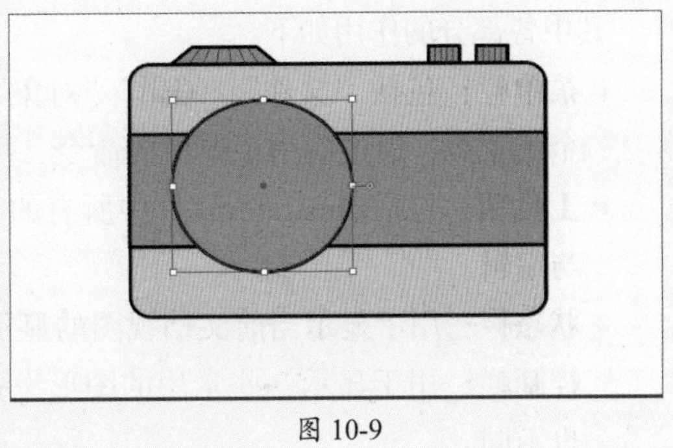

图 10-9

步骤 10 选中新绘制的正圆，按Ctrl+C组合键复制，按Ctrl+F组合键粘贴在前面，移动鼠标指针至定界框角点处，按Alt+Shift组合键调整其定界框进行等比例缩放，设置填充颜色为白色，效果如图10-10所示。

步骤 11 使用相同的方法复制并缩放圆形，效果如图10-11所示。

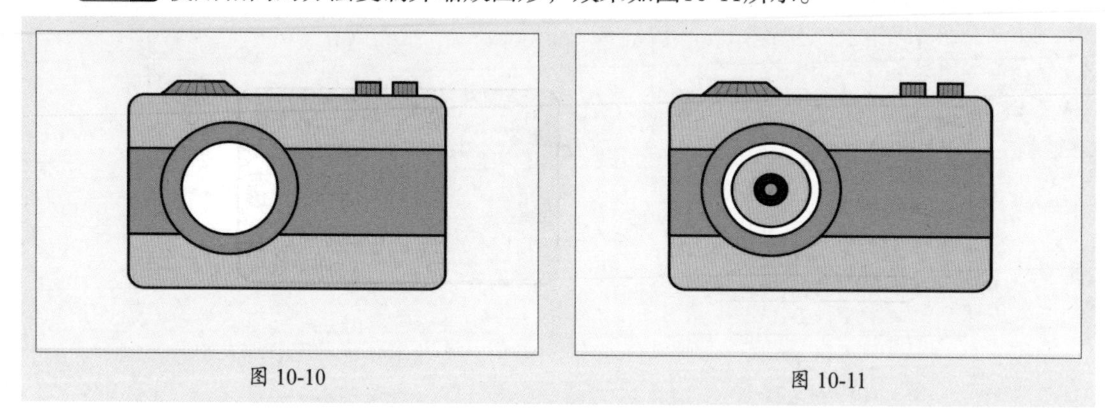

图 10-10　　图 10-11

至此，完成相机的绘制。

10.1.2 认识工作界面——认识Illustrator软件

Illustrator CC的工作界面主要由菜单栏、控制栏、工具箱、面板、文档窗口等部分组成，如图10-12所示。

图 10-12

其中各部分的作用如下。

- **菜单栏：** 包括“文件”“编辑”“对象”“文字”等9个主菜单，每个主菜单中包括多个子菜单，通过应用菜单中的命令，可以完成多种操作。
- **工具箱：** 包括Illustrator软件中所有的工具，部分工具可以展开，便于用户进行绘图与编辑。
- **状态栏：** 用于显示当前文档视图的显示比例、画板导航、当前使用的工具等信息。
- **控制栏：** 用于显示一些常用的图形设置选项，选择不同的工具时，控制栏中的选项也不同。

- **面板**：面板是Illustrator最重要的组件之一，用户可以通过面板设置数值和调节功能。Illustrator软件中的面板可以折叠，用户还可以根据需要分离或组合面板。

单击“窗口”菜单，在其子菜单中执行命令即可打开相应的面板。

10.1.3 文件的基本操作——创建或保存文件

文档是操作的基础，用户可以根据需要新建或打开文档，绘制矢量图形，也可以保存绘制好的内容，以便后续编辑修改。本节将对文件的基本操作进行介绍。

1. 新建文件

在Illustrator主页中单击“新建”按钮或执行“文件”|“新建”命令或按Ctrl+N组合键，打开“新建文档”对话框，如图10-13所示。在该对话框中设置参数后单击“创建”按钮，即可按照设置新建文档。

图 10-13

操作提示

按Ctrl+Alt+N组合键将以上次创建的文档为准直接新建文档；按Ctrl+Shift+N组合键可打开“从模板新建”对话框，从中可选择软件自带的模板新建文档。

2. 打开文件

执行“文件”|“打开”命令或按Ctrl+O组合键，在打开的“打开”对话框中选择文件，单击“打开”按钮即可将该文件打开。用户也可以直接在文件夹中双击Illustrator文件将其打开。

3. 保存文件

编辑或修改文件后，可以对文档进行保存，以便后续编辑与应用。执行“文件”|“存储”命令或按Ctrl+S组合键，若文件是第一次保存，将打开“存储为”对话框，如图10-14所示。在该对话框中设置存储路径、文件名、保存类型等参数后单击“保存”按钮，即可保存文件。

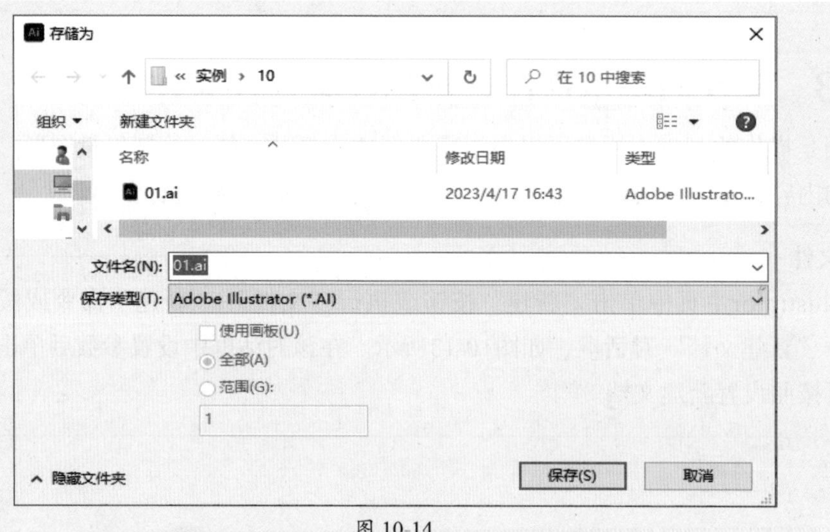

图 10-14

> **操作提示**
>
> 若文件不是第一次保存，执行“文件”|“存储”命令或按Ctrl+S组合键将替换原文件保存。若用户既需要原文件，又需要修改后的文件，可以执行“文件”|“存储为”命令或按Ctrl+Shift+S组合键打开“存储为”对话框进行设置。

4. 关闭文件

在Illustrator软件中完成操作后，可以关闭文件。执行“文件”|“关闭”命令或按Ctrl+W组合键，可关闭当前文件。用户也可以直接单击文档标题栏中的“关闭”按钮关闭文件。

10.1.4　绘制图形——常用绘图工具

绘图是Illustrator最基本的功能。Illustrator软件中包括多种绘图工具，不同的绘图工具作用也有所不同。下面将对此进行介绍。

1. 线段工具

Illustrator中包括“直线段工具”、“弧形工具”和“螺旋线工具”3种线段工具，还包括“矩形网格工具”和“极坐标网格工具”两种网格工具。这5种工具都存放在直线段工具组中，长按“直线段工具”，在弹出的工具列表中选择工具即可切换。这5种工具的使用方法类似，选择工具后在图像编辑窗口中按住鼠标左键拖动即可绘制相应的图形，如图10-15所示。

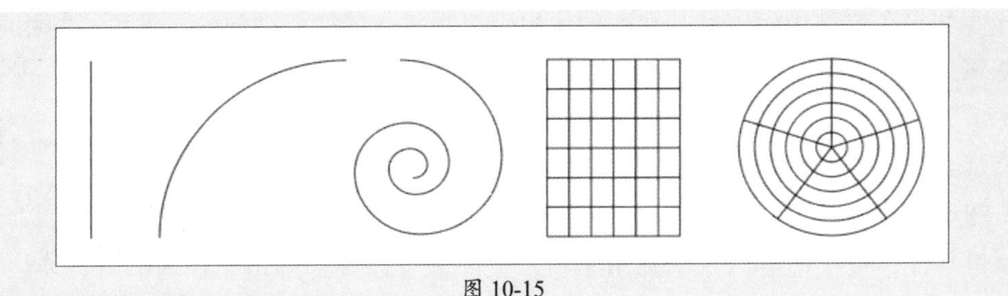

图 10-15

这5种工具的作用分别如下。

- **直线段工具**：用于绘制任意方向的直线段。使用该工具绘制直线段时按住Shift键可绘制水平、垂直或45° 角的直线段；按住Alt键可以绘制以单击点为中心向两端延伸的直线段。若想绘制更加精确的直线段，可选中该工具后在图像编辑窗口中单击打开“直线段工具选项”对话框，用户可以在该对话框中设置长度及角度参数。
- **弧形工具**：用于绘制任意弧度的弧形。选择该工具绘制弧线时，按F键可切换弧线基线轴，设置弧线方向；按C键可切换路径闭合或开放；按↑键和↓键可调整弧线的弧度。选择该工具后在图像编辑窗口中单击将打开“弧形工具选项”对话框，用户可以在该对话框中设置更加精确的弧形。
- **螺旋线工具**：用于绘制螺旋状的线段。选择该工具后在图像编辑窗口中单击将打开“螺旋线工具选项”对话框，用户可以在该对话框中设置螺旋线圈数、段数、方向等参数。
- **矩形网格工具**：用于绘制矩形网格。选择该工具后在图像编辑窗口中单击将打开“矩形网格工具选项”对话框，用户可以在该对话框中设置网格的数量等参数。
- **极坐标网格工具**：用于绘制由多个同心圆和放射线段组成的极坐标网格。选择该工具后在图像编辑窗口中单击将打开“极坐标网格工具选项”对话框，用户可以在该对话框中设置同心圆分隔线等参数以创建更加精确的极坐标网格。

2. 基本图形工具

基本图形是矢量绘图中常见的图形，如圆形、矩形、星形、多边形等。基本图形绘图工具都存放在矩形工具组中，长按“矩形工具”，在弹出的工具列表中选择工具即可切换。图10-16所示为矩形工具组中的工具，使用这些工具绘制的图形如图10-17所示。

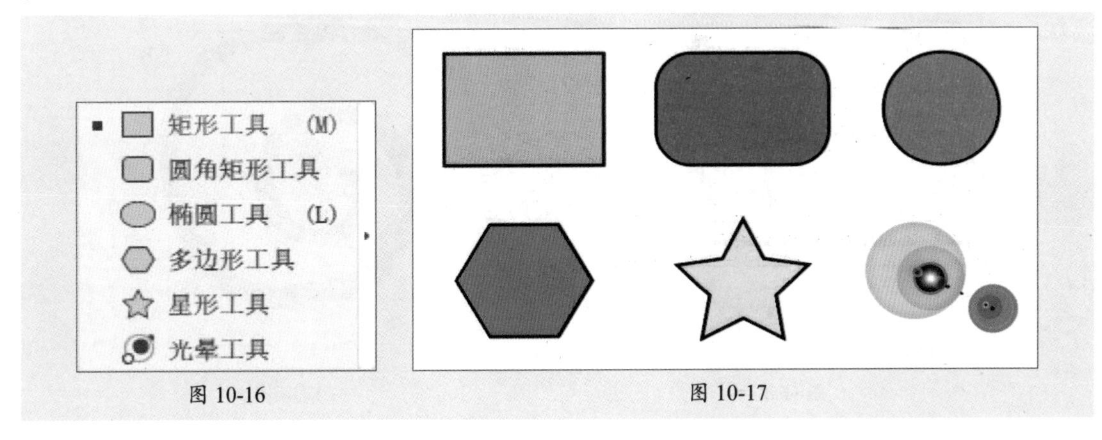

图 10-16　　图 10-17

选择矩形工具组中的工具，在图像编辑窗口中按住鼠标左键拖动，即可绘制相应的图形。矩形工具组中的工具的作用分别如下。

- **矩形工具**：用于绘制矩形。选择该工具后在图像编辑窗口中单击，打开“矩形”对话框，在该对话框中可以设置矩形的宽度和高度以创建精确尺寸的矩形。
- **圆角矩形工具**：用于绘制圆角矩形。使用该工具时，按键盘上的↑键可以增大圆角半径；按↓键可以减小圆角半径；按←键可以设置圆角半径为0；按→键可以设置最大圆角半径。
- **椭圆工具**：用于绘制圆形和椭圆形。按住Shift键拖动即可绘制圆形。
- **多边形工具**：用于绘制规则的正多边形。使用该工具时，按键盘上的↑键可以增加边数；按↓键可以减少边数。
- **星形工具**：用于绘制星形。使用该工具时，按键盘上的↑键可以增加点数；按↓键可以减少点数。
- **光晕工具**：用于创建类似镜头光晕的效果。

操作提示

选择矩形工具组中的工具在图像编辑窗口中单击，均可打开相应的设置对话框以进行精确的绘制。

3. 画笔工具组

画笔工具组中包括“画笔工具”和“斑点画笔工具”两种工具。这两种工具最大的区别在于“画笔工具”绘制的是路径，而“斑点画笔工具”绘制的是轮廓。选中该组工具后按住鼠标左键在画板中拖动，即可根据鼠标轨迹绘制图形。图10-18所示为使用该组工具绘制的图形效果。

图 10-18

选中“画笔工具”时，在控制栏中的“画笔定义”下拉列表中可以设置其笔触样式，如图10-19所示。选择笔触后在画板中按住鼠标左键拖动，即可绘制相应的笔触效果，如图10-20所示。

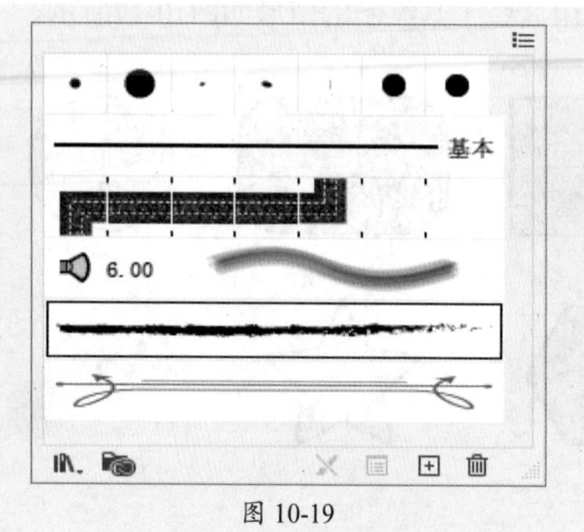

图 10-19

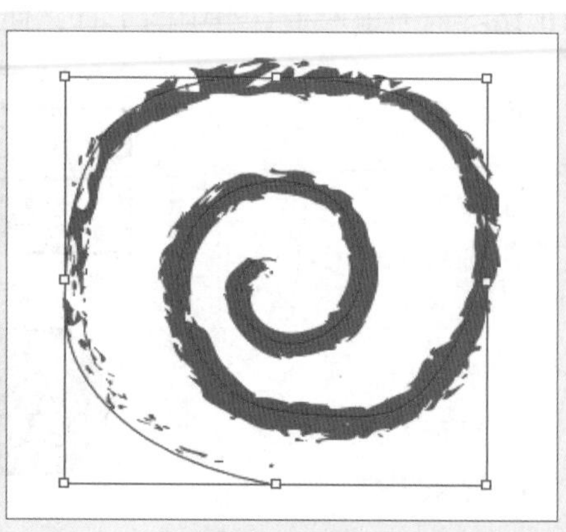

图 10-20

若想获取更多的笔触样式，可以单击“画笔定义”下拉列表中的“画笔库菜单”按钮 或执行“窗口”|“画笔库”命令，在弹出的画笔库菜单中执行相应的命令，打开对应的画笔库面板，如图10-21所示。

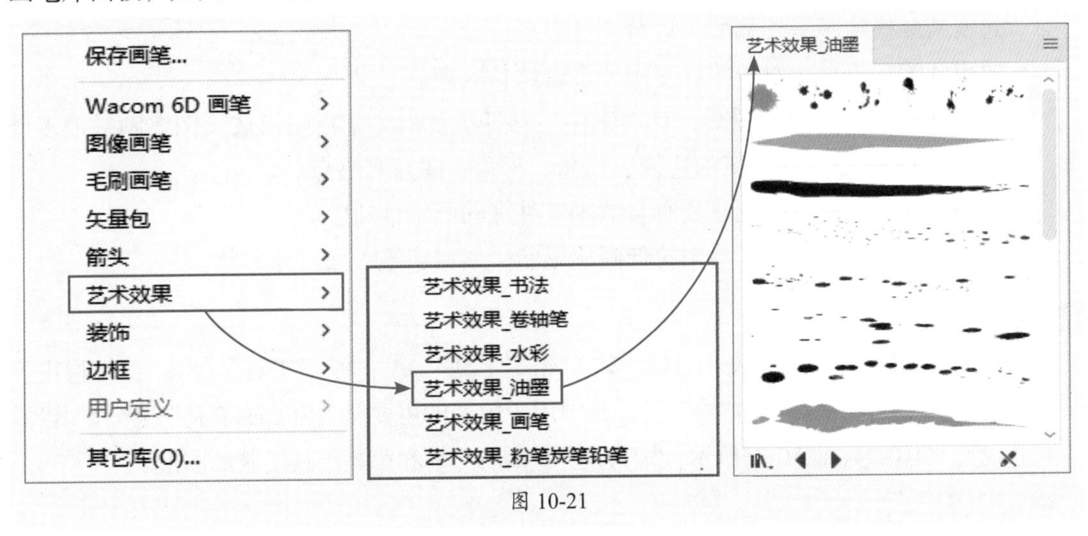

图 10-21

若对已有的画笔笔触不满意，还可以自定义新画笔进行应用。选中绘制的对象，在“画笔定义”下拉列表中单击“新建画笔” 按钮，在弹出的“新建画笔”对话框中选择新画笔类型，如图10-22所示。单击“确定”按钮，即可打开相应的对话框设置新画笔样式，如图10-23所示。设置完成后单击“确定”按钮，新建的画笔即可出现在“画笔”面板中，方便用户使用。

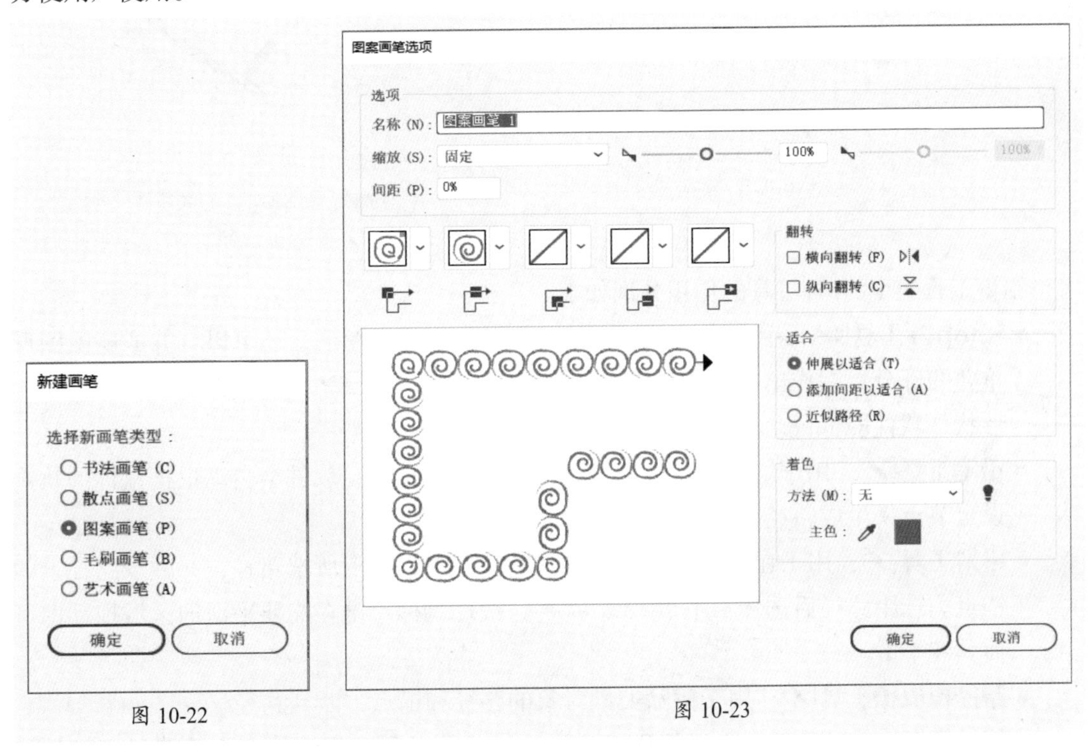

图 10-22

图 10-23

这5种画笔类型的特点分别如下。

- **书法画笔：** 创建的描边类似于使用书法钢笔带拐角的尖绘制的描边以及沿路径中心绘制的描边。在使用“斑点画笔工具”时，可以使用书法画笔进行上色并自动扩展画笔描边成填充形状，将该填充形状与其他具有相同颜色的填充对象（交叉在一起或其堆栈顺序是相邻的）进行合并。
- **散点画笔：** 将一个对象的许多副本沿着路径分布。
- **图案画笔：** 绘制一种图案，该图案由沿路径重复的各个拼贴组成。图案画笔最多可以包括5种拼贴，即图案的边线、内角、外角、起点和终点。
- **毛刷画笔：** 使用毛刷创建具有自然画笔外观的画笔描边。
- **艺术画笔：** 沿路径长度均匀拉伸画笔形状（如粗炭笔）或对象形状。

4. 铅笔工具组

铅笔工具组中包括“Shaper工具”、“铅笔工具”、“平滑工具”、“路径橡皮擦工具”和“连接工具”5种工具。其中用于绘图的主要是“Shaper工具”和“铅笔工具”。图10-24、图10-25所示分别为使用Shaper工具和铅笔工具绘制的图形。

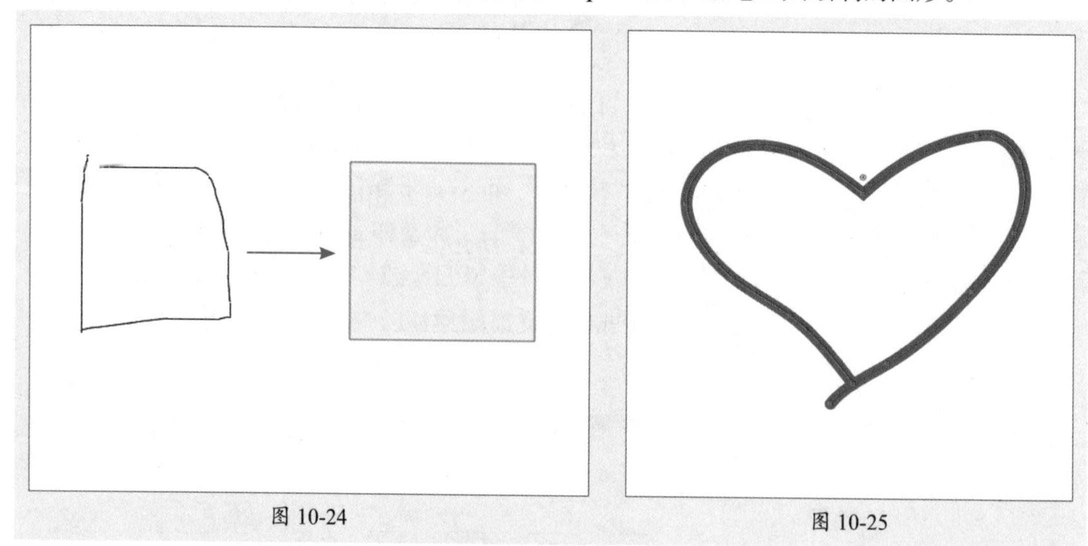

图 10-24　　图 10-25

铅笔工具组中的5种工具的作用分别如下。

- **Shaper工具**：用于将用户手绘的形状转换为基本图形，还可以合并或删除图形重叠的部分，制作出复杂的效果。选择“Shaper工具”，在图像编辑窗口中绘制形状，软件即可自动将其转换为标准的基本图形。
- **铅笔工具**：用于绘制不规则的线条。在绘制过程中，软件会自动根据鼠标的轨迹设定节点来生成路径。
- **平滑工具**：用于在保持路径原有形状的情况下，平滑所选路径，并减少路径上的锚点。选中路径后选择“平滑工具”，按住鼠标左键在需要平滑的区域拖动即可使其变平滑。
- **路径橡皮擦工具**：用于擦除矢量对象的路径和锚点，断开路径。
- **连接工具**：用于连接两条开放的路径，还可以删除相交处多余的路径，且保持路径原有的形状。

5. 钢笔工具组

钢笔工具组中包括“钢笔工具”、“添加锚点工具”、“删除锚点工具”和“锚点工具”4种工具。其中“钢笔工具”是Illustrator软件中最常用的工具之一，用户可以使用该工具自由地绘制各种形状并保留极高的精确度。图10-26所示为使用钢笔工具绘制的路径。

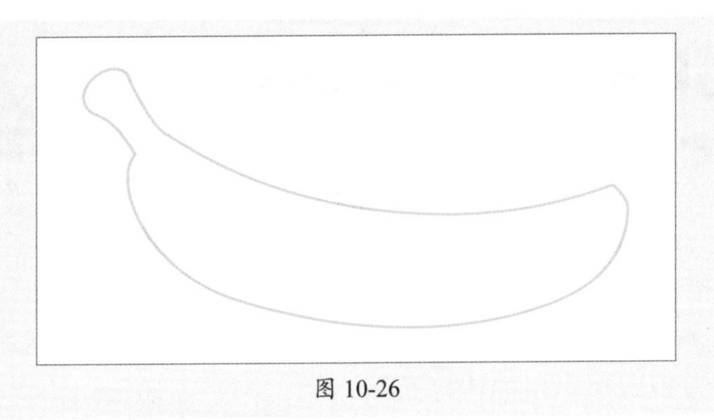

图 10-26

操作提示

直接选择工具可选中锚点进行调整。

钢笔工具组中的4种工具的作用分别如下。

- **钢笔工具**：用于绘制多种形状的路径和图形。选择该工具后在图像编辑窗口中单击，可创建尖角锚点；按住鼠标左键拖动可创建平滑锚点。根据需要创建不同的锚点，即可绘制出造型各异的图形效果。
- **添加锚点工具**：用于在路径上添加锚点，以制作出更加复杂的路径。
- **删除锚点工具**：用于删除路径中的锚点，以简化路径。
- **锚点工具**：用于转换锚点类型。选中该工具后在平滑锚点上单击，可将其转换为尖角锚点；在尖角锚点上按住鼠标左键拖动可将其转换为平滑锚点。

6. 橡皮擦工具组

橡皮擦工具组中包括“橡皮擦工具”、“剪刀工具”和“美工刀”3种工具。这3种工具均可用于分割路径，下面将对这3种工具进行说明。

- **橡皮擦工具**：用于快速擦除矢量对象的部分内容，被擦除后的图形将转换为新的路径并自动闭合擦除的边缘。选中该工具后在要擦除的部位按住鼠标左键拖动涂抹，鼠标移动范围内选定对象的路径将被擦除；按住Alt键拖动鼠标，将以矩形擦除矢量对象中的规则区域。
- **剪刀工具**：用于分割路径或矢量图形。选择“剪刀工具”后在要剪切的路径上单击，即可打断路径，此时软件将默认选中一个打断后产生的锚点。若对象是闭合路径，在其他位置处再次单击，即可将其分割为两部分。
- **美工刀**：用于绘制路径剪切对象，在操作上更加随意。选择“美工刀”后在要剪切的对象上绘制路径，即可根据绘制的路径剪切对象。按住Alt键拖动鼠标可以使用直线分割对象。

10.2 图形的编辑

对绘制好的图形进行编辑，可以使其呈现出更具视觉冲击力的效果。本节将对图形的编辑进行讲解。

10.2.1 案例解析——绘制机械齿轮

在学习图形的编辑之前，可以跟随以下步骤了解并熟悉，即使用绘图工具、旋转工具等绘制机械齿轮。

步骤 01 新建一个400像素×400像素的空白文档，使用“矩形工具”绘制一个与画板等大的矩形，设置其描边为无，填充为浅灰色，效果如图10-27所示。按Ctrl+2组合键锁定矩形。

步骤 02 选择“椭圆工具”按住Alt+Shift组合键从中心绘制圆形，设置其描边为深灰色（#3E3A39），粗细为30，效果如图10-28所示。

步骤 03 使用“矩形工具”绘制一个与圆形描边颜色一致的矩形，如图10-29所示。

图 10-27

图 10-28

图 10-29

步骤 04 使用“直接选择工具”选择矩形与圆形相交的角点，分别向左右拖动，制作出梯形的效果，如图10-30所示。

步骤 05 使用“直接选择工具”选择矩形外围的角点，移动鼠标至内部上，按住鼠标左键拖动制作圆角效果，如图10-31所示。

步骤 06 选中调整后的矩形，按R键切换至旋转工具，按住Alt键移动旋转中心点至圆形中心，释放鼠标后将打开“旋转”对话框，设置参数，如图10-32所示。

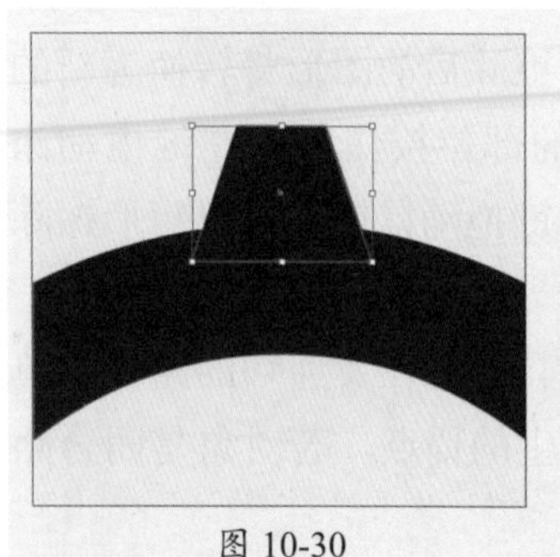

图 10-30

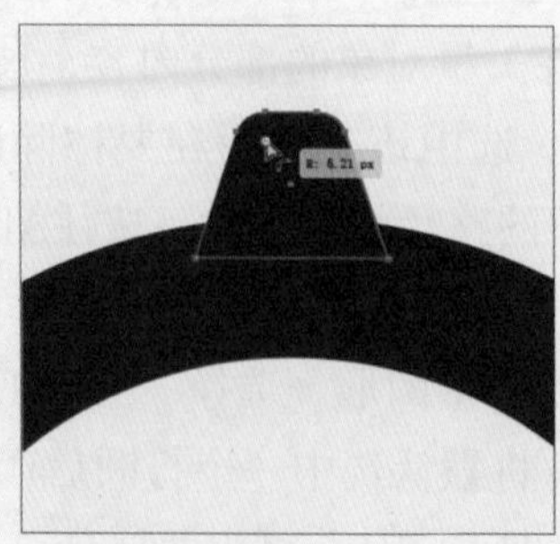

图 10-31

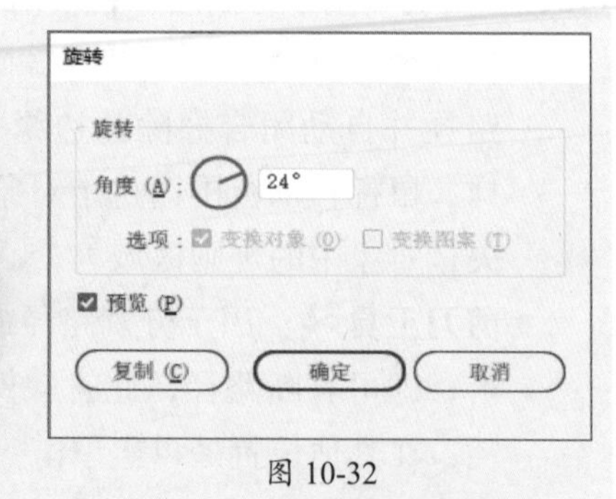

图 10-32

步骤 07 单击“确定”按钮，旋转并复制对象，如图10-33所示。

步骤 08 按Ctrl+D组合键再次变换，重复多次，效果如图10-34所示。

步骤09 选中圆形，执行“对象”|“路径”|“轮廓化描边”命令，将描边转换为填充，效果如图10-35所示。

图 10-33

图 10-34

图 10-35

步骤10 选中所有对象，执行“窗口”|“路径查找器”命令，打开“路径查找器”面板，如图10-36所示。

步骤11 单击该面板中的“联集”按钮合并对象，效果如图10-37所示。将该图形导入至Animate软件中，即可制作齿轮转动动画。

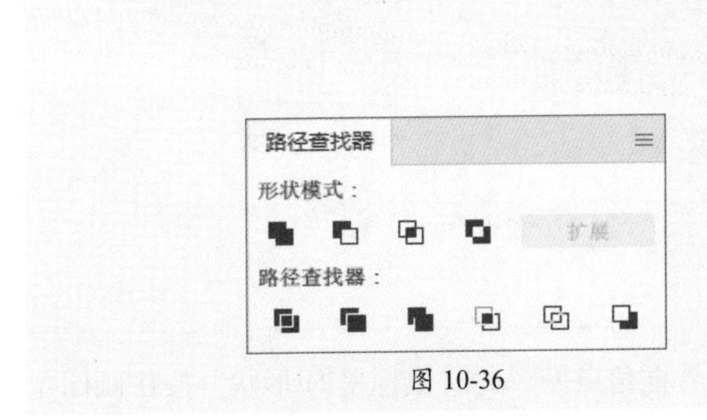

图 10-36

图 10-37

至此，完成机械齿轮的绘制。

10.2.2 变换图形——使图形产生变化

通过工具或命令可以使对象作出缩放、移动、旋转等变化，下面将对此进行讲解。

1. 选择对象

用户可以使用“选择工具”、“直接选择工具”、“编组选择工具”、“魔棒工具”和“套索工具”5种工具选择对象，这5种工具的侧重点各有不同，其作用分别如下。

- **选择工具**：用于选择整体对象，是最常用的选择工具。选择该工具后在要选中的对象上单击，即可将其选中。用户也可以按住鼠标左键拖动，拖动框覆盖区域内的对象将被选中。
- **直接选择工具**：用于选择路径上的锚点或路径段。选择该工具后在要选中的对象锚点或路径段上单击，即可将其选中。被选中的锚点呈实心状，并显示出路径上该锚点及相邻锚点的控制手柄，以便于调整。
- **编组选择工具**：用于选中编组中的对象。选择该工具后在编组中要选择的对象上单击，即可选中该对象。再次单击将选中对象所在的分组。

- **魔棒工具**：用于选择具有相似属性的对象，如填充、描边等。双击工具箱中的“魔棒工具”，在弹出的“魔棒”面板中可以设置选择依据。
- **套索工具**：用于通过套索创建选择的区域，区域内的对象将被选中。选择该工具后在图像编辑窗口中按住鼠标左键拖动，即可创建区域。

2. 镜像对象

镜像工具和“对称”命令均可用于翻转对象，其中“对称”命令更为精确。选择对象后双击“镜像工具”或执行“对象”|“变换”|“对称”命令，打开“镜像”对话框，如图10-38所示。在该对话框中设置镜像参数后单击“确定”按钮，即可根据设置镜像对象，如图10-39所示。

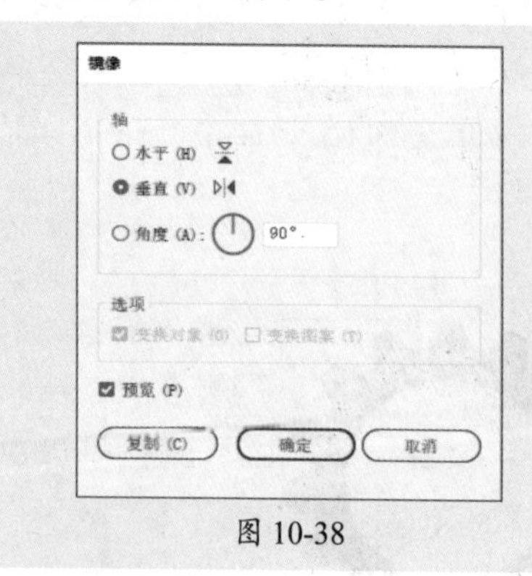

图 10-38

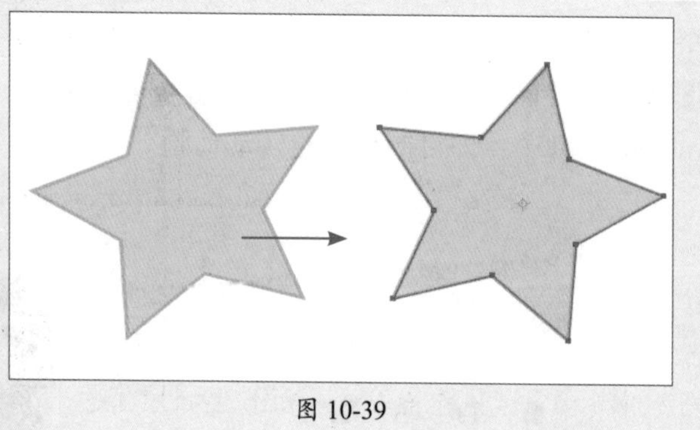

图 10-39

3. 旋转对象

选中要旋转的对象，移动鼠标指针至定界框角点处，此时鼠标呈形状，按住鼠标左键拖动即可旋转对象；用户也可以选择“旋转工具”或按R键切换至旋转工具，在图像编辑窗口中按住鼠标左键拖动即可旋转对象。

选中对象后双击“旋转工具”或执行“对象”|“变换”|“旋转”命令，打开“旋转”对话框，如图10-40所示。在该对话框中设置旋转角度后单击“确定”按钮，即可按照设置旋转对象，如图10-41所示。

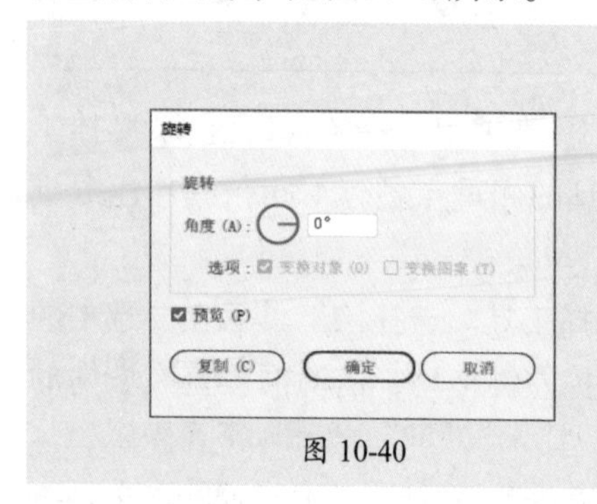

图 10-40

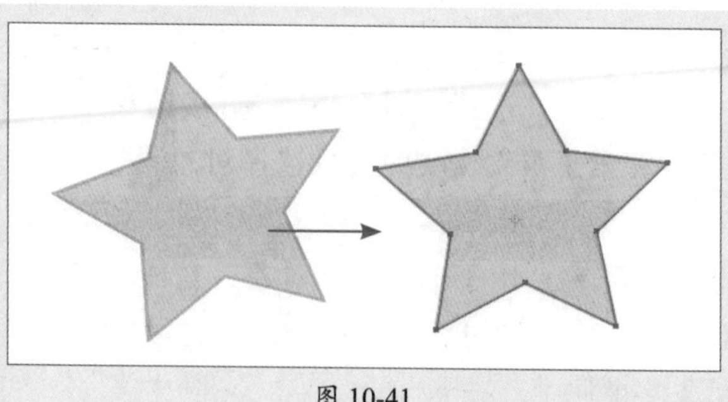

图 10-41

操作提示

按R键切换至旋转工具，再按Alt键移动旋转中心点位置，释放鼠标后将打开“旋转”对话框，在此可设置旋转参数。

4. 对齐和分布对象

执行“窗口”|“对齐”命令，打开“对齐”面板，如图10-42所示。通过该面板中的按钮即可设置对象按照一定的规则对齐或分布。

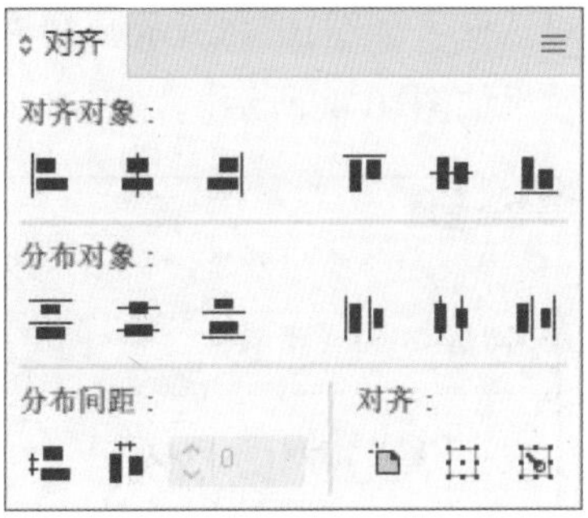

该面板中各区域的作用如下。

- **对齐对象：** 用于设置对象对齐。选中两个及两个以上的对象，单击该区域中的按钮，即可将对象按指定的规律对齐。
- **分布对象：** 用于设置对象均匀分布。选中3个及3个以上的对象，单击该区域中的按钮，即可将对象按指定的规律均匀分布。
- **分布间距：** 用于设置对象路径之间的精确距离分布对象。选中要分布的对象后使用“选择工具”选中关键对象，在“对齐”面板中输入间距值，单击“垂直分布间距”按钮或“水平分布间距”按钮即可。
- **对齐：** 用于设置对齐的基准，默认为“对齐所选对象”，用户也可以选择“对齐关键对象”或“对齐画板”选项。

图 10-42

操作提示

变换图像后，若想再次重复相同的操作，可以按Ctrl+D组合键或执行“对象”|“变换”|“再次变换”命令来实现。

10.2.3 编辑图形——图形的复杂操作

混合对象、路径查找器等可以使对象的变化更加独特有趣。下面将对此进行介绍。

1. 混合对象

混合可以在两个及两个以上对象之间平均分布形状以创建平滑的过渡效果。选择“混合工具”，在要创建混合的对象上依次单击，即可创建混合效果；或者选中要创建混合的对象后执行“对象”|“混合”|“建立”命令，也可以实现相同的效果，如图10-43、图10-44所示。

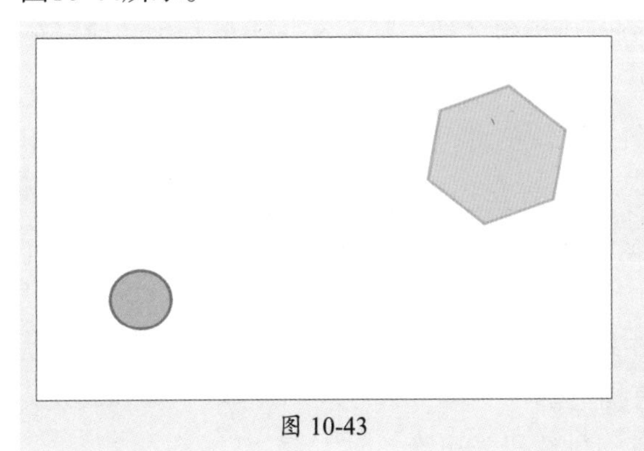

图 10-43

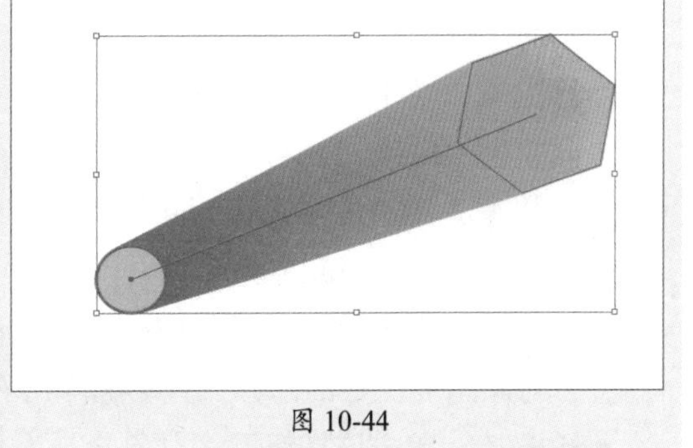

图 10-44

双击“混合工具”或执行“对象”|“混合”|“混合选项”命令，打开“混合选项”对话框，如图10-45所示。在该对话框中可以设置混合的步骤数或步骤间的距离，调整后的效果如图10-46所示。

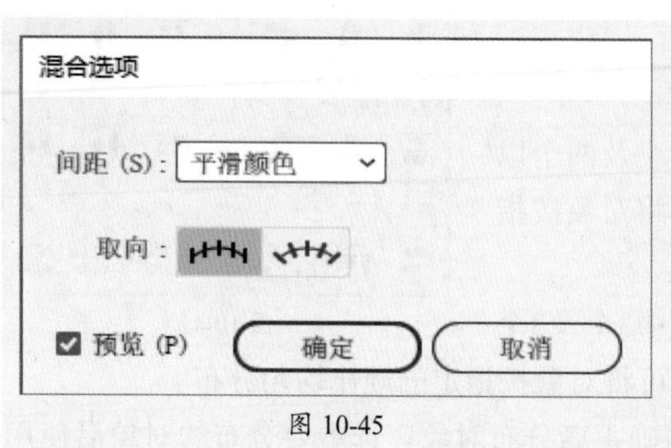

图 10-45

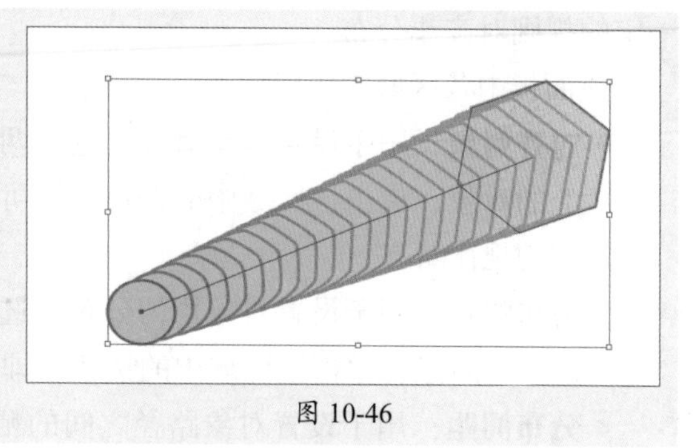
图 10-46

执行“对象”|“混合”命令，在其子菜单中执行命令还可以改变混合对象的堆叠顺序、混合轴或释放、扩展混合对象。图10-47所示为“混合”命令的子菜单，根据需要执行命令即可。

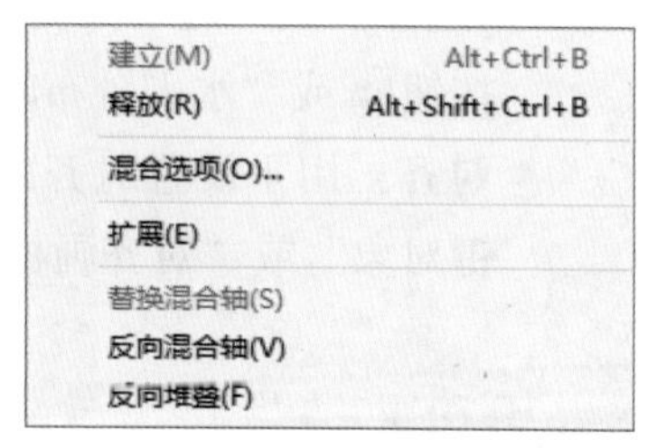

图 10-47

2. 路径查找器

“路径查找器”面板中的按钮可以对重叠的对象进行指定的运算，从而得到新的图形效果。执行“窗口”|“路径查找器”命令，即可打开“路径查找器”面板，如图10-48所示。

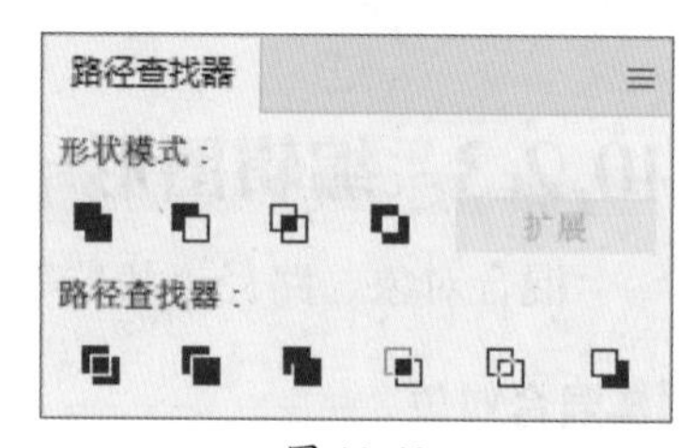

图 10-48

该面板中各选项的作用如下。

- **联集**：单击该按钮将合并选中的对象并保留顶层对象的上色属性。
- **减去顶层**：单击该按钮将从最后面的对象中减去最前面的对象。
- **交集**：单击该按钮将仅保留重叠区域。
- **差集**：单击该按钮将保留未重叠区域。
- **分割**：单击该按钮可以将一份图稿分割成由组件填充的表面（表面是未被线段分割的区域）。
- **修边**：单击该按钮将删除已填充对象被隐藏的部分，删除所有描边且不会合并相同颜色的对象。
- **合并**：单击该按钮将删除已填充对象被隐藏的部分，删除所有描边，且合并具有相同颜色的相邻或重叠的对象。
- **裁剪**：单击该按钮可将图稿分割成由组件填充的表面，删除图稿中所有落在最上方对象边界之外的部分，且会删除所有描边。
- **轮廓**：单击该按钮可将对象分割为其组件线段或边缘。
- **减去后方对象**：单击该按钮将从最前面的对象中减去后面的对象。

课堂实战 绘制循环利用标签

本章课堂实战练习绘制循环利用标签。综合练习本章的知识点，以熟练掌握和巩固素材的操作。下面将介绍具体的操作步骤。

步骤 01 打开Illustrator软件，新建一个80mm × 80mm的空白文档。选择工具箱中的“矩形工具”，在图像编辑窗口中绘制一个与画板等大的矩形，并设置其填充为浅绿色（#D0E7D9），描边为无，如图10-49所示。

步骤 02 选择“椭圆工具”，在画板中按Shift+Alt组合键拖动鼠标左键，绘制正圆，并设置其填充为绿色（#00913A），描边为无，如图10-50所示。

步骤 03 选中绘制的正圆，按Ctrl+C组合键复制，按Ctrl+F组合键粘贴在上方，并设置其填充为白色，如图10-51所示。

图 10-49

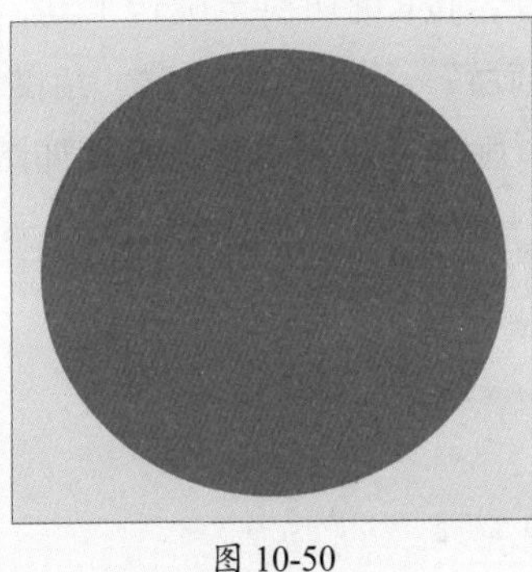

图 10-50

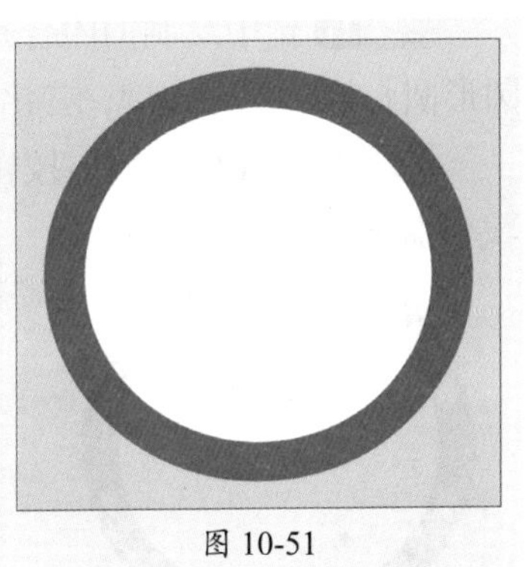

图 10-51

步骤 04 选择“星形工具”，在画板中合适位置单击，打开“星形”对话框设置参数，如图10-52所示。

步骤 05 完成后单击“确定”按钮，创建五角星形，如图10-53所示。

步骤 06 选中星形，移动鼠标指针至定界框角点处，按住Shift键拖动鼠标左键将其旋转180°，效果如图10-54所示。

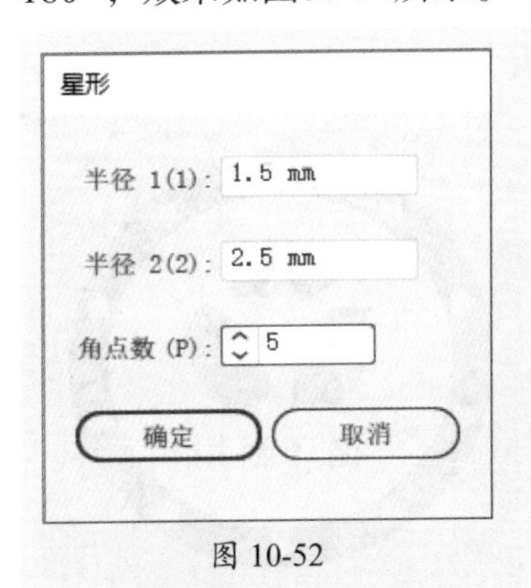

图 10-52

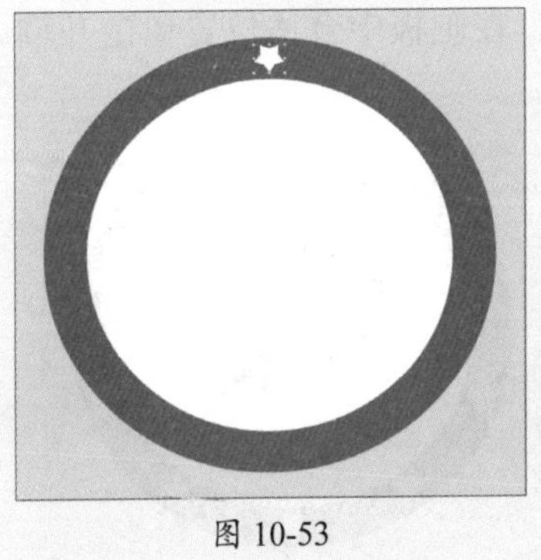

图 10-53

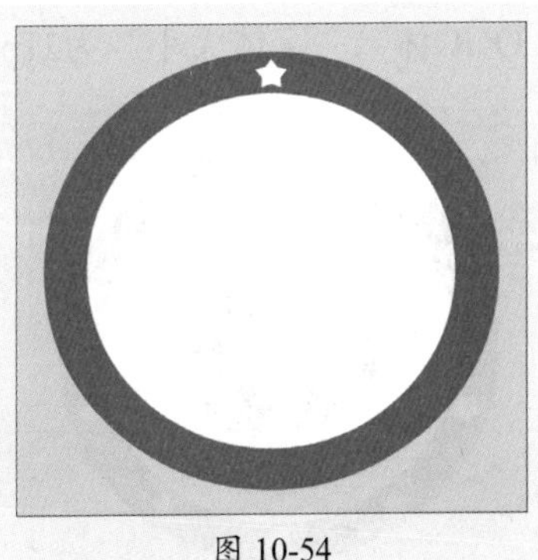

图 10-54

步骤 07 选中绘制的星形，按R键切换至旋转工具，按Alt键移动矩形旋转中心点至圆形圆心处，松开按键，弹出“旋转”对话框，设置“角度”为36°，如图10-55所示。

步骤 08 单击“复制”按钮，旋转并复制调整后的矩形，如图10-56所示。

步骤 09 按Ctrl+D组合键再次变换，直至布满圆形一周，如图10-57所示。

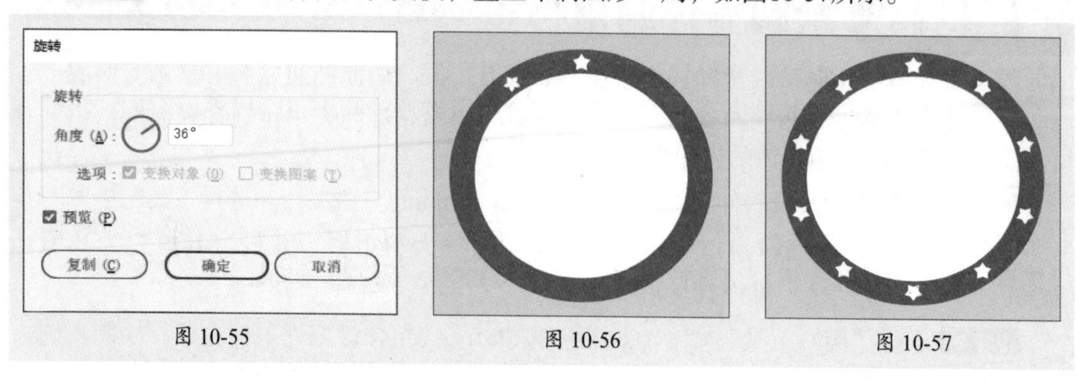

图 10-55　图 10-56　图 10-57

步骤 10 设置填充为绿色（C：85，M：10，Y：100，K：10），描边为无。使用“钢笔工具”绘制闭合路径，如图10-58所示。

步骤 11 选中绘制的闭合路径，按R键切换至旋转工具，按Alt键移动矩形旋转中心点至圆形圆心处，松开按键，弹出“旋转”对话框，设置“角度”为120°，如图10-59所示。

步骤 12 单击“复制”按钮，旋转并复制闭合路径，如图10-60所示。

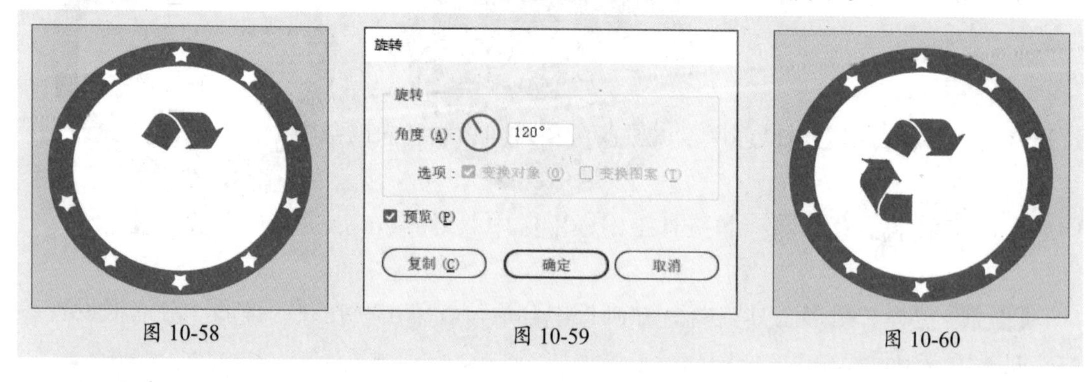

图 10-58　图 10-59　图 10-60

步骤 13 按Ctrl+D组合键再次变换，效果如图10-61所示。

步骤 14 选中闭合路径，移动至合适位置，并稍微调整角度，效果如图10-62所示。

步骤 15 选择工具箱中的“文字工具” T，在控制栏中设置“字体”为“站酷小薇LOGO体”，“字体大小”为21pt，在画板中合适位置单击并输入文字，如图10-63所示。

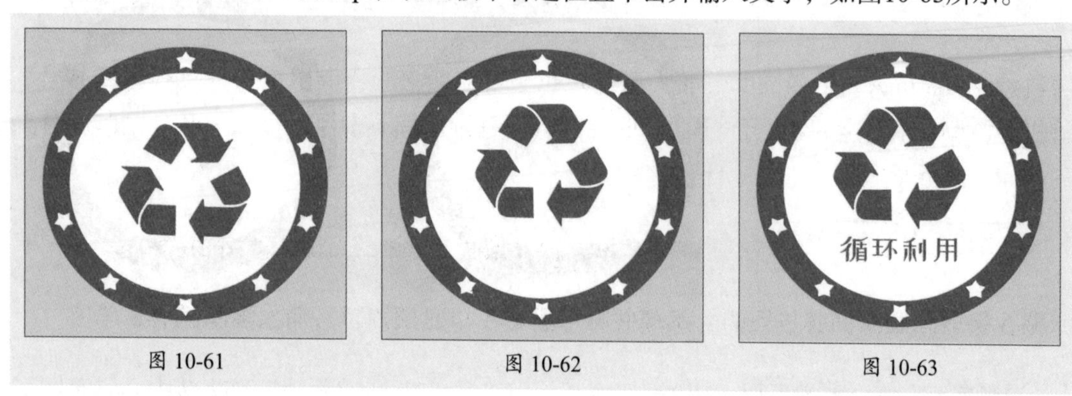

图 10-61　图 10-62　图 10-63

至此，完成循环利用标签的绘制。

课后练习 绘制手表表盘

下面将综合本章学习的知识绘制手表表盘，如图10-64所示。

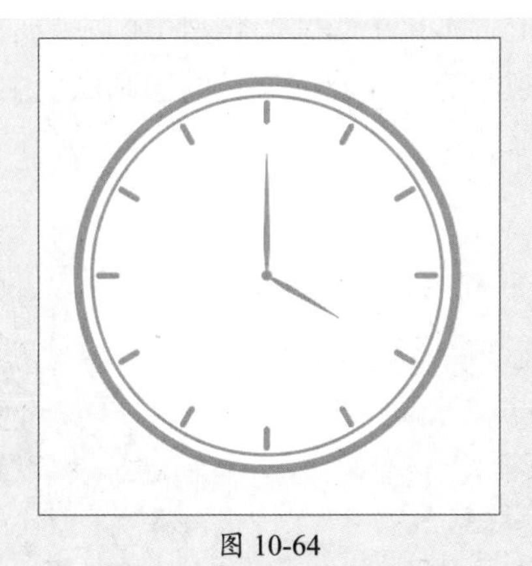

图 10-64

1. 技术要点

- 新建文档后绘制矩形作为背景。
- 绘制正圆及短线段，旋转并复制短线段。
- 绘制线段作为指针。

2. 分步演示

本实例的分步演示效果如图10-65所示。

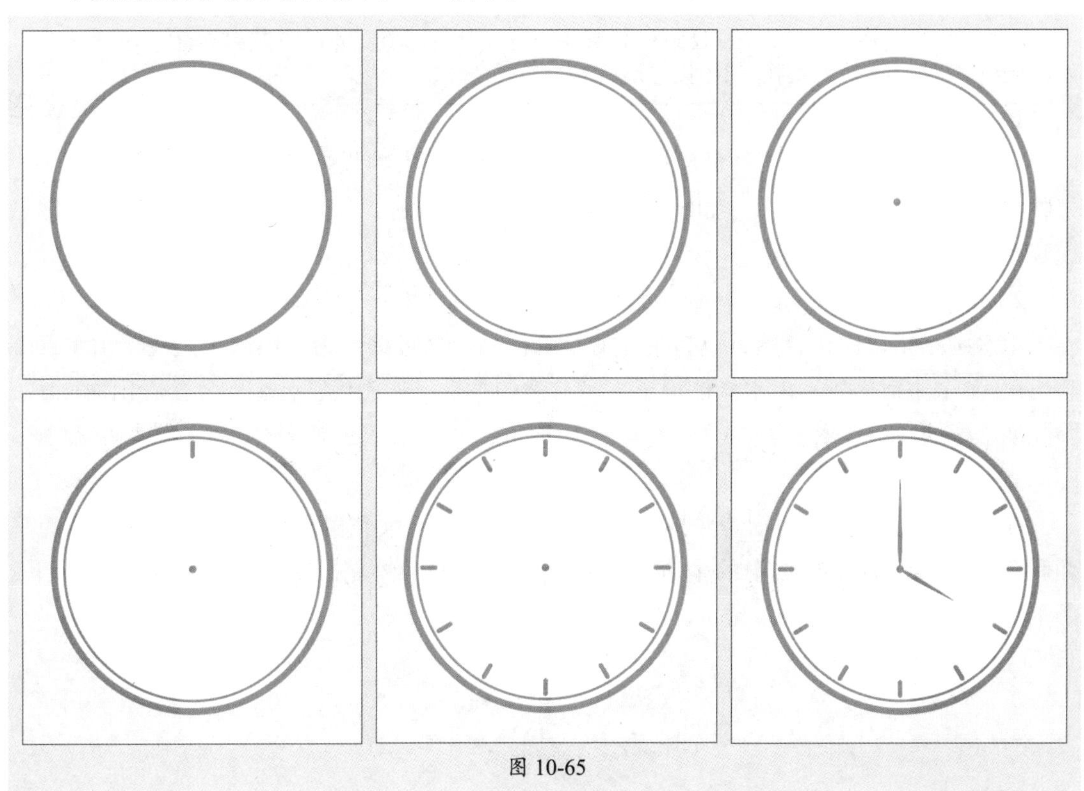

图 10-65

拓展赏析

国画

国画是中国传统的绘画形式，是中华文明长河中的一颗璀璨明珠，它集中反映了中国古代文化、美学思想、哲学观念等。在源远流长的国画历史中，涌现出许多知名画卷，如《洛神赋图》《千里江山图》《清明上河图》等。图10-66所示为唐朝画家阎立本的《步辇图》画卷内容。

图 10-66

国画一般可以分为人物、山水、花鸟3大类。

1）人物画

人物画是指以人物为主体的绘画作品，较为知名的人物画画家有顾恺之、吴道子等。人物画体现了人与人的关系，如唐代王维的《伏生授经图》、五代南唐顾闳中的《韩锡载夜宴图》等。

2）山水画

山水画是指以山川自然景色为主体的绘画作品，又可细分为青山绿水、浅绛山水、金碧山水等3个主流类别。山水画体现了人与自然的关系，如元代黄公望的《富春山居图》、隋朝展子虔的《游春图》等。

3）花鸟画

花鸟画是指以花鸟动物为主体的绘画作品，其作品大致可分为工笔花鸟和写意花鸟两种。花鸟画体现了自然中的生命，如明代边景昭的《竹鹤图轴》、北宋赵佶的《四禽图》等。

参考文献

[1] 张菲菲，徐爽爽. Flash CS5动画制作技术 [M]. 北京：化学工业出版社，2011.

[2] 周雄俊. Flash动画制作技术 [M]. 北京：清华大学出版社，2011.

[3] 曹铭. Flash MX宝典 [M]. 北京：电子工业出版社，2003.

[4] 雪之航工作室. Flash MX中文版技巧与实例 [M]. 北京：中国铁道出版社，2003.

[5] 陈青. Flash MX 2004标准案例教材 [M]. 北京：人民邮电出版社，2006.